Einfluss des Wasseranlagerungsvermögens von Isolierstoffen der Elektrotechnik auf das Isoliervermögen von Kriechstrecken

Vom Fachbereich 18
- Elektrotechnik und Informationstechnik -
der Technischen Universität Darmstadt
zur Erlangung der Würde eines
Doktor-Ingenieurs (Dr.-Ing.)
genehmigte

Dissertation

Dipl.-Ing. Kristian Ermeler
geb. am 24. April 1971
in Gießen

Referent:	Prof. Dr.-Ing. Dr. h.c. mult. W. Pfeiffer
Korreferent:	Prof. Dr. H. Hahn
Tag der Einreichung:	28.04.2003
Tag der mündlichen Prüfung:	21.10.2003

D 17
Darmstädter Dissertation

Kristian Ermeler

EINFLUSS DES WASSERANLAGERUNGSVERMÖGENS VON ISOLIERSTOFFEN DER ELEKTROTECHNIK AUF DAS ISOLIERVERMÖGEN VON KRIECHSTRECKEN

ibidem-Verlag
Stuttgart

Bibliografische Information Der Deutschen Bibliothek

Die Deutsche Bibliothek verzeichnet diese Publikation in der Deutschen Nationalbibliografie; detaillierte bibliografische Daten sind im Internet über <http://dnb.ddb.de> abrufbar.

∞

Gedruckt auf alterungsbeständigem, säurefreien Papier
Printed on acid-free paper

ISBN: 3-89821-328-5

Printed in Germany

Vorwort

Die vorliegende Dissertation entstand während meiner fünfjährigen Tätigkeit als Wissenschaftlicher Mitarbeiter am Fachgebiet Elektrische Messtechnik an der Technischen Universität Darmstadt.

An dieser Stelle möchte ich mich bei allen, die zum Gelingen dieser Arbeit beigetragen haben, herzlich bedanken.

Mein besonderer Dank gilt Herrn Prof. Dr.-Ing. Dr. h.c. mult. W. Pfeiffer für die Anregung des äußerst interessanten Themas und die wohlwollende Unterstützung während der Entstehung dieser Arbeit. Dabei ist auch die Zielführung und das stete Interesse am Verlauf der Dissertation hervorzuheben. Die vielfältigen internationalen Kontakte gaben mir wertvolle Impulse.

Herrn Prof. Dr. H. Hahn vom Fachgebiet Dünne Schichten der Technischen Universität Darmstadt danke ich herzlich für sein großes Interesse an der Arbeit und für die bereitwillige Übernahme des Korreferates.

Weiterhin bedanke ich mich bei den zahlreichen Isolierstoffherstellern für die Bereitstellung von Isoliermaterialien, wodurch mir die Entstehung dieser Dissertation sehr erleichtert wurde.

Besonderer Dank gilt auch Herrn Dr. Dr. rer. nat. A.G. Balogh vom Fachgebiet Dünne Schichten der Technischen Universität Darmstadt für seine Unterstützung bei den materialwissenschaftlichen Untersuchungen an den Isolierstoffen. Gleichzeitig möchte ich mich bei Herrn PD Dr. H. Pasch vom Deutschen Kunststoff-Institut für die durchgeführten Messungen herzlich bedanken.

In besonderem Maße geht mein Dank auch an meine Eltern, die durch ihre langjährige Unterstützung während meiner Ausbildung diese Arbeit überhaupt erst ermöglicht haben.

Darmstadt, im April 2003 Kristian Ermeler

Inhaltsverzeichnis

Verwendete Abkürzungen und Symbole

a	Kantenlänge
a_f, a_p, a_T	geometrische Abstände bei der Feldberechnung
A_q	Querschnittsfläche
ATR	abgeschwächte Totalreflexion
b_f, b_p, b_T	geometrische Abstände bei der Feldberechnung
c	Konzentration der freien Teilchen
c_{geb}	Konzentration der gebundenen Teilchen
c_f, c_p, c_T	geometrische Abstände bei der Feldberechnung
C	Oberflächenkapazität
C_{ges}	Gesamtkapazität
C_{L0}	Luftkapazität bei trockener Luft
C_{p0}	Kapazität des Feststoffs bei trockener Luft und trockenem Feststoff
CTI	Comparative Tracking Index (Vergleichszahl der Kriechwegbildung)
d	Elektrodenabstand, Kriechstreckenlänge
d_p	Porendurchmesser
D	Diffusionskoeffizient
D_v	Porengrößenverteilung
e	Ladung eines Elektrons
e^-	Elektron
E	elektrische Feldstärke
E_{br}	Durchschlagfeldstärke
E_g	Grundfeld
E_{max}	maximale elektrische Feldstärke
E_{mittel}	mittlere elektrische Feldstärke
EDX-Spektroskopie	energiedispersive Röntgenspektroskopie
f	relativer Messfehler
f_{abs}	absolute Feuchte
f_m	Messfrequenz der Impedanzmessbrücke
f_{rel}	relative Feuchte
f_{rk}	kritische relative Luftfeuchte
FS	Funkenstrecke
G	Oberflächenleitwert
G_{ads}	Gewicht adsorbierter Stickstoffmoleküle
G_E	freie Enthalpie
G_{ges}	Gesamtleitwert
G_{L0}	Leitwert der Luft bei trockener Luft
G_{p0}	Leitwert des Feststoffs bei trockener Luft und trockenem Feststoff
G_{mono}	Gewicht der adsorbierten Monoschicht

h	Planck´sches Wirkungsquantum
H_{ads}	Adsorptionswärme
H_{kon}	Kondensationswärme
HC	Hydrophobieklasse
HL	Humidity Level (Feuchtegrad)
HREM	hochauflösendes Rasterelektronenmikroskop
i	Laufvariable
I	Strahlungsintensität
IR-	Infrarot-
J	Teilchenstromdichte
J_L	Teilchenstromdichte in der Porenluft
J_O	Teilchenstromdichte an den Porenwandungen
J_p	Gesamtteilchenstromdichte in den Poren
k_B	Boltzmann-Konstante
K_w	Ionenprodukt des Wassers
l	Dicke
m	Masse, Wasseraufnahme
m'	relative Wasseraufnahme
m_L	Masse eines Ladungsträgers
m_{wa}	Masse eines Wassermoleküls
M_0	Trockenmasse
M_s	Sättigungsmenge
M'_s	auf die Trockenmasse bezogene Sättigungsmenge
$M'_{s\rho}$	auf das Trockenvolumen bezogene Sättigungsmenge
n	Stoffmenge
N_0	Anzahl der Anfangselektronen
N_A	Avogadro´sche Konstante
N_f	Anzahl der Füllstoffe
N_{ion}	Anzahl der erzeugten positiven Ionen
N_{neu}	Anzahl der erzeugten Elektronen
N_p	Anzahl der Poren
N_{sek}	Anzahl der erzeugten sekundären Anfangselektronen
N_T	Anzahl der Wassertropfen
p	Druck
p_0	Sättigungsdampfdruck
Q^+	Atomkern
r_a	Abstand des Wassermoleküls zur Feststoffoberfläche

r_{aGl}	Abstand des Wassermoleküls zur Feststoffoberfläche im Gleichgewichtszustand
r_f	Radius der Füllstoffe
r_p	Porenradius
r_T	Tropfenradius
r.F.	relative Feuchte
R	ohmscher Widerstand
S	Entropie
S_{sp}	spezifische Adsorptionsoberfläche
S_t	totale Adsorptionsoberfläche
t	Zeit
t_e	Einwirkdauer der Feuchte
T	absolute Temperatur
T_1	Stirnzeit
T_2	Rückenhalbwertzeit
T_a	Anstiegszeit
$\hat{u}$	Spannungsscheitelwert
U	Spannung
U_b	Ausgangsspannung der Impedanzmessbrücke
U_{br}	Durchschlagspannung
U_d	Steh-Stoßspannung
U_{d70}	Steh-Stoßspannung bei 70 % relativer Feuchte
U_s	Simulationsspannung bei den Feldberechnungen
v_d	Driftgeschwindigkeit
v_L	Geschwindigkeit eines Ladungsträgers
v_{str}	Vorwachsgeschwindigkeit des Streamers
v_w	Bewegungsgeschwindigkeit eines Wassermoleküls
V	Volumen
V_p	spezifisches Porenvolumen
V_s	spezifisches adsorbiertes Volumen
V_T	Tropfenvolumen
W	Energie
W_A	Anregungsenergie
W_{af}	Elektronenaffinität
W_I	Ionisationsenergie
W_{pot}	potentielle Energie
W_u	innere Energie
WAG	Wasseranlagerungsgruppe
x	Ortskoordinate
Z_a	Ausgangsimpedanz

α	Ionisationskoeffizient
α_B	Bindungskoeffizient
α_{eff}	effektiver Ionisationskoeffizient
β	Mobilitätskoeffizient
γ	zweiter Townsend´scher Ionisationskoeffizient
γ_w	Leitfähigkeit des Wassers
ΔC	Zunahme der Oberflächenkapazität
ΔC_L	Zunahme der Luftkapazität
ΔC_i	Zunahme der Kapazität der i-ten Feststoffschicht
ΔG	Zunahme des Oberflächenleitwerts
ΔG_L	Zunahme des Leitwerts der Luft
ΔG_i	Zunahme des Leitwerts der i-ten Feststoffschicht
Δh	zugeführte Wärmeenergie
ε	Dielektrizitätszahl
ε_r	relative Dielektrizitätszahl
η	Homogenitätsgrad
η_e	Anlagerungskoeffizient
ϑ	Temperatur
θ_a	Fortschreitewinkel
θ_r	Rückzugswinkel
θ_s	statischer Kontaktwinkel
λ	Wellenlänge
λ_m	mittlere freie Weglänge
μ	chemisches Potenzial
μ_i	Ionenbeweglichkeit
ν	Frequenz eines Photons
ρ	Dichte

1 Einleitung

Auf dem Gebiet der Isoliermaterialien besteht in zunehmendem Maße eine Vielfalt von Isolierstoffen. In den Anfängen der Hochspannungstechnik haben vor allem anorganische Werkstoffe wie Glas, Keramik und Porzellan eine weite Anwendung gefunden. Mit der Einführung synthetischer Phenolharze setzte daraufhin die Herstellung künstlicher organischer Isolierstoffe ein. Einen entscheidenden Beitrag lieferte hierzu die Entwicklung von Epoxid- und Polyesterharzen. Diese Matrixwerkstoffe zeigen bei Zugabe anorganischer Füllstoffe wie beispielsweise Aluminiumhydroxid eine Verbesserung der elektrischen Eigenschaften (Durchschlag- und Kriechstromfestigkeit). Als wesentlichen Vorteil dieser Isolierstoffe ist in erster Linie ihre Anpassungsfähigkeit an den jeweiligen Anwendungsbereich zu nennen. Diese Stoffe sind jedoch Umgebungseinflüssen wie beispielsweise Klima und Verschmutzung ausgesetzt, welche sich auf die chemische und physikalische Struktur der Isoliermaterialien auswirken können und deren elektrische Eigenschaften erheblich beeinträchtigen.

Die gebräuchlichsten organisch-synthetischen Isolierstoffe sind nach sogenannten *NEMA-Normen* (**N**ational **E**lectrical **M**anufacturers **A**ssociation, USA), welche die Mindestanforderungen an die Materialien und die dazu notwendigen Prüfmethoden festlegen, eingeteilt. Gemäß der NEMA-Standardisierung werden Materialien, die flammschützende Eigenschaften aufweisen, FR (Flame Retardant) - Materialien genannt. Als Beispiel hierfür ist das Epoxid-Glasgewebe mit der Bezeichnung *FR-4* zu erwähnen, das als Basismaterial für Leiterplatten in elektronischen Geräten weit verbreitet ist. Ein ebenfalls breit gefächertes Anwendungsspektrum finden Glas-Polyester-Schichtpressstoffe, die gemäß den NEMA-Normen als GPO-Materialien bezeichnet werden. Als häufig verwendete Werkstoffe dieser Art sind Materialien der NEMA-Bezeichnung GPO-3 anzuführen, die eine hervorragende Flammbeständigkeit und Kriechstromfestigkeit aufweisen.

Im Zuge zunehmender Miniaturisierung von elektrischen und elektronischen Geräten werden sowohl in Niederspannungsbetriebsmitteln als auch auf dem Gebiet der Unterhaltungselektronik kleinstmögliche Abstände zwischen spannungsführenden Leitern (Kriechstrecken) bei den oben erwähnten Isoliermaterialien angestrebt. Dies hat zur Folge, dass sehr hohe Anforderungen an die Isoliereigenschaften von Isolierstoffen gestellt werden. Es besteht daher die dringende Notwendigkeit, sämtliche isolationsvermindernde Parameter zu erfassen und den Grad der Isolationsverminderung zu charakterisieren. Zu diesen isolationsvermindernden Parametern sind in erster Linie Umgebungseinflüsse und hierbei insbesondere die Luftfeuchte zu erwähnen.

Isolierstoffe, die der Luftfeuchte ausgesetzt sind, können sowohl Feuchtigkeit an der Isolierstoffoberfläche anlagern als auch durch den Diffusionsprozess im Innern des Werkstoffs aufnehmen. Die Feuchtigkeitsaufnahme im Innern der Isoliermaterialien beeinflusst hauptsächlich die *Durchschlagfestigkeit* von Isolierstoffen, was jedoch nicht Gegenstand der vorliegenden Arbeit war. Die Feuchteanlagerung ist ein stark von der Beschaffenheit der Isolierstoffoberfläche abhängiges Phänomen. Hierbei kann angelagerte Feuchte je nach Oberflächenstruktur des Isoliermaterials eine erhebliche Reduktion der Spannungsfestigkeit der Isolierstoffoberfläche verursachen. Hierzu ist die Ausbildung eines geschlossenen Feuchtefilms auf der Oberfläche des Werkstoffs nicht notwendig; vielmehr reicht bereits die Anlagerung einzelner Wassermoleküle aus, um eine Verminderung der Spannungsfestigkeit herbeizuführen. Aufgrund der Ergebnisse vorheriger Forschungsarbeiten ist jedoch zu betonen, dass sich die Anlagerung von Feuchte insbesondere bei Kriechstrecken unter 2 mm auf deren Isoliervermögen auswirkt. Vor dem Hintergrund der Miniaturisierung und der damit einhergehenden Optimierung bei der Bemessung solch kleiner Kriechstrecken ist die Feuchteanlagerung daher von hohem wissenschaftlichen und praktischen Interesse.

In jüngster Zeit sind auf nationaler und internationaler Ebene Anstrengungen zum Entwurf eines genormten Prüfverfahrens gemacht worden, das Aussagen über die Verminderung der Spannungsfestigkeit von kleinen Kriechstrecken unter Feuchteeinfluss erlaubt. Dieses Prüfverfahren sieht die Klassifizierung verschiedenartiger Isoliermaterialien in sogenannte Wasseranlagerungsgruppen vor; die vorliegende Arbeit verfolgt daher das Hauptziel, ein geeignetes Messverfahren zur Einteilung von Isolierstoffen in Wasseranlagerungsgruppen zu erarbeiten. Hierbei ist an das zu erarbeitende Prüfverfahren in erster Linie die Forderung zu stellen, dass jeder Isolierstoff eindeutig und reproduzierbar zu bestimmten Wasseranlagerungsgruppen zugeordnet (qualifiziert) werden kann. Mit Hilfe dieser Einteilung ist es zum Einen möglich, einen bestimmten Isolierstoff unter Berücksichtigung von Umgebungsbedingungen für einen definierten Anwendungsfall gezielt auszuwählen. Darüber hinaus wird die oben erwähnte Optimierung bei der Dimensionierung kleiner Kriechstrecken in Niederspannungsbetriebsmitteln erreicht.

Wesentliche Parameter des Prüfverfahrens sind die Umgebungstemperatur und die Dauer der Prüfung. Bei der Prüfung ist sicherzustellen, dass ein Einfluss der Wasserabsorption (Wasseraufnahme) auf die Spannungsfestigkeit zu vermeiden ist; in bestimmten Fällen kann eine zu lange Prüfdauer zur Beeinflussung der Spannungsfestigkeit durch absorbiertes Wasser führen. Die Umgebungstemperatur ist so zu wählen, dass sich der Feuchteeinfluss auf die Spannungsfestigkeit am stärksten bemerkbar macht.

2 Aufgabenstellung und Ziele

2.1 Darstellung der Problematik

Die elektrischen Eigenschaften von Isolierstoffoberflächen werden sowohl von Alterungsvorgängen im Werkstoff als auch von der chemischen Struktur der Grenzfläche Luft-Isolierstoff bestimmt. Diese Grenzfläche steht in direkter Wechselwirkung mit äußeren Einflüssen, so dass sich Klimafaktoren auf das Isolierverhalten von Isolierstoffoberflächen auswirken können [Huir91].

Sowohl die Alterung des Isolierstoffs z.B. durch UV-Strahlung und Temperatur (Photo- bzw. Thermodegradation) [Woebcken80] als auch die elektrische Beanspruchung von Isolierstoffoberflächen führt zu einer Veränderung der Oberflächenstruktur, die sich anhand einer verminderten Hydrophobie der Isolierstoffoberfläche feststellen lässt. Auch ohne elektrische Beanspruchung tritt bei Werkstoffen eine Änderung der Oberflächenstruktur, verursacht durch klimatische Einflüsse, auf. Als Ursache für diese Änderung wird nach [Stuart67] die vom Kontakt des Feststoffs mit benetzenden Medien hervorgerufene *Spannungsrissbildung*[*)] angesehen, wobei ein hydrophiles Oberflächenverhalten Wechselwirkungen zwischen Isolierstoffoberfläche und der Feuchtigkeit begünstigt [Huir91]. Die Untersuchung von Isolierstoffoberflächen im Zusammenhang mit Alterungsprozessen gewinnt deshalb zunehmend an Bedeutung.

Vor dem Hintergrund der Bemessung von Kriechstrecken unter Berücksichtigung von natürlichen Umgebungseinflüssen wurden in der Vergangenheit umfangreiche Forschungsarbeiten zur Bestimmung des Isoliervermögens kleiner Kriechstrecken ($d <$ 10 mm) durchgeführt [Richter86, Uhlemann90, Pfeiffer83, Pfeiffer87]. Hierbei sind Untersuchungen an leiterplattenähnlichen Prüflingen (Werkstoffe mit aufgebrachten Leiterbahnen), die zuvor unter natürlichen Umgebungsbedingungen ausgelagert wurden, in verschiedenen Normklimaten durchgeführt worden. Es wurden in der Elektrotechnik häufig eingesetzte Isolierwerkstoffe wie beispielsweise Keramik, Epoxid-Glashartgewebe, Polyesterharz-Pressstoff, Phenolharz-Formstoff, Hartpapier, Polybutylenterephtalat und auch Polycarbonat untersucht. Dabei wurde in erster Linie das Ziel verfolgt, eine bessere Ausnutzung der Isoliereigenschaften der Prüflinge bei gleichzeitiger Reduzierung von Isoliermaterial zu erreichen, ohne dass es dabei zu einer Verringerung der Zuverlässigkeit der Isolierung und somit zu einem Ausfall des Betriebsmittels kommt. Bei diesen Untersuchungen zeigte es sich, dass neben dem sogenannten *Verschmutzungsgrad* der unter natürlichen Umgebungsbedingungen verschmutzten Prüflinge vor allem die Luftfeuchte und die Beschaffenheit der Isolierstoffoberfläche den wesentlichen Einfluss auf das Isoliervermögen ausüben. Unter dem normierten Begriff Verschmutzungsgrad wird die Art der Oberflächenverschmutzung des Isolierstoffs definiert [IEC60664-1]. Hierbei wird zwischen vier unterschiedlichen Verschmutzungsgraden unterschieden [IEC60664-1, Richter86]:

[*)] Unter der Spannungsrissbildung versteht man allgemein die durch Einwirkung von chemischen Medien verursachte Bildung mikroskopischer Risse im Feststoff, die eine erhebliche Verschlechterung der Werkstoffeigenschaften hervorruft.

- Verschmutzungsgrad 1: Es tritt keine oder nur trockene, nicht leitfähige Verschmutzung auf. Die Verschmutzung hat keinen Einfluss.
  Vorkommen: Gepflegte Innenräume, vollklimatisiert oder zumindest geheizt und gelüftet, trocken, keine Betauung.

- Verschmutzungsgrad 2: Im Normalfall tritt nur nicht leitfähige Verschmutzung auf. Gelegentlich muss jedoch mit vorübergehender Leitfähigkeit durch Betauung gerechnet werden.
  Vorkommen: Innenräume, begrenzt beheizt, zeitweise feucht, unter Umständen kurzzeitige Betauung.

- Verschmutzungsgrad 3: Es tritt leitfähige Verschmutzung auf oder trockene, nicht leitfähige Verschmutzung, die aufgrund zu erwartender Betauung leitfähig wird.
  Vorkommen: ungeheizte Außenräume, teilweise oder zeitweise offen, wettergeschützt, häufige Betauung.

- Verschmutzungsgrad 4: Die Verunreinigung führt zu einer beständigen Leitfähigkeit, die durch leitfähigen Staub, Regen oder anderen feuchten Bedingungen hervorgerufen wird.
  Vorkommen: ungeheizte Außenräume, teilweise oder zeitweise offen, wettergeschützt, langdauernde Betauung.

Für die Bemessung von Kriechstrecken unter 2 mm sind drei grundlegende Faktoren bestimmend. Zum Einen muss die durch anliegende Spannung verursachte Entstehung einer Kriechspur (Erosion) vermieden werden; darüber hinaus dürfen auftretende transiente Überspannungen nicht zu einem Überschlag der Anordnung führen. Um während des Betriebs zu hohe Leckströme zu vermeiden, die die Funktion des Gerätes beeinträchtigen können, muss ferner der Mindestisolationswiderstand zwischen spannungsführenden Leitern aufrechterhalten sein. Auf einen Vorschlag zur Vorgehensweise bei der Bemessung von Kriechstrecken unter 2 mm unter Berücksichtigung der angesprochenen Gesichtspunkte wird später in diesem Abschnitt eingegangen. Neben dem zuvor erwähnten Verschmutzungsgrad sind unter anderem noch folgende Parameter für die Bemessung von Kriechstrecken unter 2 mm von entscheidender Bedeutung [IEC28A/171/CDV]:

- *Vergleichszahl der Kriechwegbildung* (*CTI – Comparative Tracking Index*)
- *Feuchtegrad* (*HL – Humidity Level*)
- *Wasseranlagerungsgruppe* (*WAG*)

Diese drei Begriffe sollen im Folgenden näher erläutert werden.

Die Vergleichszahl der Kriechwegbildung ist ein Parameter zur Dimensionierung von Kriechstrecken hinsichtlich der Vermeidung einer Kriechspurbildung und beschreibt das elektrische Verhalten unterschiedlicher Isoliermaterialien, wenn bei anliegender Spannung eine elektrolytische Lösung auf die Isolierstoffoberfläche getropft wird. Je nach Höhe der anliegenden Spannung wird auf dem Prüfling die Bildung einer

Kriechspur hervorgerufen. Diese Spannung ist ein Maß für den quantitativen Vergleich der Kriechstromfestigkeit von Isolierstoffen, den CTI. Ein normiertes Testverfahren hierzu findet sich in [IEC60112].

Zur Bemessung von Kriechstrecken unter 2 mm zur Vermeidung des Überschlags bzw. zur Aufrechterhaltung des Mindestisolationswiderstands wurden folgende drei Feuchtegrade (HL – Humidity Level) in der unmittelbaren Umgebung der Isolierung (Mikro-Umgebung) eingeführt [IEC28A/171/CDV]:

- Feuchtegrad 1 (HL 1): Die relative Luftfeuchte erreicht an der Isolierstoffoberfläche niemals einen Wert, bei dem Betauung auftritt. Daher wird der Überschlag nicht von der Feuchte beeinflusst.

- Feuchtegrad 2 (HL 2): Die relative Luftfeuchte an der Isolierstoffoberfläche ist so, dass Betauung nur während vorübergehenden Änderungen in der Mikro-Umgebung gelegentlich auftritt. Daher wird der Überschlag von der Feuchte beeinflusst.

- Feuchtegrad 3 (HL 3): Die relative Luftfeuchte an der Isolierstoffoberfläche ist so, dass Betauung häufig auftreten kann. Daher wird der Überschlag von der Feuchte stark beeinflusst.

Neben dem Feuchtegrad ist die Wasseranlagerungsgruppe eines Isolierstoffs ein weiterer entscheidender Parameter zur Dimensionierung von Kriechstrecken. Mit der Einordnung eines Isolierstoffs in eine bestimmte Wasseranlagerungsgruppe wird angegeben, in welchem Ausmaß die sogenannte *kritische relative Luftfeuchte* von der Kriechstreckenlänge abhängt.

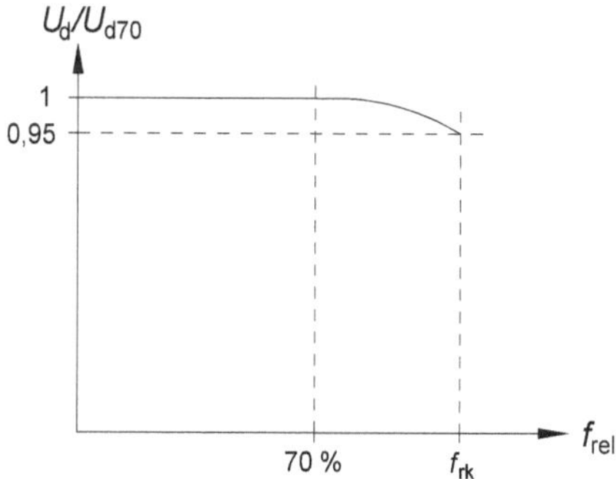

Bild 2.1: Definition der kritischen relativen Luftfeuchte f_{rk} nach [Giesenbauer76, IEC 28A/171/CDV] (vereinfachte Darstellung), f_{rel}: relative Feuchte, U_d: Steh-Stoßspannung, U_{d70}: Steh-Stoßspannung bei $f_{rel} = 70$ %

Nach [Giesenbauer76, IEC28A/171/CDV] ist die kritische relative Luftfeuchte f_{rk} der Wert, bei dem die Überschlagspannung (genauer: Steh-Stoßspannung U_d, s. Abschnitt

5.1) auf 95 % des Wertes bei 70 % relativer Feuchte abgesunken ist (Bild 2.1). Für die Einordnung der Isolierstoffe in die Wasseranlagerungsgruppen sind derzeit vier unterschiedliche Gruppen vorgesehen [IEC28A/171/CDV], die auf Untersuchungen vorausgegangener Forschungsarbeiten beruhen:

- Wasseranlagerungsgruppe 1 (WAG 1): Der Prüfling zeigt keine Verringerung der kritischen relativen Luftfeuchte mit der Kriechstrecke *d*.

- Wasseranlagerungsgruppe 2 (WAG 2): Der Prüfling zeigt keine Verringerung der kritischen relativen Luftfeuchte für Kriechstrecken $d \geq 1$ mm.

- Wasseranlagerungsgruppe 3 (WAG 3): Der Prüfling zeigt keine Verringerung der kritischen relativen Luftfeuchte für Kriechstrecken $d \geq 2{,}5$ mm.

- Wasseranlagerungsgruppe 4 (WAG 4): Der Prüfling zeigt keine Verringerung der kritischen relativen Luftfeuchte für Kriechstrecken $d \geq 6{,}3$ mm.

Bereits an dieser Stelle stellt sich die Frage, in welche Wasseranlagerungsgruppe ein Isolierstoff zu klassifizieren ist, wenn dieser beispielsweise bei einer Kriechstrecke von $d \geq 0{,}4$ mm keine Verringerung der kritischen relativen Luftfeuchte zeigt. Für diesen Fall müsste – wenn man eine kleinere Bemessung vornehmen wollte – eine neue Wasseranlagerungsgruppe (z. B. WAG 1A) definiert werden.

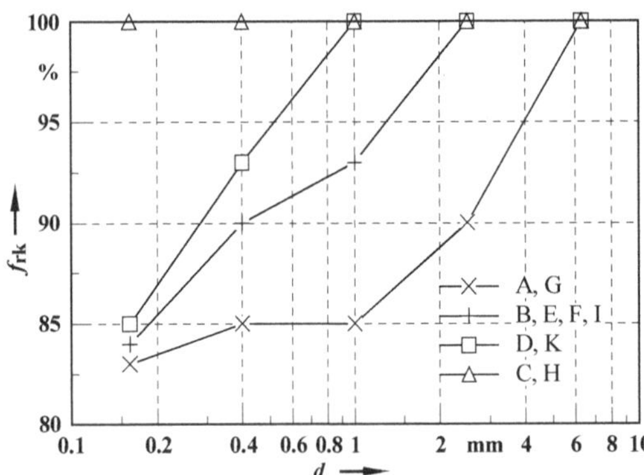

Bild 2.2: Abhängigkeit der kritischen relativen Luftfeuchte f_{rk} von der Kriechstreckenlänge *d* [IEC28A/171/CDV]

Zur Veranschaulichung der Klassifizierung von Isoliermaterialien in die vier oben definierten Wasseranlagerungsgruppen zeigt Bild 2.2 die Abhängigkeit der kritischen relativen Luftfeuchte f_{rk} von der Kriechstreckenlänge *d* an einigen, in früheren Arbeiten untersuchten Isolierstoffen und die daraus resultierende Einteilung in die Wasseranlagerungsgruppen. Folgende Isoliermaterialien, deren wichtigsten Kenngrößen und Eigenschaften in [Richter86] zusammengestellt sind, werden in

Bild 2.2 berücksichtigt:

A – Unglasierte Keramik (97 % Al_2O_3)
B – Epoxid-Glashartgewebe FR-4
C – Polyesterharz-Pressstoff, Typ 802
D – Phenolharz-Formstoff, Typ 31.5
E – Polyimid-Folie, auf FR-4 auflaminiert
F – Phenolharz-Hartpapier FR-2
G – Glas-Polyester-Schichtpressstoff GPO-3
H – Melaminharz-Pressstoff, Typ 150
I – Polybutylenterephthalat
K – Polycarbonat

Entsprechend den in Bild 2.2 dargestellten Messwerten und den vier definierten Wasseranlagerungsgruppen ergibt sich für die zehn Isoliermaterialien A – K folgende Klassifizierung:

- WAG 1: Isolierstoffe C und H
- WAG 2: Isolierstoffe D und K
- WAG 3: Isolierstoffe B, E, F und I
- WAG 4: Isolierstoffe A und G

Einen Vorschlag zur Vorgehensweise bei der Bemessung von Kriechstrecken unter 2 mm, bei der die drei angesprochenen Bedingungen Vermeidung des Überschlags, Vermeidung der Kriechspurbildung (Erosion) und Aufrechterhaltung des Mindestisolationswiderstands berücksichtigt sind, zeigt Bild 2.3. Wie aus diesem Bild ersichtlich ist, ergibt sich die Bemessung der sogenannten *Mindestkriechstrecke* aus dem Abstand, der alle drei oben angesprochenen Bedingungen erfüllt. Innerhalb der vorliegenden Arbeit sollen sich die Messungen an Kriechstrecken jedoch ausschließlich auf die Bemessungsanforderungen zur Vermeidung des Überschlags beschränken. Das in Bild 2.3 dargestellte Diagramm erlaubt somit die Einordnung der im Rahmen dieser Arbeit durchgeführten Untersuchungen in die Gesamtproblematik der Kriechstreckenbemessung.

Als Ergänzung zu Bild 2.3 ist in Tabelle 2.1 die im Normentwurf [IEC28A/171/CDV] vorgeschlagene Bemessung der Kriechstrecke zur Vermeidung des Überschlags in Abhängigkeit ihrer Einflussfaktoren (auftretende Spitzenspannung, Wasseranlagerungsgruppe, Feuchtegrad) wiedergegeben.

Innerhalb dieser Arbeit wird ein besonderes Augenmerk auf die Klassifizierung von Isolierstoffen in die erwähnten Wasseranlagerungsgruppen gerichtet. Vor einigen Jahren wurde hierzu ein Prüfverfahren entwickelt, über das allerdings bisher nur wenig praktische Erfahrung vorliegt und das aus diesem Grunde durch die Durchführung zahlreicher Experimente noch weiter zu modifizieren und zu optimieren ist. Im Gegensatz zu den vorangegangenen Forschungsarbeiten wurde in der vorliegenden Arbeit auf die Verwendung leiterplattenähnlicher Prüflinge verzichtet; vielmehr wurden die Messungen an Isolierstoffplatten durchgeführt. Der Einfluss des zur

Herstellung leiterplattenähnlicher Prüflinge notwendigen Produktionsverfahrens, das zu veränderten chemischen und physikalischen Oberflächeneigenschaften führt, kann durch die Verwendung der Isolierstoffplatten ausgeschlossen werden.

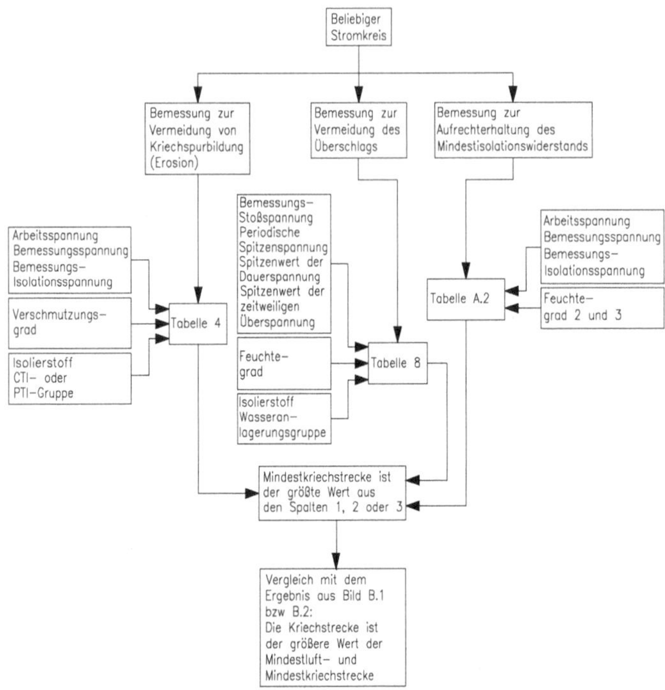

Bild 2.3: Vorschlag zur Vorgehensweise bei der Bemessung von Kriechstrecken unter 2 mm [IEC28A/171/CDV]

Tabelle 4: Kriechstrecken für die Isolationskoordination in Betriebsmitteln mit langzeitiger Spannungsbeanspruchung [IEC28A/171/CDV]

Tabelle A.2: Kriechstrecken zur Aufrechterhaltung des Mindestisolationswiderstands - ohne Betauung (informativ) [IEC28A/171/CDV]

Tabelle 8: Kriechstrecken für die Isolationkoordination zur Vermeidung des Überschlags [IEC28A/171/CDV]

Bild B.1: Diagramm zur Bemessung von Luftstrecken ≤ 2 mm von Stromkreisen, die direkt am Versorgungsnetz angeschlossen sind [IEC28A/171/CDV]

Bild B.2: Diagramm zur Bemessung von Luftstrecken ≤ 2 mm von Stromkreisen, die indirekt am Versorgungsnetz angeschlossen sind [IEC28A/171/CDV]

Tabelle 2.1: Kriechstrecken zur Vermeidung des Überschlags; Auszug aus der Tabelle 8 in [IEC28A/171/CDV]

	Kriechstrecken bis zu 2000 m über NN							
Spitzen-span-nung*)	HL 2				HL 3			
kV	Isolier-stoffe aus WAG 1 mm	Isolier-stoffe aus WAG 2 mm	Isolier-stoffe aus WAG 3 mm	Isolier-stoffe aus WAG 4 mm	Isolier-stoffe aus WAG 1 mm	Isolier-stoffe aus WAG 2 mm	Isolier-stoffe aus WAG 3 mm	Isolier-stoffe aus WAG 4 mm
0,10					0,03	0,042	0,055	0,095
0,12	0,02	0,022	0,024	0,025	0,037	0,053	0,07	0,115
0,15	0,028	0,029	0,032	0,035	0,05	0,07	0,09	0,15
0,20	0,043	0,046	0,049	0,052	0,075	0,105	0,13	0,20
0,25	0,06	0,065	0,07	0,075	0,10	0,14	0,17	0,26
0,33	0,09	0,09	0,1	0,11	0,14	0,19	0,23	0,34
0,40	0,12	0,13	0,14	0,15	0,19	0,24	0,30	0,44
0,50	0,17	0,18	0,20	0,22	0,26	0,32	0,39	0,56
0,60	0,23	0,26	0,29	0,32	0,33	0,41	0,50	0,70
0,80	0,35	0,41	0,47	0,54	0,47	0,58	0,69	0,95
1,0	0,50	0,57	0,64	0,72	0,63	0,76	0,90	1,2
1,2	0,68	0,76	0,84	0,93	0,82	0,96	1,1	1,5
1,5	0,93	1,02	1,11	1,2	1,1	1,3	1,5	2,0
2,0	1,4	1,53	1,66	1,8	1,6	1,8	2,0	

*) Diese Spannung ist
- für Funktionsisolierung:
  der höchste Scheitelwert jeder Spannung, die bei Nennbedingungen des Betriebsmittels zu erwarten ist;
- für Basisisolierung, die transienten Überspannungen aus dem Netz oder periodischen Spitzenspannungen direkt ausgesetzt ist bzw. durch diese wesentlich beeinflusst wird:
  der höchste Scheitelwert gemäß den Bemessungsspannungen des Betriebsmittels;
- für andere Basisisolierung:
  der höchste Scheitelwert jeder Spannung, die im Stromkreis auftreten kann.

2.2 Ziele der Arbeit

Der Einsatz eines geeigneten Prüfverfahrens ist für die Klassifizierung der Isolierstoffe in die bereits definierten Wasseranlagerungsgruppen unumgänglich. Für diese Einteilung wurde in der Vergangenheit ein Prüfverfahren erarbeitet, jedoch existieren bisher keine ausreichenden praktischen Erfahrungen bei der Anwendung dieses Prüfverfahrens. Ein geeignetes Prüfverfahren wird als erarbeitet angesehen, sofern jeder Isolierstoff eindeutig und reproduzierbar zu den vorgesehenen Wasseranlagerungsgruppen WAG 1 bis WAG 4 zugeordnet (qualifiziert) werden kann. Ein solches Prüfverfahren soll innerhalb der vorliegenden Arbeit erarbeitet werden.

Weiterhin verfolgt diese Arbeit das Ziel, wissenschaftliche Erkenntnisse zum Einfluss der Wasseranlagerung an Isolierstoffoberflächen auf das Isoliervermögen von Kriechstrecken bei gegenwärtig in der Elektrotechnik verwendeten Werkstoffen zu gewinnen. Diese Erkenntnisse sollen einen wesentlichen Beitrag zum besseren Verständnis der in Bild 2.1 dargestellten Phänomene liefern und zur Optimierung der Bemessung von Kriechstrecken unter Berücksichtigung der Wasseranlagerung verwendet werden. Zu diesem Zweck werden in dieser Arbeit einige der aus dem Bereich der Materialwissenschaft üblichen Messmethoden zur Charakterisierung von Oberflächenstrukturen angewandt und mit dem Isolierverhalten der Prüflinge unter Feuchtebedingungen verglichen.

Wie frühere Forschungsarbeiten zeigten, liegt das unterschiedliche Wasseranlagerungvermögen von Isolierstoffen und deren Klassifizierung in die Wasseranlagerungsgrupppen in der Oberflächenbeschaffenheit des jeweiligen Isoliermaterials begründet [Gräf97]. Umgekehrt wäre es jedoch auch vorstellbar, dass sich aus der Kenntnis der physikalischen und chemischen Oberflächenstruktur eines bestimmten Isolierstoffs eine Aussage über dessen Wasseranlagerungsvermögen und Klassifizierung getroffen werden kann. Hierzu ist es notwendig, den Werkstoff unter Anwendung des in der vorliegenden Arbeit beschriebenen Prüfverfahrens in seine Wasseranlagerungsgruppe einzuordnen und darüber hinaus genaue Informationen über die Oberflächenbeschaffenheit sowie über die Art der verwendeten Additive (Füllstoffe, Härter, Weichmacher, etc.) zu erlangen. Mit den vorliegenden Informationen kann dann eine Korrelation zwischen der Klassifizierung des Isolierstoffs und seiner physikalischen und chemischen Oberflächenstruktur aufgestellt werden. Daher soll in der vorliegenden Arbeit untersucht werden, inwiefern sich aus der Kenntnis der Oberflächenstruktur eines bestimmten Werkstoffs eine Aussage treffen lässt, in welche Wasseranlagerungsgruppe dieser Werkstoff einzuordnen ist, ohne dabei das Prüfverfahren anwenden zu müssen.

Es ist davon auszugehen, dass die Umgebungstemperatur einen wesentlichen Einfluss auf die Klassifizierung von Isolierstoffen in die Wasseranlagerungsgruppen ausübt. Aus diesem Grunde stellt die Temperatur einen wichtigen Parameter bei dem Prüfverfahren dar. Im Normentwurf [IEC28A/127/CD], der eines der Vorgängerschriftstücke vom Normentwurf [IEC28A/171/CDV] war und auf dem die vorliegende Arbeit aufbaut, werden keinerlei Aussagen darüber getroffen, bei welcher Temperatur die Prüfung durchzuführen ist. Daher wird in dieser Arbeit auch das Ziel verfolgt, den Einfluss der Temperatur auf die Einteilung der zu untersuchenden Prüflinge in die Wasseranlagerungsgruppen zu erfassen. Dabei soll auch der Frage nachgegangen werden, inwiefern die Parameter Oberflächenleitwert G und Oberflächenkapazität C, die zur Beschreibung eines elektrischen Ersatzschaltbildes zur Wasseranlagerung notwendig sind [Gräf97], von der Umgebungstemperatur unter Feuchtebedingungen beeinflusst werden.

Darüber hinaus hat die vorliegende Arbeit zum Ziel, Erkenntnisse über den Einfluss der Alterung durch ultraviolette Strahlung auf das Isolierverhalten von Kriechstrecken unter Feuchtebedingungen zu erlangen. Besonderes Augenmerk wird hierzu auf die Änderung der chemischen und physikalischen Oberflächeneigenschaften gerichtet.

Hierbei soll auch der Frage nachgegangen werden, inwiefern sogenannte *Antioxidationsmittel*, die die Photodegradation eines Isolierstoffs erschweren [Gächter89], das Isolierverhalten bestrahlter Prüflinge unter Feuchtebedingungen beeinflussen.

Als ergänzende Untersuchungen zur Bestimmung der elektrischen Eigenschaften von Isolierstoffoberflächen unter Feuchtebedingungen werden Messungen hinsichtlich der Hydrophobie von Isoliermaterialien durchgeführt. Die einfachste Methode hierzu, die gleichzeitig auch genaue Ergebnisse liefert, ist das Verfahren der Kontaktwinkelmessung. Unter Anwendung dieses Messverfahrens soll innerhalb dieser Arbeit herausgefunden werden, ob die zu ermittelnden Hydrophobieeigenschaften der Isolierstoffe mit den elektrischen Eigenschaften (insbesondere der Spannungsfestigkeit) von Isolierstoffoberflächen unter Feuchtebedingungen korrelieren.

Bei den obigen Betrachtungen wurde stets davon ausgegangen, dass die Isolierstoffe nur *kurzzeitig* Feuchte ausgesetzt sind und somit die Wasseradsorption (Wasseranlagerung) an der Isolierstoffoberfläche gegenüber der Wasserabsorption (Wasseraufnahme) im Innern des Feststoffs im Vordergrund steht. Bei *längerer* Feuchtebehandlung ist aufgrund der nunmehr verstärkten Wasserabsorption mit einem deutlich anderem Isolierverhalten von Feststoffoberflächen zu rechnen als bei kurzzeitigem Feuchteeinfluss. Um diese Unterschiede zu erfassen, werden Prüflinge über einen langen Zeitraum hoher Luftfeuchte ausgesetzt und danach hinsichtlich der elektrischen Eigenschaften der Isolierstoffoberfläche vermessen. Zusätzlich erfolgt eine gravimetrische Vermessung der Isolierstoffe, um deren Wasseraufnahme quantitativ zu beschreiben. Mit Hilfe dieser Untersuchungen soll dann herausgefunden werden, ob ein Zusammenhang zwischen der Wasseraufnahme eines Isolierstoffs und dem Isolierverhalten der Werkstoffoberfläche existiert. Des weiteren soll überprüft werden, ob die Wasseraufnahme bestimmten Gesetzmäßigkeiten folgt und inwiefern Unterschiede im Diffusionsverhalten des Wassers bei verschiedenen Feststoffen vorliegen.

3 Grundlagen

In diesem Kapitel werden zunächst die grundlegenden Prozesse beim Durchschlag in Luft und darauf basierend die Vorgänge beim Überschlag an der Luft/Feststoff-Grenzschicht wiedergegeben. Des weiteren wird hier auf die wesentlichen Prozesse bei der Anlagerung von Wassermolekülen an der Isolierstoffoberfläche sowie auf den Mechanismus bei der Wasseraufnahme des Werkstoffs eingegangen.

3.1 Physikalische Prozesse bei elektrischen Entladungen

Der Physik-Nobelpreisträger N. Bohr stellte im Jahre 1913 die sogenannten *Bohr'schen Postulate* auf, die für die Erklärung optischer Spektren von Atomen unerlässlich sind. Diese Postulate, die in der einschlägigen Literatur [Hering89, Vogel95] zu finden sind, bilden die Grundlage für das physikalische Modell elektrischer Entladungen, das im Folgenden beschrieben wird.

3.1.1 Elektrischer Durchschlag in Luft

Natürliche Erdradioaktivität und energiereiche UV-Strahlung sowie kosmische Höhenstrahlung verursachen durch die sogenannte *Photoionisation* eine fortlaufende Bildung von Gasionen und freien Elektronen in der Luft. Hierbei werden neutrale Luftmoleküle durch Absorption von Photonen angeregt und bei ausreichender Energie der absorbierten Photonen ionisiert; energetisch betrachtet werden also Elektronen der Moleküle auf ein höheres Energieniveau angehoben. Damit neutrale Luftmoleküle in den angeregten bzw. ionisierten Zustand übergehen, muss die Energie $h \cdot \nu$ des absorbierten Photons größer oder gleich der Anregungsenergie W_A bzw. der Ionisationsenergie W_I des Luftmoleküls sein (Gleichung (3-1) bzw. Gleichung (3-2)):

$$h \cdot \nu \geq W_A \qquad (3\text{-}1)$$

$$h \cdot \nu \geq W_I \qquad (3\text{-}2)$$

In diesen Gleichungen ist h das Planck'sche Wirkungsquantum und ν die Frequenz des absorbierten Photons. In der folgenden Tabelle 3.1 sind für wichtige in der Luft enthaltenen Gasmoleküle die Anregungsenergie W_{A1} vom Grundzustand in den ersten Anregungszustand sowie die Ionisationsenergie W_{I1} für das erste Elektron wiedergegeben.

Tabelle 3.1: Anregungsenergie W_{A1} vom Grundzustand in den ersten Anregungszustand sowie Ionisationsenergie W_{I1} für das erste Elektron [Beyer86, Bühler98]

Gasmolekül	Anregungsenergie W_{A1}	Ionisationsenergie W_{I1}
N_2	6,3 eV	15,6 eV
O_2	7,9 eV	12,1 eV
H_2O (Dampf)	7,6 eV	12,7 eV
CO_2	10,0 eV	14,4 eV

Tabelle 3.1 zeigt, dass absorbierte Photonen Wellenlängen von $\lambda < 102$ nm aufweisen müssen, um zu einer direkten Ionisierung der Luftmoleküle zu führen. Wie bereits erwähnt wurde und in Bild 3.1 veranschaulicht wird, kommt hierfür beispielsweise kurzwellige UV-Strahlung sowie die durch natürliche Radioaktivität in atmosphärischer Luft vorhandene Gamma-Strahlung als auch kosmische Höhenstrahlung in Betracht. Letztere ist derart energiereich, dass sie durch übliche Wandungen kaum abgeschirmt werden kann, so dass sie auch in geschlossenen Anlagen und Geräten wirksam ist [Beyer86].

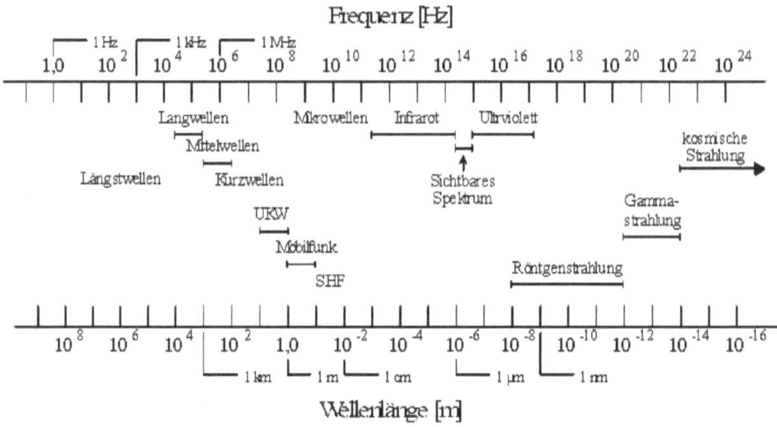

Bild 3.1: Spektrum elektromagnetischer Wellen

Aufgrund der zu geringen Photonenenergie ist eine direkte Ionisation durch Strahlung mit Wellenlängen $\lambda > 102$ nm nicht möglich. Strahlung im Energiebereich $W_{A1} \leq W < W_{I1}$ kann jedoch Luftmoleküle stufenweise ionisieren (indirekte Ionisation). Hierbei werden die zunächst neutralen Moleküle von einem Photon mit der Energie W_{A1} angeregt, und die Elektronen der Luftmoleküle können durch Absorption weiterer Photonen auf immer höhere Energieniveaus gebracht werden, so dass sich schließlich Elektronen von den Molekülen ablösen. Voraussetzung bei dieser indirekten Ionisation ist jedoch, dass die Elektronen des Moleküls nach der jeweiligen Anhebung in ein höheres Energieniveau nicht wieder in den Ausgangszustand zurückfallen. Ohne äußere Einwirkung bleibt der angeregte Zustand ca. 10 ns erhalten [Beyer86], bevor die Elektronen des Moleküls unter Aussendung eines Lichtquants in den Ausgangszustand zurückfallen.

Aufgrund anziehender Coulomb-Kräfte und der ungeordneten Wärmebewegung können sich die durch die oben beschriebene Photoionisation erzeugten Ladungsträger entgegengesetzter Polarität wiedervereinigen (rekombinieren). Es stellt sich hierbei ein Gleichgewichtszustand ein, wenn die Erzeugungsrate von Ladungsträgern der Rekombinationsrate entspricht. Wirkt auf diese Ladungsträger jedoch ein äußeres elektrisches Feld, werden diese beschleunigt und nehmen somit kinetische Energie auf, die sie bei ausreichend hoher elektrischer Feldstärke E nahezu vollständig auf neutrale Luftmoleküle durch unelastischen Stoß übertragen können. Damit die neutralen Luftmoleküle direkt ionisiert werden, muss nach Gleichung (3-3) die kinetische Energie der Ladungsträger größer oder gleich der Ionisationsenergie sein. In dieser Gleichung ist m_L die Masse des Ladungsträgers und v_L seine Geschwindigkeit.

$$0{,}5 \cdot m_L \cdot v_L^2 \geq W_I \tag{3-3}$$

Da die Beweglichkeit von Elektronen bei Normalbedingungen das 500fache von positiven Ionen beträgt [Kind82] und die sogenannte *mittlere freie Weglänge* λ_m[*)] der Elektronen wesentlich größer als die der positiven Ionen ist [Beyer86], geht man im Allgemeinen davon aus, dass nur Elektronen an den Stoßionisationsprozessen beteiligt sind. Nimmt man bei den Stoßprozessen weiterhin an, dass das betreffende Elektron seine gesamte kinetische Energie überträgt, so schreibt man unter Berücksichtigung der mittleren freien Weglänge häufig den Ausdruck [Kind82]:

$$E \cdot e \cdot \lambda_m \geq W_I \tag{3-4}$$

e: Ladung des Elektrons ($e = 1{,}602 \cdot 10^{-19}$ C)

Wenn die Ionisationsbedingung nach Gleichung (3-4) erfüllt ist, können durch Elektronenstoß weitere Ladungsträger erzeugt werden. Dieser Vorgang wird in der Literatur auch als sogenannter *α–Prozess* bezeichnet. Hierbei ist α der für die Ladungsträgervermehrung entscheidende Ionisationskoeffizient und gibt die auf die mittlere freie Weglänge bezogene, im Mittel ausgelösten Ionisationsprozesse an [Beyer86, Kind82]:

$$\alpha = 1/\lambda_m \cdot \exp\left(-W_I / (E \cdot e \cdot \lambda_m)\right) \tag{3-5}$$

Da die mittlere freie Weglänge bei konstanter Temperatur dem Druck p umgekehrt proportional ist (λ_m = k/p, k: Proportionalitätskonstante), kann man Gleichung (3-5) folgendermaßen umformen:

$$\alpha = p/\mathrm{k} \cdot \exp\left(-W_I \cdot p / (E \cdot e \cdot \mathrm{k})\right) = \mathrm{A} \cdot p \cdot \exp\left(-\mathrm{B} \cdot p/E\right) \tag{3-6}$$

Da in Gleichung (3-6) zwei Variablen (p, E) enthalten sind, reduziert man die Anzahl der Veränderlichen durch die Einführung der *druckbezogenen elektrischen Feldstärke* E/p auf eine Variable und erhält somit das sogenannte *Ähnlichkeitsgesetz*:

$$\alpha/p = \mathrm{A} \cdot \exp\left(-\mathrm{B} \cdot p/E\right) = \mathrm{f}(E/p) \tag{3-7}$$

Die in den Gleichungen (3-6) und (3-7) auftauchenden Faktoren A und B sind empirisch ermittelte Konstanten und nur für einen bestimmten Bereich der druckbezogenen elektrischen Feldstärke gültig, da bei der Herleitung der beiden Gleichungen Anregungsvorgänge vernachlässigt werden und die Energieverteilung der

---

[*)] Zur Erläuterung der mittleren freien Weglänge: Zwischen aufeinanderfolgenden Stößen durchlaufen Teilchen jeweils eine freie Weglänge, die statistisch um die mittlere freie Weglänge streut.

Ladungsträger unberücksichtigt bleibt. Darüber hinaus ist der Wirkungsquerschnitt bei den Stößen nicht konstant [Beyer86].

Neben den oben beschriebenen Ionisationsprozessen laufen gleichzeitig auch Anlagerungsvorgänge freier Elektronen an neutrale Moleküle ab, wodurch negativ geladene Luftionen gebildet werden. Dies wird durch Einführung des sogenannten Anlagerungskoeffizienten η_e berücksichtigt, und man erhält somit den effektiven Ionisationskoeffizienten $\alpha_{eff} = \alpha - \eta_e$. Neu gebildete freie Elektronen stehen also bei einer Elektronenanlagerung für eine weitere Ladungsträgervermehrung durch Stoßionisation nicht mehr zur Verfügung. Ist bei einer Luftstrecke ab einer bestimmten druckbezogenen elektrischen Feldstärke E/p der effektive Ionisationskoeffizient α_{eff} positiv, so tritt eine positive Ladungsträgerbilanz auf, und es ist aufgrund der Ladungsträgervermehrung letztendlich mit der Entstehung einer sogenannten *Elektronenlawine* zu rechnen. Bei einer Temperatur von ϑ = 20 °C beträgt die druckbezogene elektrische Mindestfeldstärke in Luft hierfür $E/p = 32\ \mathrm{kV \cdot cm^{-1} \cdot bar^{-1}}$.

Der Mechanismus bei der Entstehung einer Elektronenlawine ist im Folgenden der Einfachheit halber an einer homogenen Elektrodenanordnung mit dem Elektrodenabstand d beschrieben. Hierbei wird ein effektiver Ionisationskoeffizient $\alpha_{eff} > 0$ vorausgesetzt. Anfangselektronen, die beispielsweise durch kosmische Strahlung in der Luft vorhanden sind und im homogenen elektrischen Feld beschleunigt werden, erzeugen durch Stoßionisation an der Stelle x

$$N_{neu}(x) = N_0 \cdot (\exp(\alpha_{eff} \cdot x) - 1) \tag{3-8}$$

neue Elektronen, wobei N_0 die Anzahl der Anfangselektronen bei $x = 0$ ist.

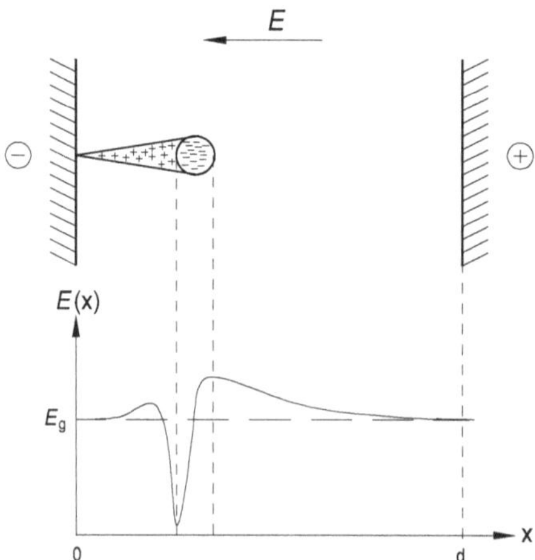

Bild 3.2: Entladungslawine im homogenen elektrischen Feld und prinzipieller Verlauf der elektrischen Feldstärke $E(x)$ in der Zentralachse der Lawine [Beyer86]

Die Elektronen wandern mit vergleichsweise hoher Geschwindigkeit zur Anode und bilden den Lawinenkopf, der annähernd kugelförmig ist. Die erheblich langsameren positiven Ionen wandern zur Kathode und bilden somit den Lawinenschwanz (Bild 3.2). Wie in Bild 3.2 ersichtlich ist, weist der Lawinenkopf im Vergleich zum Lawinenschwanz eine erheblich größere Ladungsdichte auf. Hierbei verursachen sowohl die Ladungsträger im Lawinenschwanz als auch die Elektronen im Lawinenkopf eine erhebliche Verzerrung des Grundfelds E_g. Umfangreiche Untersuchungen haben ergeben, dass die nach oben beschriebenen Prozessen entstandene Lawine (auch *Primärlawine* genannt) beim Durchlaufen der Schlagweite d nicht zu einem Durchschlag der Elektrodenanordnung führt. Vielmehr spielt der sogenannte *Townsend-Mechanismus* beim Luftdurchschlag eine entscheidende Rolle. Nach diesem Mechanismus erzeugt eine Primärlawine, die durch N_0 primäre Anfangselektronen in Kathodennähe entstanden ist, nach Durchlaufen der Schlagweite d insgesamt

$$N_{ion} = N_0 \cdot \alpha/\alpha_{eff} \cdot (\exp(\alpha_{eff} \cdot d) - 1) \tag{3-9}$$

positive Ionen, die sich in Richtung Kathode bewegen [Beyer86]. Beim Auftreffen auf die Kathode werden

$$N_{sek} = \gamma \cdot N_0 \cdot \alpha/\alpha_{eff} \cdot (\exp(\alpha_{eff} \cdot d) - 1) \tag{3-10}$$

sekundäre Anfangselektronen erzeugt, die aus der Kathode herausgelöst werden (Sekundärelektronenemission). In Gleichung (3-10) wird die Konstante γ als *zweiter Townsendscher Ionisationskoeffizient* bezeichnet und nimmt Werte von $10^{-8}...10^{-1}$ an [Kind82]. Ist die sogenannte *Zündbedingung* erfüllt (d. h. $N_{sek}/N_0 \geq 1$), wird die neue Lawine aufgrund der höheren Anzahl an Anfangselektronen stärker als die Primärlawine sein. Auf diese Weise werden immer stärkere Folgelawinen gebildet, so dass der Strom stufenartig anwächst, bis schließlich der Durchschlag erfolgt. In der Literatur wird ein Durchschlag nach dem oben beschriebenen Mechanismus häufig als *Generationendurchschlag* bezeichnet. Setzt man in das obige Ähnlichkeitsgesetz (Gleichung (3-7)) statt α den effektiven Ionisationskoeffizienten α_{eff} ein und verknüpft dieses mit dem Grenzfall der Zündbedingung ($N_{sek}/N_0 = 1$), so erhält man im Falle des Durchschlags im homogenen Feld ($E = E_{br} = U_{br}/d$) das *Paschengesetz beim Generationendurchschlag* (Gleichung (3-11)):

$$\alpha_{eff} \cdot d = p \cdot A \cdot d \cdot \exp(-B \cdot p \cdot d / U_{br}) = \ln(1 + \alpha_{eff} / (\alpha \cdot \gamma)) = C$$

$$\rightarrow U_{br} = B \cdot p \cdot d / \ln(p \cdot A \cdot d / C) \tag{3-11}$$

Nach [Kind82] liegt hierbei die Konstante C, die als Lawinenverstärkung bezeichnet wird, im Bereich von 2,5 bis 18. Frühere Forschungsarbeiten haben herausgefunden, dass höhere Lawinenverstärkungen (C > 18) zu instabilen Elektronenlawinen führten; darüber hinaus lagen die bei großen Schlagweiten und Drücken gemessenen Durchschlagverzugszeiten deutlich unter den Werten, die man bei einem Generationendurchschlag erwartet hätte. Die Ursache hierfür liegt darin, dass besonders am Lawinenkopf (Bild 3.2) erhebliche Felderhöhungen auftreten. Diese

Feldanhebung hat zur Folge, dass an dieser Stelle Ionisationsprozesse durch Stoßionisation verstärkt ablaufen, was eine erhöhte Wachstumsgeschwindigkeit dieser Lawine zur Folge hat. Ferner wurde festgestellt, dass vor dem Lawinenkopf intensive Strahlung im UV-Bereich ausgesendet wird, deren Photonen an einer anderen Stelle Anfangselektronen für Folgelawinen bilden. Diese Folgelawinen können sich dann bei geeigneter Lage mit der Primärlawine vereinigen [Kind82]. Auf diese Weise bildet sich ein Entladungskanal (Streamer) aus, der in beide Richtungen vorwächst und somit zum Durchschlag der Elektrodenanordnung führt.

Im Allgemeinen geht man davon aus, dass ein Streamerdurchschlag eingeleitet wird, wenn die Elektronenanzahl im Lawinenkopf einen Wert von 10^8 erreicht hat. Hierbei kann die Vorwachsgeschwindigkeit des Streamers in Luft bei Normaldruck Werte bis zu $v_{str} = 10^5 ... 10^6$ m/s erreichen [Beyer86]. Das Paschengesetz (Gleichung (3-11)) ist auch bei einem Streamerdurchschlag gültig. Um dieses vom Paschengesetz beim Generationendurchschlag zu unterscheiden, schreibt man [Beyer86]:

$$U_{br} = \mathrm{B} \cdot p \cdot d / \ln (p \cdot \mathrm{A} \cdot d / \mathrm{K}_{Str}); \; \mathrm{K}_{Str} = 13{,}8 ... 18{,}4 \tag{3-12}$$

Neben der bereits erwähnten Photoionisation und Sekundärelektronenemission existieren noch einige weitere Ionisations- bzw. Emissionsprozesse, die in [Beyer86, Zender00] zusammengetragen sind und an dieser Stelle nicht näher erläutert werden sollen.

Im Folgenden wird auf die bereits erwähnten Anlagerungsvorgänge freier Elektronen an neutrale Luftmoleküle und den Einfluss von Wasserdampf (Luftfeuchte) eingegangen. Dabei sollen die Anlagerungsmechanismen von freien Elektronen an Sauerstoff- und Stickstoffmoleküle nicht ausführlich betrachtet werden; diese Vorgänge sind in [Schmid91] detailliert beschrieben. Aufgrund des vergleichsweise geringen Anteils von Kohlendioxid in Luft werden bei den folgenden Betrachtungen Anlagerungsprozesse an Kohlendioxidmoleküle außer Acht gelassen. Es soll vielmehr das Augenmerk auf die Auswirkung von Luftfeuchte auf die Anlagerung von Elektronen an Luftmoleküle gerichtet werden.

Aufgrund der Elektronenaffinität eines Sauerstoffmoleküls von $W_{af} = 0{,}5$ eV (zum Vergleich: $W_{af} = -1{,}9$ eV beim Stickstoffmolekül, $W_{af} > 2{,}8$ eV beim SF_6-Molekül) [Massey76] können sich durch Anlagerung von freien Elektronen an Sauerstoffmoleküle stabile negative Sauerstoffionen bilden. Dieser Effekt wurde in Untersuchungen von [Bünger61] bestätigt und ist bei Werten von $E/p \leq 26$ kV· cm^{-1}· bar^{-1} zu berücksichtigen [Uhlemann90, Räther64]. Wie die im Rahmen dieser Arbeit durchgeführten Untersuchungen (Kapitel 5 – Isoliervermögen von Isolierstoffoberflächen unter Feuchtebedingungen) zeigen, beträgt im Falle eines Überschlags bei einer Schlagweite von $d = 2{,}5$ mm die mittlere druckbezogene elektrische Feldstärke ungefähr $E/p = 20$ kV· cm^{-1}· bar^{-1}, so dass hier die Anlagerung von freien Elektronen an Sauerstoffmoleküle eine wesentliche Rolle spielt.

Die Bildung von negativen Sauerstoffionen, bei dem das Wassermolekül eine entscheidende Rolle spielt, geschieht nach dem sogenannten *Dreierstoßprozess* [Schmid91]:

$$e^- + O_2 + H_2O \leftrightarrow O_2^- + H_2O \tag{3-13}$$

Bei diesem Prozess wird das Wassermolekül als dritter Stoßpartner benötigt, um die bei der Anlagerung eines freien Elektrons an das Sauerstoffmolekül frei werdende Energie von 0,5 eV sowie Bewegungsenergie aufzunehmen, da das angelagerte Elektron sonst schnell wieder abgespalten wird. Untersuchungen des Dreierstoßprozesses bezüglich seines energetischen Verhaltens haben gezeigt, dass Wassermoleküle als dritter Stoßpartner wesentlich wirksamer sind als Stickstoff-, Sauerstoff- oder Kohlendioxidmoleküle. Dies bedeutet, das schon bei geringem Wasserdampfzusatz das Gleichgewicht der Reaktion nach Gleichung (3-13) deutlich auf der rechten Seite liegt [Schmid91].

Ein weiterer wichtiger Mechanismus ist die Anlagerung von Wassermolekülen an negative Sauerstoffionen (Gleichung (3-14)). Hierbei ist M ein Sauerstoff-, Stickstoff- oder ein weiteres Wassermolekül, welches notwendig ist, um die bei der Anlagerung frei werdende Energie aufzunehmen:

$$O_2^- + H_2O + M \leftrightarrow O_2^-(H_2O) + M \tag{3-14}$$

Umfangreiche Untersuchungen von [Allen85] bezüglich energetischer Betrachtungen bei der nach Gleichung (3-14) ablaufenden Reaktion haben ergeben, dass sich an das $O_2^-(H_2O)$ – Ion noch bis zu vier weitere Wassermoleküle anlagern können. Allgemein lässt sich die Reaktion nach Gleichung (3-14) folgendermaßen formulieren:

$$O_2^-(H_2O)_{i-1} + H_2O + M \leftrightarrow O_2^-(H_2O)_i + M, \; i = 1...5 \tag{3-15}$$

Die nach Gleichung (3-15) gebildeten hydratisierten O_2^- – Ionen (auch *Cluster* genannt), sind energetisch günstiger als das negative Sauerstoffion O_2^-; aus diesem Grunde sind die Clusterionen als stabil anzusehen [Bühler98]. In Tabelle 3.2 ist die bei der Reaktion nach Gleichung (3-15) frei werdende Energie *W* in Abhängigkeit der Anzahl an Wassermolekülen *i* dargestellt [Allen85]. Wie aus Tabelle 3.2 ersichtlich ist, nimmt die Reaktionsenergie *W* mit zunehmender Anzahl an Wassermolekülen *i* deutlich ab.

Tabelle 3.2: Frei werdende Energien bei der Reaktion nach Gleichung (3-15) [Allen85]

i	*W*
1	0,46 eV
2	0,28 eV
3	0,18 eV
4	0,106 eV
5	0,056 eV

3.1.2 Elektrischer Überschlag an der Isolierstoffoberfläche

Beim elektrischen Überschlag an einer Luft/Feststoff-Grenzschicht gelten prinzipiell die physikalischen Gesetzmäßigkeiten wie bei dem im letzten Abschnitt behandelten Durchschlag in Luft. Beim Überschlag an der Feststoffoberfläche verläuft der Entladungskanal in dem umgebenden Luftraum, da die relative Dielektrizitätszahl von Luft ε_{rLuft} einen wesentlich geringeren Wert aufweist als die des Isoliermaterials und somit der Luftraum feldstärkemäßig überbeansprucht wird [Richter86]. Je nach Isoliermaterial nimmt dabei das Verhältnis der relativen Dielektrizitätszahl von Luft ε_{rLuft} zu der des Isolierstoffs ε_{rFest} Werte im Bereich von $\varepsilon_{rFest}/\varepsilon_{rLuft} = 3...10$ an [Uhlemann90].

Grundsätzlich wird bei Überschlägen an der Luft/Feststoff-Grenzfläche zwischen der sogenannten *Gleitentladung* und dem *Fremdschichtüberschlag* unterschieden. In Bild 3.3 sind zwei grundsätzliche Elektrodenanordnungen dargestellt, bei denen der Durchschlag längs einer Isolierstoffoberfläche auftreten kann. Bei der im linken Teilbild wiedergegebenen Anordnung stehen die Feldlinien annähernd orthogonal auf der freiliegenden Feststoffoberfläche. Der Feststoff stellt jedoch eine Barriere für die ungehinderte Entladungsentwicklung in Richtung der elektrischen Feldlinien dar, so dass sich der Überschlag als Gleitentladung entlang der Isolierstoffoberfläche ausbilden muss [Beyer86]. Aufgrund der vertikalen Feldkomponente treffen Ladungsträger auf die Feststoffoberfläche auf, wodurch der Isolierstoff durch Einfangen bzw. Bereitstellen von Ladungsträgern an der Entladungsentwicklung beteiligt ist. Allerdings ist der Einfluss des Werkstoffs auf die Gleitentladung beschränkt, da die vertikale Feldkomponente durch in der Nähe des Entladungskanals ausbildende Oberflächenladungen abgebaut wird und somit diese Oberflächeneffekte in den Hintergrund gedrängt werden [Beyer86].

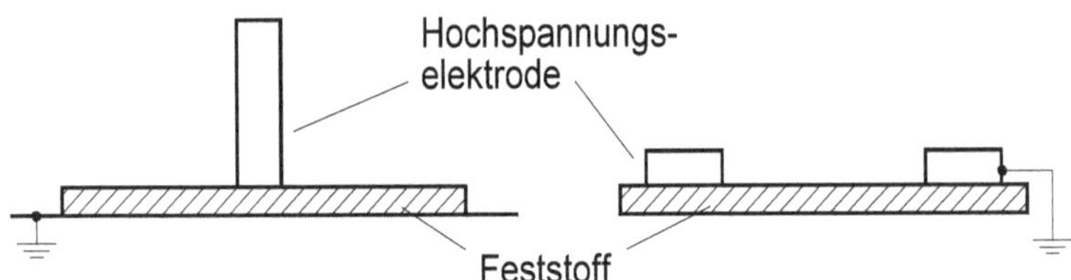

Bild 3.3: Zur Erläuterung der Voraussetzung für eine Gleitentladung

Bei der im rechten Teilbild dargestellten Elektrodenanordnung, die im Rahmen der vorliegenden Arbeit verwendet wird, laufen die Feldlinien bei ideal glatter und reiner Werkstoffoberfläche nahezu parallel zu der Feststoff/Luft-Grenzschicht, so dass die beschriebenen Oberflächeneffekte nicht auftreten. In diesem Falle kann das Durchschlagverhalten der reinen Gasstrecke erreicht werden. Oberflächenrauhigkeiten und dadurch verursachte lokale Feldanhebungen oder Luftspalteffekte zwischen Elektrode und Feststoff führen allerdings zu einer deutlich verminderten Spannungsfestigkeit [Küchler96, Beyer86]. Gleitentladungen können sich wegen der fehlenden Querkomponente des elektrischen Feldes nicht ausbilden [Richter86]. Aus diesem Grunde und aufgrund der Tatsache, dass bei den im Rahmen der vorliegenden Arbeit durchgeführten Untersuchungen mit dem Anlagern einer Fremdschicht in Form von Feuchte auszugehen ist, tritt hier der Mechanismus des Fremdschichtüberschlags in den Vordergrund. Daher soll dem Fremdschichtüberschlag bei den folgenden Betrachtungen besondere Aufmerksamkeit zukommen. Wie frühere Untersuchungen herausgestellt haben, wird durch angelagerte Feuchte das elektrische Grundfeld der Elektrodenanordnung maßgeblich verzerrt [Link75]. Dabei werden Feldlinien, die nicht parallel zur Feststoffoberfläche verlaufen, aufgrund der hohen Polarität der Wassermoleküle gebeugt. Darüber hinaus führt die stark unterschiedliche Dicke der Wasserschicht, die durch wassergefüllte Oberflächenporen (s. Abschnitt 3.2) sowie mikroskopische Unregelmäßigkeiten hervorgerufen wird, ebenfalls zu Feldverzerrungen [Link75, Richter86, Uhlemann90]. Somit können örtlich Feldspitzen auftreten, die die Durchschlagfeldstärke der Anordnung überschreiten und dort bei vorhandenen Anfangselektronen zu verstärkten Ionisationsvorgängen führen. Hierdurch entstehen Teillichtbögen, die einen Teil der Schlagweite überbrücken. Der Übergang von dem durch Teillichtbögen verursachten Teilüberschlag zum Vollüberschlag kann nach folgendem Mechanismus stattfinden [Richter86]: Durch energiereiche Strahlung, die von den Teillichtbögen ausgeht, werden benachbarte Orte mit Anfangselektronen angereichert. Ausgehend von diesen Elektronen kommt es bei ausreichender Feldstärke zu einer Ladungsträgervermehrung, die zur Ausbildung sekundärer Teilüberschläge führt. Auf diese Weise bilden sich eine Vielzahl weiterer Teilüberschläge, die letztendlich einen Überschlag der gesamten Elektrodenanordnung hervorrufen. Die obigen Ausführungen zeigen, dass die Feuchteanlagerung eine Minderung der Spannungsfestigkeit der Elektrodenanordnung bewirkt. Im Zusammenhang mit der Überschlagentwicklung dürfen jedoch bei bestimmten Werten der druckbezogenen Feldstärke E/p vermehrte Anlagerungsprozesse von freien Elekronen an Luftmolcküle (insbesondere Sauerstoffmoleküle) in Gegenwart feuchter Luft nicht vernachlässigt werden (vgl. Abschnitt 3.1.1).

Da sich die vorliegende Arbeit hauptsächlich auf die Feuchteanlagerung unverschmutzter Prüflinge konzentriert, soll der Mechanismus des Fremschichtüberschlags bei vorhandener leitfähiger Verschmutzung an dieser Stelle nicht betrachtet werden. Hierauf wird u. a. in [Küchler96, Richter86, Uhlemann90] ausführlich eingegangen.

3.2 Chemisch-physikalische Prozesse bei der Feuchteadsorption an der Feststoffoberfläche

Im Rahmen der in dieser Arbeit durchgeführten Klassifizierung von Isolierstoffen in Wasseranlagerungsgruppen ist eine Kondensation von Wasser (Betauung) auf der Feststoffoberfläche nicht möglich, da die hierzu notwendigen Bedingungen nicht gegeben sind (vgl. Kapitel 5 – Isoliervermögen von Isolierstoffoberflächen unter Feuchtebedingungen). Zwar sind auf der Feststoffoberfläche im unverschmutzten Zustand geringe Mengen an Staubteilchen vorhanden, die als Kondensationskeime wirken könnten, jedoch fehlen weitere Voraussetzungen. Zum Einen muss für eine Kondensation (Betauung) eine Temperaturdifferenz zwischen dem Isolierstoff und dem umgebenden Luftraum oder eine rasche Luftdruckänderung gegeben sein.

Darüber hinaus ist eine Sättigung der Luft mit Feuchtigkeit erforderlich. Aus diesem Grunde konzentrieren sich die folgenden Betrachtungen ausschließlich auf die Adsorption von Feuchte an der Werkstoffoberfläche.

Unter dem Begriff „Adsorption“ versteht man im Allgemeinen einen Oberflächeneffekt, der das Anbinden von Molekülen aus der Gasphase an einen Feststoff verursacht [Wedler70]. Volumeneffekte, die bei der Feuchteaufnahme auftreten, spielen bei der Adsorption keine Rolle. Die Umkehrung der Adsorption, bei der adsorbierte Moleküle von der Feststoffoberfläche gelöst werden, wird als Desorption bezeichnet. Die Adsorption von Feuchte an der Isolierstoffoberfläche wird hauptsächlich von folgenden Parametern bestimmt [Wedler70, Gräf97]:

- Chemisch-physikalische Eigenschaften der Wassermoleküle
- Chemisch-physikalische Struktur der Isolierstoffoberfläche
- Druck des zu adsorbierenden Wasserdampfes

Anhand der resultierenden Bindungsstärke zwischen den adsorbierten Wassermolekülen (Adsorbat) und dem Feststoff (Adsorbens) unterscheidet man zwischen der sogenannten *Physisorption* und der *Chemisorption* [Wedler70, Barrow73], wobei in bestimmten Fällen - wie beispielsweise beim Adsorptionsvorgang von Wasser an SiO_2 - beide Mechanismen auftreten können [Hauffe74].

Bei der Chemisorption werden Wassermoleküle an den Molekülketten des Adsorbens fest gebunden, wobei die Voraussetzung hierfür ein sehr starker Dipolcharakter der Adsorbensmoleküle ist (wie z. B. bei SiO_2). Die Stärke dieser Bindungen ist mit chemischen Bindungskräften vergleichbar. Bei der chemischen Adsorption von Wassermolekülen bildet sich eine monomolekulare (einlagige) Feuchteschicht auf der Feststoffoberfläche aus, wobei eine Adsorptionswärme zwischen 80 und 600 kJ/mol freigesetzt wird. Die Chemisorption ist ein Vorgang, der nur durch erhöhte Energiezufuhr wieder rückgängig gemacht werden kann; darüber hinaus kann es bei der chemischen Adsorption unter Umständen zu einem Zerfall der beteiligten Moleküle kommen. Im Gegensatz hierzu stellt die Physisorption einen reversiblen Prozess dar, bei dem für den Umkehrvorgang - die Desorption - nahezu keine zusätzliche Energie notwendig ist. Die Wassermoleküle sind bei einer physikalischen Adsorption vergleichsweise locker an die Adsorbensmoleküle gebunden, wobei diese Bindungen auf den in der einschlägigen Literatur beschriebenen *van-der-Waals'schen Kräften* basieren [Barrow73]. Die frei werdende Adsorptionswärme beträgt bei der Physisorption zwischen 8 und 40 kJ/mol. Ein weiteres wesentliches Merkmal ist hierbei, dass sich - im Unterschied zur Chemisorption - mehrlagige Wasserschichten auf der Feststoffoberfläche ausbilden können. Hierbei nimmt die Adsorptionswärme mit wachsender Dicke der adsorbierten Feuchteschicht ab, und es stellt sich ein thermodynamisches Gleichgewicht zwischen der angelagerten Wasserschicht und dem Wasserdampf der umgebenden Luft (Gasphase) ein [Hauffe74, Brdička76].

Aufgrund der unterschiedlichen Merkmale der Physisorption und der Chemisorption kommt diesen Adsorptionsarten besonders bei der Charakterisierung von

Oberflächenstrukturen eine wichtige Bedeutung zu. So ist beispielsweise die Physisorption eine unabdingbare Voraussetzung für die quantitative Bestimmung von Poren und Hohlräumen sowie deren Verteilung an einer Feststoffoberfläche (vgl. auch Kapitel 6.3).

Tabelle 3.3 stellt zusammenfassend die wichtigsten Charakteristiken der beiden genannten Adsorptionsmechanismen gegenüber. Da anzunehmen ist, dass die im Rahmen dieser Arbeit untersuchten Prüflinge größtenteils keinen ausgeprägten Dipolcharakter der Isolierstoffoberfläche aufweisen, ist hier hauptsächlich mit der Physisorption von Wassermolekülen zu rechnen. Daher soll auf die physikalische Adsorption von Feuchtemolekülen an die Feststoffoberfläche im Folgenden näher eingegangen werden.

Tabelle 3.3: Merkmale der Chemisorption und der Physisorption

	Physisorption	Chemisorption
Adsorbens	alle Feststoffe	spezifische Feststoffe
Adsorptiv*)	alle Gase und Dämpfe	nur chemisch reaktive Gase und Dämpfe
Temperaturbereich	niedrige Temperaturen	hohe Temperaturen
Adsorptionswärme	8-40 kJ/mol; nimmt mit wachsender Schichtdicke des adsorbierten Stoffes ab	200-600 kJ/mol
Aktivierungsenergie für den Umkehrprozess	gering	hoch
Oberflächenbelegung	Mehrfachschichten möglich	monomolekulare Schicht
Bindungsverhältnisse	schwache van-der-Waals´sche Kräfte, kein Elektronentransfer	starke chemische Bindungskräfte, Elektronentransfer
Reversibilität	hoch reversibel	häufig irreversibel

Prinzipiell ist bei der Physisorption die Überlagerung einer Abstoßungskraft und einer Anziehungskraft zwischen Adsorbens und Adsorptiv vorhanden. Die potentielle Energie W_{pot} bei der Physisorption eines Wassermoleküls in Abhängigkeit seines Abstands r_a zur Feststoffoberfläche wird dabei folgendermaßen ausgedrückt (Leonard-Jones-Ansatz) [Wedler70]:

$$W_{pot}(r_a) = A_1 \cdot r_a^{-12} - A_2 \cdot r_a^{-6} \qquad (3\text{-}16)$$

Die positiven Konstanten A_1 und A_2 beschreiben in Gleichung (3-16) die Wechselwirkung zwischen dem Wassermolekül und dem Adsorbens. Diese beiden Konstanten sind äußerst schwierig zu bestimmen, da ein Wassermolekül mit mehreren Adsorbensatomen gleichzeitig in Wechselwirkung steht. Zur Veranschaulichung zeigt Bild 3.4 die Kurve für die potentielle Energie bei der Physisorption eines Wassermoleküls an der Feststoffoberfläche, wobei als Nullpunkt der potentiellen

*) Unter dem Begriff „Adsorptiv“ versteht man allgemein Gas- oder Dampfmoleküle in der Gasphase. An der Feststoffoberfläche adsorbierte Gas- oder Dampfmoleküle werden als Adsorbat bezeichnet.

Energie üblicherweise der Zustand bei unendlich weit entferntem Wassermolekül ($r_a \rightarrow \infty$) gewählt wird [Wedler70]. Im Falle $r_a = r_{aGl}$ liegt bei der Physisorption des Wassermoleküls der Gleichgewichtszustand vor, da hier die potentielle Energie minimal ist; dieser Wert ist die frei werdende Adsorptionswärme.

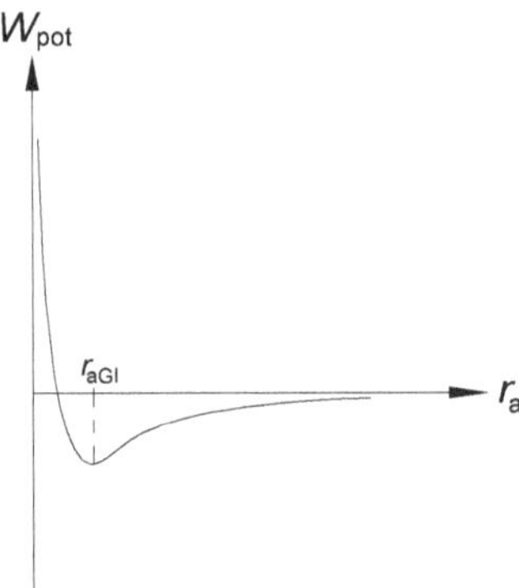

Bild 3.4: Verlauf der potentiellen Energie W_{pot} bei der Physisorption eines Wassermoleküls an der Feststoffoberfläche [Wedler70, Hauffe74]

Besondere Bedeutung kommt an der Feststoffoberfläche vorhandenen Hohlräumen und Poren zu, in denen der sogenannte *Kapillareffekt* auftreten kann. Sind in einem Feststoff Poren oder Hohläume vorhanden, die – wie es bei vielen im Rahmen dieser Arbeit untersuchten Isolierstoffen der Fall ist – einen Durchmesser von 4 nm bis 60 nm aufweisen und für Wassermoleküle aus der umgebenden Luft (Gasphase) zugänglich sind, so können sich an den gegenüberliegenden Porenwandungen adsorbierte Wasserfilme miteinander vereinigen. Dies führt zur Bildung eines Meniskus, der nach außen konkav ist, so dass die hierbei gebildete Grenzschicht Wasser/Luft kleiner und somit energetisch günstiger ist [Brdička76]. Bei dem beschriebenen Vorgang, der auch als Kapillarkondensation bezeichnet wird, kondensiert der Wasserdampf in den Poren bereits bei Drücken p, die niedriger als der Sättigungsdampfdruck p_0 des Wassers bei einer bestimmten absoluten Temperatur T sind. Das somit entstandene Kapillarwasser kann in der Kapillare an die Feststoffoberfläche aufsteigen bzw. in den Feststoff hineingezogen werden [Schramm85].

Setzt man vereinfachend zylinderförmige Poren mit einem Radius r_p voraus, so ist bei der Kapillarkondensation das Dampfdruckverhältnis p/p_0 durch folgende Beziehung gegeben (Kelvin-Gleichung) [Brdička76]:

$$\ln p/p_0 = -2 \cdot A / (r_p \cdot T) \tag{3-17}$$

Die Konstante A in Gleichung (3-17) enthält die Oberflächenspannung des betreffenden Isolierstoffs sowie das Molvolumen des Wassers und die Gaskonstante. Anhand der Gleichung (3-17) lässt sich erkennen, dass bei zunehmender Temperatur oder zunehmendem Porendurchmesser das Dampfdruckverhältnis gegen eins geht und somit der Kapillareffekt in den Hintergrund rückt.

Der Prozess der Feuchteanlagerung lässt sich in vier Adsorptionsstufen aufteilen [Gräf97], die in Bild 3.5 veranschaulicht sind. Hierbei sei angenommen, dass der Isolierstoff aus Poren oder Hohlräumen mit unterschiedlichem Durchmesser und verschiedener Tiefe besteht, wie es bei den meisten technischen Isolierstoffen der Fall ist.

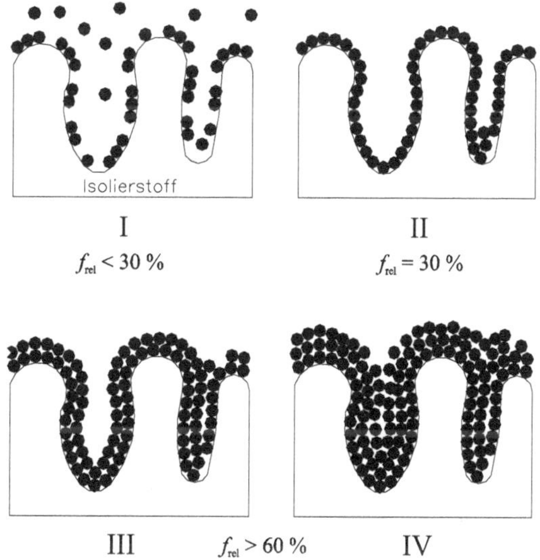

Bild 3.5: Adsorptionsstadien bei der Feuchteanlagerung [Gräf97]

Im Falle niedriger relativer Luftfeuchte (f_{rel} < 30 %) lagern sich Wassermoleküle vereinzelt an bevorzugte Stellen der Isolierstoffoberfläche an (I). Bei einer relativen Luftfeuchte von ungefähr 30 % ist auf der Isolierstoffoberfläche eine monomolekulare Feuchteschicht vorhanden (II). Auf diese Wasserschicht bilden sich bei weiter ansteigender relativer Luftfeuchte weitere Wasserschichten, wobei aufgrund des Kapillareffekts zunächst Poren kleineren Durchmessers (III) und daran anschließend größere Poren gefüllt werden (IV). Besonders im letzten Stadium ist eine stark unterschiedliche Dicke der Wasserschicht, hervorgerufen durch gefüllte Poren, deutlich sichtbar. Frühere Untersuchungen berichten von einer nahezu linearen Zunahme der Wasserschicht im Feuchtebereich 30 % < f_{rel} < 60 % [Link75], wobei die relative Dielektrizitätszahl im Falle der monomolekularen Bedeckung (f_{rel} = 30 %, Stadium II in Bild 3.5) einen Wert von $\varepsilon_r = 30$ annimmt. Bei relativen Luftfeuchten f_{rel} > 60 % wächst die Schichtdicke und die relative Dielektrizitätszahl aufgrund gefüllter Poren (Stadium III und IV in Bild 3.5) überproportional mit der relativen Luftfeuchte an, wobei die relative Dielektrizitätszahl bei $f_{rel} \approx 80$ % den Wert von Wasser ($\varepsilon_r = 80$) erreicht [Link75, Giesenbauer76, Lück64]. Die Abgrenzung zwischen

Stadium III und IV bezüglich des Feuchtewerts hängt von der Porenradienverteilung an der Isolierstoffoberfläche ab und kann daher nicht allgemein angegeben werden.

Die obigen Ausführungen zeigen, dass die Oberflächenstruktur von Isoliermaterialien den Adsorptionsvorgang von Feuchtemolekülen an der Isolierstoffoberfläche maßgeblich bestimmt. Je nach Oberflächenstruktur führt der geschilderte Adsorptionsprozess zu einer Verzerrung des elektrischen Feldes und damit zu einer Verminderung der Spannungsfestigkeit von Isolierstoffoberflächen.

Bisher wurde angenommen, dass sich die Struktur der Isolierstoffoberfläche bei der Anlagerung von Wassermolekülen nicht verändert. Jedoch kann der Fall eintreten, dass bei der Feuchteanlagerung leicht flüchtige Bestandteile aus dem Werkstoff verdrängt werden, so dass sich die physikalische und chemische Oberflächenstruktur bei der Feuchteanlagerung stark verändert und somit weitere Adsorptionsplätze für Feuchtemoleküle geschaffen werden. Man spricht hierbei von der sogenannten *Verdrängungsadsorption* [Gräf97]. Im Rahmen der hier durchgeführten Untersuchungen wurde diese Erfahrung an einem Phenolharz-Prüfling gemacht, aus dem - unter längerer Einwirkung von Feuchte - im Werkstoff vorhandenes Formaldehyd freigesetzt wurde.

3.3 Grundlegende Betrachtungen zur Aufnahme von Wasser im Feststoff

Im Gegensatz zur Wasseradsorption spielen bei der Wasserabsorption Volumeneffekte des Feststoffs eine signifikante Rolle. Der Prozess, der die Aufnahme von Wasser im Isolierstoff ermöglicht, wird als *Diffusion* bezeichnet. Hierbei werden Wassermoleküle aus der umgebenden Luft von einer Stelle des Feststoffs zu einer anderen transportiert, bis sich ein Konzentrationsausgleich eingestellt hat. Der Transport der Wassermoleküle beruht dabei auf deren stochastischen Molekülbewegungen (sogenannte *Brown'sche Molekularbewegungen*), die mit zunehmender Temperatur stärker werden [Barrow73, Brdička76].

Bevor die mathematische Beschreibung der Diffusion betrachtet wird, werden im Folgenden verschiedene Arten des Feuchtigkeitstransports in Feststoffen vorgestellt. Neben dem Feuchtigkeitstransport durch den Mechanismus des Kapillareffekts, der im letzten Abschnitt behandelt wurde, existieren noch drei weitere Mechanismen [Klopfer74]:

- **Wasserdampfdiffusion und Oberflächendiffusion:** Diese beiden Transportmechanismen setzen das Vorhandensein von durchgängigen Hohlräumen (Poren) voraus, die für das Wasser von außen zugänglich sind. Bei geringer Luftfeuchte sind die Porenwandungen mit einem dünnen Wasserfilm überzogen, und die Wassermoleküle diffundieren in der Luft der Poren in das Feststoffinnere hinein (Wasserdampfdiffusion). Steigt die Luftfeuchte weiter an, nimmt die Schichtdicke des Wasserfilms und die Beweglichkeit der darin enthaltenen H_2O-Moleküle zu, so dass zusätzlicher Feuchtetransport im Wasserfilm ermöglicht wird (Oberflächendiffusion). Die Teilchenstromdichte J_p in Poren setzt sich demnach aus der Stromdichte in der Porenluft J_L (Wasserdampfdiffusion) und der

Stromdichte in dem Wasserfilm J_O (Oberflächendiffusion) zusammen (Gleichung (3-18)). Das folgende Bild 3.6 verdeutlicht diese Zusammenhänge.

$$J_p = J_L + J_O \tag{3-18}$$

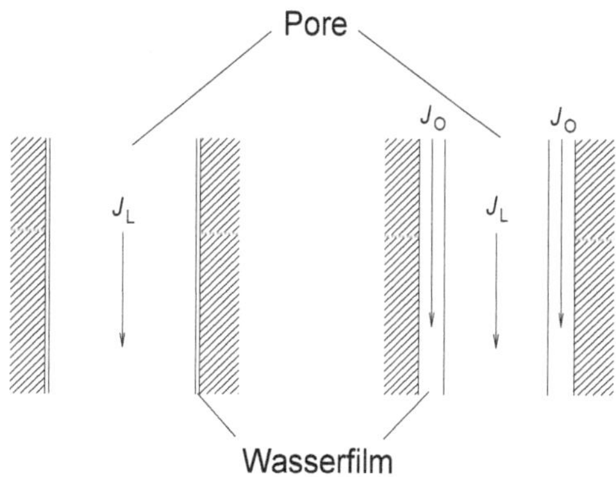

Bild 3.6: Zusammenwirken von Wasserdampf- und Oberflächendiffusion bei geringen (links) und höheren Luftfeuchten (rechts)

Bei hoher Feuchte überwiegt die Oberflächendiffusion, wobei sich ein Verhältnis J_O/J_L = 10...100 einstellen kann. Die Wasserdampfdiffusion kommt zum Erliegen, wenn bei vollständiger Füllung der Hohlräume kein Luftaustausch zwischen Pore und umgebender Luft mehr stattfindet. In diesem Fall steht der durch den Mechanismus des Kapillareffekts hervorgerufene Feuchtigkeitstransport im Vordergrund.

- **Lösungsdiffusion:** Im Gegensatz zur Wasserdampf- und Oberflächendiffusion sind bei der Lösungsdiffusion offene Hohlräume nicht erforderlich. Hier ist vielmehr Voraussetzung, dass der Feststoff aus einem organischen, quellbaren Polymer aufgebaut ist. Die in den Feststoff eindringenden Wassermoleküle gehen mit diesem eine echte Lösung ein. Der hierbei zugrunde liegende Transportmechanismus basiert auf dem sogenannten *freien Volumen* im Werkstoff, das durch aufgenommene Wassermoleküle besetzt werden kann. Unter freiem Volumen wird in der physikalischen Chemie die Differenz zwischen dem Volumen der Feststoffmoleküle einschließlich des Raumes für deren Brown´schen Molekularbewegungen und dem sich aus den physikalischen Abmessungen des Werkstoffs ergebenden Gesamtvolumen verstanden [Wetjen89]. Der Anteil des freien Volumens am Gesamtvolumen ist dabei temperaturabhängig. Die Teilvolumina des freien Volumens sind örtlich veränderbar, und eindringende Wassermoleküle können bei ausreichender Energie von einem Teilvolumen zum anderen „springen“. Es treten also Platzwechselvorgänge zwischen den Feststoff- und den Wassermolekülen auf.

Da bei den in dieser Arbeit untersuchten organischen Isolierstoffen von der Quellfähigkeit auszugehen ist [Klopfer74, Wetjen89] und weil das Volumen der offenen Hohlräume bei dem größten Teil der im Rahmen der vorliegenden Arbeit untersuchten Prüflinge sehr klein ist (s. Abschnitt 6.3 – Gasadsorptionsmessungen), ist zu vermuten, dass bei diesen Werkstoffen die Lösungsdiffusion im Vordergrund steht.

Die mathematische Beschreibung der Diffusion basiert nach [Klopfer74] auf den sogenannten *Fick'schen Gesetzen*. Hierbei wird davon ausgegangen, dass die Stromdichte J der frei beweglichen Wassermoleküle proportional zum Konzentrationsgradienten dieser Teilchen ist [Crank75, Wetjen89]:

$$J = -\mathrm{D} \cdot \mathrm{grad}\, c \qquad (3\text{-}19)$$

D: Diffusionskoeffizient, c: Konzentration der freien Teilchen

Diese Gleichung ist als das *1. Fick'sche Gesetz* bekannt und beschreibt den Zustand des stationären Stofftransports, d.h. der Konzentrationsgradient und der Diffusionskoeffizient sind vom Ort unabhängig. Das negative Vorzeichen in Gleichung (3-19) beruht darauf, dass der Transport der Feuchtemoleküle in Richtung fallender Konzentration verläuft [Wetjen89, Schütz93-1]. Der Diffusionskoeffizient D ist ein Maß für die Geschwindigkeit, mit der der Diffusionsprozess abläuft, und hat nach Gleichung (3-19) die Einheit m^2/s. Für den dynamischen Vorgang der Diffusion - d.h. der Konzentrationsgradient und der Diffusionskoeffizient sind eine Funktion des Ortes - lautet die allgemeine Form der Gleichung (3-19) [Schütz93-1]:

$$\partial c/\partial t = \mathrm{div}\,(\mathrm{D} \cdot \mathrm{grad}\, c) \qquad (3\text{-}20)$$

Die Gleichung (3-20), die das *2. Fick'sche Gesetz* darstellt, ist eine sogenannte parabolische Differentialgleichung, für die es je nach Anfangs- und Randbedingungen entsprechende Lösungsansätze gibt. Diese finden sich in [Crank75] und sollen an dieser Stelle nicht aufgeführt werden. In den oben angegebenen Differentialgleichungen wird davon ausgegangen, dass der Diffusionskoeffizient unabhängig von der Konzentration des diffundierenden Stoffes (Luftfeuchte) ist. Da das Klima, dem die Werkstoffe bei den in dieser Arbeit durchgeführten Untersuchungen zur Wasseraufnahme ausgesetzt wurden, konstant war, braucht der Fall des konzentrationsabhängigen Diffusionskoeffizienten an dieser Stelle noch nicht betrachtet zu werden; hierauf wird am Ende dieses Abschnitts kurz eingegangen.

Bei den im Rahmen der vorliegenden Arbeit untersuchten plattenförmigen Prüflinge ist die Dicke l gegenüber ihrer Kantenlänge a klein ($l << a$), so dass unter dieser Bedingung der Diffusionprozess als eindimensionaler Vorgang behandelt werden kann [Schütz93-1]. Das 2. Fick'sche Gesetz vereinfacht sich dabei zu folgendem Ausdruck:

$$\partial c/\partial t = \mathrm{D} \cdot \partial^2 c/\partial x^2 \qquad (3\text{-}21)$$

Die Konzentration c ist nach Gleichung (3-21) nur noch eine Funktion des eindimensionalen Ortes x und der Zeit t, d.h. $c = c(x,t)$.

Da die im Rahmen der vorliegenden Arbeit untersuchten Prüflinge zu Beginn der Messung getrocknet waren, gilt zum Zeitpunkt $t = 0$ die Bedingung:

$$c(x,0) = 0 \qquad \text{für } -l/2 < x < l/2 \tag{3-22}$$

Die Einbettung der Anfangsbedingung nach Gleichung (3-22) sowie weiterer Randbedingungen führt zur folgenden Lösung der Gleichung (3-21), wobei im Hinblick auf die gravimetrische Bestimmung der Wasseraufnahme (vgl. Abschnitt 4.4 und Kapitel 8) die Konzentration c in das Gewicht m des aufgenommenen Wassers umgerechnet wurde [Schütz93-1]:

$$m(t) = \mathrm{M_s} \cdot (1 - \sum_{i=0}^{\infty} \frac{8}{(2i+1)^2 \cdot \pi^2} \cdot \exp(-\mathrm{D} \cdot (2i+1)^2 \cdot \pi^2 \cdot t / l^2) \tag{3-23}$$

Die Gleichung (3-23) gibt die absorbierte Wassermenge eines Prüflings bis zum Erreichen der aufgenommenen Sättigungsmenge $\mathrm{M_s}$ an. Innerhalb der vorliegenden Arbeit wird die aufgenommene Wassermenge nach einem Vorschlag in [Shen76] auf das Trockengewicht $\mathrm{M_0}$ des Prüflings bezogen und in Anlehnung an [Stietzel84, EN ISO 62] als relative Wasseraufnahme $m'(t)$ bezeichnet:

$$m'(t) = m(t) / \mathrm{M_0} \tag{3-24}$$

In den obigen Betrachtungen wurde stets die Wasseraufnahme eines Prüflings nach dem Mechanismus der normalen Fick´schen Diffusion zugrunde gelegt. Neben diesem Mechanismus existiert weiterhin die sogenannte *anomale Diffusion*, die den Fick´schen Gesetzen nicht gehorcht. Beispiele für eine anomale Diffusion finden sich in [Neogi96].

Um anhand einer gemessenen Kurve $m(t)$ festzustellen, ob eine normale Fick´sche Diffusion vorliegt, müssen folgende Kriterien erfüllt sein [Wetjen89, Crank68]:

- Der Absorptionsvorgang verläuft bis ungefähr 60 - 65 % der aufgenommenen Sättigungsmenge proportional zur Wurzel aus der Zeit

- Nach dem linearen Anstieg der Kurve $m(t)$ folgt ein zur Abszisse konkaver Verlauf

- Der Diffusionskoeffizient D ist unabhängig von der Dicke des Prüflings (eindimensionale Diffusion vorausgesetzt)

Bild 3.7 zeigt beispielhaft den Verlauf der auf die Sättigungsmenge $\mathrm{M_s}$ bezogenen Wasseraufnahme $m(t)$, die den zuvor erläuterten Fick´schen Gesetzen gehorcht. In diesem Bild ist die Wasseraufnahme über der Wurzel aus der Zeit aufgetragen. Man erkennt, dass nach einer gewissen Zeit die Sättigungsmenge aufgenommen wird ($m(t)/\mathrm{M_s} = 1$) und daher keine weitere Wasseraufnahme möglich ist.

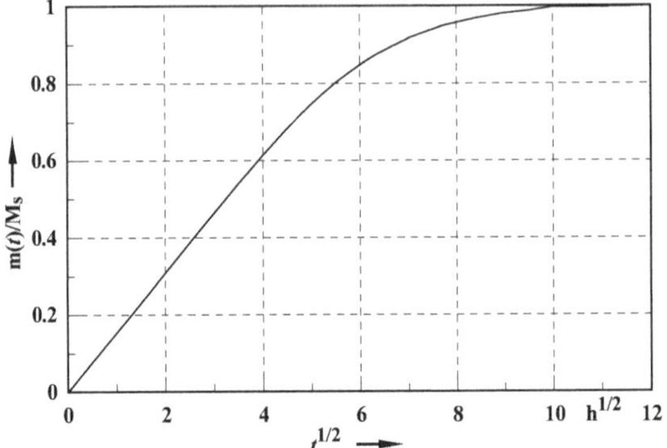

Bild 3.7: Beispiel für eine Wasseraufnahme $m(t)$ bei normaler Fick'scher Diffusion

Aus einer gemessenen Kurve nach Bild 3.7 lässt sich der Diffusionskoeffizient D bestimmen, indem der lineare Teil des Kurvenverlaufs betrachtet wird. Für diesen Kurvenabschnitt gilt [Wetjen89, Schmitz93-1]

$$\mathrm{D} \cdot \pi^2 \cdot t / l^2 < 0{,}7 \tag{3-25}$$

und weiterhin näherungsweise:

$$m(t) \approx \mathrm{M_s} \cdot 4 \cdot \sqrt{\frac{\mathrm{D} \cdot t}{\pi}} \, / \, l \tag{3-26}$$

Unter Anwendung der Gleichung (3-26) errechnet sich der Diffusionskoeffizient aus den Messpunkten $m(t = t_1) = \mathrm{M_1}$ und $m(t = t_2) = \mathrm{M_2}$ im linearen Teil der Kurve wie folgt [Wetjen89]:

$$\mathrm{D} = \left(\frac{\mathrm{M_2} - \mathrm{M_1}}{\sqrt{t_2} - \sqrt{t_1}} \right)^2 \cdot \frac{\pi \cdot l^2}{16 \cdot \mathrm{M_s}^2} \tag{3-27}$$

Bei Untersuchungen an glasfaserverstärkten Polymeren wurde in früheren Forschungsarbeiten zwischen dem linearen Anstieg des Kurvenverlaufs $m(t)/\mathrm{M_s}$ und dem daran anschließenden konkaven Verlauf ein weiterer, ebenfalls linearer Anstieg festgestellt, der im Vergleich zum ersten etwas flacher ist [Schütz93-1, Schrijver96]. Es liegt also in diesem Falle keine normale Fick'sche Diffusion nach Gleichung (3-23) bzw. Bild 3.7 vor. Als Erklärung für diesen Effekt werden gleichzeitig zur Diffusion ablaufende chemisch-physikalische Wechselwirkungen zwischen Feststoff- und Wassermolekülen genannt. Hierbei liegt die Annahme zugrunde, dass in den Werkstoff diffundierende Wassermoleküle an sogenannte *Haftstellen* gebunden werden und somit für eine Diffusion nicht mehr zur Verfügung stehen. Als solche

Haftstellen kommen u.a. polare Bestandteile im Innern des Feststoffs in Betracht. Die Bindung an die Haftstellen kann jedoch als reversibel angesehen werden, so dass sich einige der gebundenen Feuchtemoleküle wieder von den Haftstellen lösen und somit für den Feuchtetransport zur Verfügung stehen. Um die Bindung der Wassermoleküle an die Haftstellen sowie das Lösen der Moleküle mathematisch auszudrücken, wird in der zugrunde liegenden Gleichung (3-21) der Bindungskoeffizient α_B, der Mobilitätskoeffizient β sowie die Konzentration der gebundenen Teilchen c_{geb} eingeführt. Mit diesen Größen erhält man den Ansatz [Carter78]:

$$\partial c/\partial t = D \cdot \partial^2 c/\partial x^2 - \alpha_B \cdot c + \beta \cdot c_{geb} \qquad (3\text{-}28)$$

Nimmt man vereinfachend an, dass die Diffusionsgeschwindigkeit größer als die Entstehungsrate von Bindungen an Haftstellen ist, erhält man einen Ausdruck $m_w(t)$, der den Feuchtigkeitstransport unter Berücksichtigung der oben geschilderten Wechselwirkungen zwischen Wasser- und Feststoffmolekülen beschreibt [Carter78, Schütz93-1]:

$$m_w(t) = M_s \cdot \left(1 + \frac{m(t) - M_s}{M_s} \cdot \frac{\beta}{\alpha_B + \beta} \cdot \exp(-\alpha_B \cdot t) - \frac{\alpha_B}{\alpha_B + \beta} \cdot \exp(-\beta \cdot t)\right) \qquad (3\text{-}29)$$

mit $m(t)$ aus Gleichung (3-23)

Das Verfahren zur Bestimmung sämtlicher Koeffizienten anhand eines gemessenen Kurvenverlaufs, dem die Gleichung (3-29) zugrunde liegt, findet sich in [Carter78, Schütz93-1] und soll aufgrund seiner Komplexität hier nicht wiedergegeben werden.

Die obigen Darstellungen zeigen, dass die mathematische Beschreibung des Diffusionsvorgangs anhand einer ermittelten Kurve sehr aufwändig und komplex ist. Um den Rahmen der Untersuchungen nicht zu sprengen, sollen in dieser Arbeit die Diffusionsvorgänge anhand der gemessenen Kurven lediglich dahingehend beschrieben werden, ob eine normale Fick'sche Diffusion vorliegt oder nicht. Im Falle der normalen Fick'schen Diffusion wird dann der Diffusionskoeffizient D nach Gleichung (3-27) angegeben.

Der Vollständigkeit halber wird zum Abschluss dieses Abschnitts auf die Konzentrationsabhängigkeit des Diffusionskoeffizienten eingegangen. Wie bereits vorher erwähnt wurde, gilt die Differentialgleichung nach Gleichung (3-20) nur dann, wenn der Diffusionskoeffizient von der Konzentration des diffundierenden Stoffes (Luftfeuchte) unabhängig ist. Werden Untersuchungen zur Wasseraufnahme bei unterschiedlichen Klimabedingungen durchgeführt (beispielsweise 20 °C / 95 % r.F., 20 °C / 70 % r.F., 40 °C / 80 % r.F., etc.) so ist die Differentialgleichung folgendermaßen aufzuschreiben (eindimensionale Diffusion vorausgesetzt):

$$\partial c/\partial t = \partial(D\partial c)/\partial x^2 \qquad (3\text{-}30)$$

Diese Gleichung ist erheblich schwerer zu lösen als Gleichung (3-21). Lösungsansätze hierfür finden sich in [Crank75, Jost72].

Die Konzentrationsabhängigkeit des Diffusionskoeffizienten ist im Allgemeinen auf das Quellen eines organischen Werkstoffs zurückzuführen [Amerongen64, Crank68, Wetjen89]. Für dieses Quellen ist vor allem die Anbindung von Wassermolekülen an polare Hydroxyl- oder Amingruppen im Feststoffinnern durch Wasserstoffbrücken verantwortlich [Crank68, Klopfer74]. In der Frühphase der Feuchteabsorption kommt es zunächst zur allmählichen Besetzung des freien Volumens, was aber keine Volumenzunahme des Polymers bewirkt. Allerdings kann bereits in diesem Stadium eine Quellung einsetzen, wenn in einem freien Teilvolumen im Innern des Werkstoffs, das beispielsweise Platz für nur ein Wassermolekül bietet, mehrere Wassermoleküle an polare Feststoffmoleküle angelagert werden [Wetjen89]. Untersuchungen von [Adamson80] haben ergeben, dass Epoxidharz in dieser Phase unterproportional zur aufgenommenen Wassermenge aufquillt. Nachdem das freie Volumen durch Wassermoleküle vollständig besetzt ist, tritt aufgrund der Anbindung von Wassermolekülen an polare Gruppen eine der Wasseraufnahme proportionale Quellung auf.

Neben dem freien Volumen üben Wasserstoffbrückenbindungen zwischen einzelnen Polymerkettensegmenten einen wesentlichen Einfluss auf das Diffusionsverhalten organischer Isolierstoffe aus [Menges90]. Diese chemisch-physikalisch stabilen Bindungen können durch die ins Innere des Werkstoffs eindringenden Wassermoleküle aufgebrochen werden, woraus neue Dipole entstehen und somit Platz zur Anlagerung weiterer Wassermoleküle im Feststoffinnern zur Verfügung steht. Bei diesem Prozess schwimmen die Polymerketten auf und der Isolierstoff quillt [Wetjen89].

Es ist zu erwarten, dass der Diffusionskoeffizient mit wachsender Luftfeuchte steigt, da hier die Diffusion durch die stärker werdende Beweglichkeit der Polymerkettensegmente erleichtert wird [Amerongen64]. In verschiedenen Untersuchungen wurde jedoch insbesondere bei Epoxidharzen sowohl eine Zu- als auch eine Abnahme des Diffusionskoeffizienten mit wachsender Luftfeuchte festgestellt [Shen76, Crank68]. Die Verringerung des Diffusionskoeffizienten wird in der Literatur damit begründet, dass eine zu geringe Quellung des Werkstoffs das Eindringen weiterer Wassermoleküle erschwert. Als einen weiteren möglichen Grund ist die Bildung sogenannter *Cluster* (Wasseransammlungen) zu nennen, die aufgrund ihrer Unbeweglichkeit die weitere Diffusion verhindern [Crank68].

4 Versuchseinrichtungen

4.1 Prüflinge

Das grundsätzliche Problem bei der im Rahmen dieser Arbeit durchgeführten Untersuchungen besteht im Anbringen von Elektroden auf die zu vermessenden Prüflinge. Hierzu sind zwei Alternativen möglich, die im Folgenden diskutiert werden.

Die erste Möglichkeit ist die Verwendung leiterplattenähnlicher Prüflinge, die bereits für frühere Forschungsarbeiten angefertigt wurden. In Bild 4.1 ist ein solcher leiterplattenähnlicher Prüfling dargestellt.

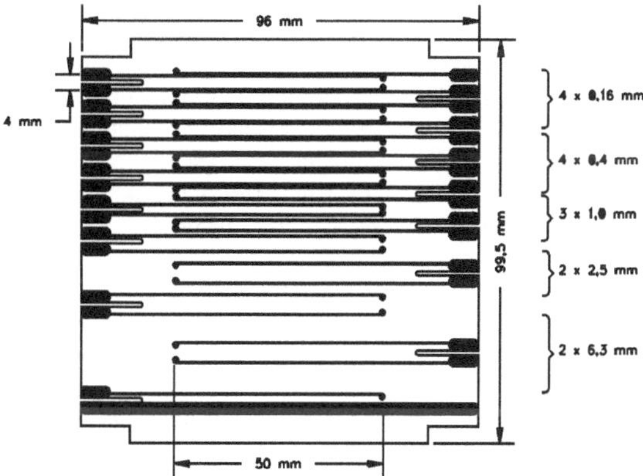

Bild 4.1: Leiterplattenähnlicher Prüfling

Der in Bild 4.1 wiedergegebene Prüfling besteht aus einem Basismaterial (z.B. Epoxidharz-Glasgewebe, Polyesterharz, Melaminharz, etc.), auf dem Leiterbahnen aufgebracht sind. Hierbei sind fünf verschiedene, diskrete Leiterbahnabstände vorhanden (0,16 mm; 0,4 mm; 1,0 mm; 2,5 mm; 6,3 mm). Nach [Richter86] repräsentiert die in Bild 4.1 dargestellte Elektrodengeometrie die inhomogensten Anordnungen, mit denen in technischen Betriebsmitteln gerechnet werden muss.

Tabelle 4.1: Homogenitätsgrad η in Abhängigkeit des Elektrodenabstands d für die in Bild 4.1 dargestellte Elektrodengeometrie [Richter86, Uhlemann90]

d	η
0,16 mm	0,28
0,4 mm	0,17
1,0 mm	0,10
2,5 mm	0,05
6,3 mm	0,03

Die Abhängigkeit des Homogenitätsgrades η vom Elektrodenabstand d zu dieser Elektrodengeometrie wurde in [Richter86, Uhlemann90] ermittelt und ist in Tabelle 4.1 aufgeführt. Anhand dieser Tabelle lässt sich deutlich erkennen, dass der Homogenitätsgrad mit wachsendem Elektrodenabstand abnimmt.

Die Herstellung der in Bild 4.1 dargestellten Prüflinge erfolgt nach Standardverfahren zur Produktion von Leiterplatten. Nach diesem Verfahren werden die Basismaterialien mit Ätzmitteln wie beispielsweise Eisen(III)-chlorid $FeCl_3$ oder Kupfer(II)-chlorid $CuCl_2$ behandelt [Sautter97], was auch zu einer veränderten Oberflächenstruktur der Basismaterialien führt. Aus diesem Grunde ist anzunehmen, dass Isoliermaterialien, die mit diesen Chemikalien behandelt werden, ein anderes Verhalten gegenüber Feuchte aufweisen als unbehandelte Werkstoffe [Ermeler99, Ermeler02-2]. In manchen Fällen wird für die Herstellung von Leiterplatten der sogenannte *Fotoprozess* angewandt, bei dem die Basismaterialien mit intensiver ultravioletter Strahlung bestrahlt werden [Sautter97]. Diese Bestrahlung kann chemische Reaktionen auf der Materialoberfläche auslösen und die chemische Struktur der Basismaterialien erheblich verändern. Daher kann nicht ausgeschlossen werden, dass die Oberflächenbehandlung der Basismaterialien mit Chemikalien und ultravioletter Bestrahlung einen Einfluss auf die Messergebnisse ausübt [Ermeler99, Ermeler02-2].

Ein weiterer Nachteil bei der Verwendung leiterplattenähnlicher Prüflinge nach Bild 4.1 besteht darin, dass nur die diskreten Elektrodenabstände untersucht werden können. Eine stufenlose Einstellung des Elektrodenabstands ist somit nicht möglich.

Die zweite Möglichkeit zum Anbringen von Elektroden ist die Verwendung von Trapezklingen aus Edelstahl als Elektroden, an die unbehandelte Isolierstoffplatten mit Hilfe von Pneumatikzylindern angepresst werden (Bild 4.2).

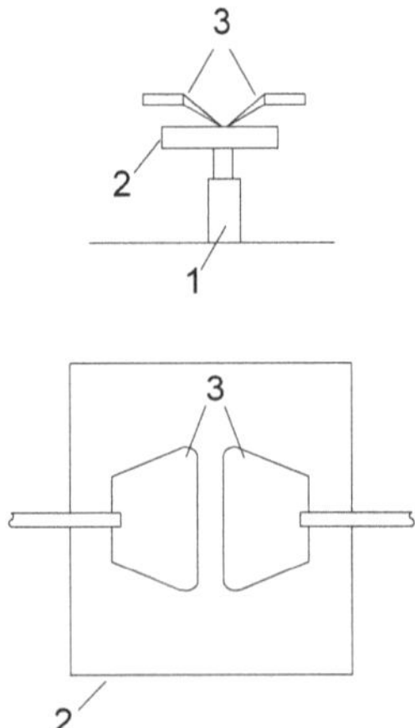

Bild 4.2: Isolierstoffplatte (2), mit Hilfe von Pneumatikzylindern (1) an die Elektroden (3) angepresst

Der entscheidende Vorteil der in Bild 4.2 wiedergegebenen Anordnung besteht darin, dass zur Aufbringung von Elektroden eine chemische Oberflächenbehandlung nicht erforderlich ist und somit ein Einfluss der zur Leiterbahnherstellung notwendigen Oberflächenbehandlung auf die Messergebnisse ausgeschlossen werden kann. Der Abstand zwischen den beiden Elektroden wird mit Hilfe einer Mikrometerschraube (Einstellbereich: 0...25 mm, Skalierung: 10 μm) stufenlos eingestellt. Bei dem in dieser Arbeit untersuchten kleinsten Elektrodenabstand von d = 0,16 mm ergibt sich aufgrund dieser Skalierung ein maximaler relativer Einstellfehler von ungefähr ±6 %. Dieser nimmt mit zunehmendem Elektrodenabstand ab. Wie die in Kapitel 5 beschriebenen Messergebnisse zeigen werden, spielt der Einstellfehler bei den Untersuchungen jedoch eine untergeordnete Rolle.

Die stufenlose Einstellung des Elektrodenabstands hat den weiteren Vorteil, dass die Untersuchungen für sämtliche Elektrodenabstände im Einstellbereich der Mikrometerschraube durchgeführt werden können. Aus den oben genannten Gründen wurde für die Messungen im Rahmen der vorliegenden Arbeit die in Bild 4.2 dargestellte Anordnung verwendet. Die Länge der Elektroden betrug 52 mm. Im Rahmen durchgeführter Voruntersuchungen ergab sich, dass die Trapezklingen an ihren spitzen Enden mit einem Radius von ca. 1,5 mm verrundet werden mussten (vgl. Bild 4.2), um von den spitzen Enden der Trapezklingen ausgehende Überschläge zu vermeiden.

Tabelle 4.2 gibt einen Überblick über die hier untersuchten modernen Isolierwerkstoffe, die in der Elektrotechnik in zahlreichen Gebieten eingesetzt werden. Als Beispiele seien an dieser Stelle Leiterplatten, Nutisolationen von Motoren, Bürstenträgerisolationen, Stromschienenträger und Nutenkeile genannt. Weitere Anwendungen sind in den Datenblättern der Isoliermaterialien und in [Brinkmann75] genannt. Bei der Auswahl der Isoliermaterialien wurde darauf Wert gelegt, dass diese Materialien eine unterschiedliche Zusammensetzung von Basismaterial und Additiven aufweisen und somit verschiedenartige Oberflächenstrukturen besitzen. Wie bereits erwähnt wurde, ist die chemische und physikalische Oberflächenstruktur für das Verhalten von Isolierstoffen gegenüber Feuchte von entscheidender Bedeutung und beeinflusst in signifikanter Weise deren Wasseranlagerungsvermögen, das innerhalb der vorliegenden Arbeit genau untersucht werden soll.

Auf eine Gegenüberstellung der mechanischen und physikalischen Eigenschaften soll an dieser Stelle verzichtet werden. Diese sind aus den Datenblättern der jeweiligen Werkstoffe zu entnehmen.

Tabelle 4.2: Überblick über die untersuchten Isolierwerkstoffe

Bezeichnung	NEMA-Klassifizierung	Hersteller	Beschreibung (aus den jeweiligen Datenblättern entnommen)
Trivolton H40100	-	Krempel	Dreischichtmaterial verklebt: Pressspan 480 µm, Polyesterfolie 40 µm, Pressspan 480 µm
Evitherm 0,45	-	Krempel	Dreischichtmaterial verklebt, anschließend mit Harz getränkt und gehärtet: Polyestervlies ca. 50 µm, Polyesterfolie 350 µm, Polyestervlies ca. 50 µm, Harztränkung
Trivoltherm N130 0,63	-	Krempel	Dreischichtmaterial verklebt: Aramidpapier 130 µm, Polyesterfolie 350 µm, Aramidpapier 130 µm
Steatit	-	Hoechst Ceramtec	unglasierte Keramik
MF 2500	-	Bakelite	gehärtete Aminoplaste mit Zellulose und Mineralstoff als Verstärkungsstoff
MF 1206	-	Bakelite	gehärtete Harzbasis mit Glasfaser und Mineralstoff als Verstärkungsstoff
PF 31	-	Bakelite	gehärtete Phenoplaste mit Holzmehl als Verstärkungsstoff
UP 3620	-	Bakelite	gehärtete Polyesterharzbasis mit Zellulose und Mineralstoff als Verstärkungsstoff
Durostone UPM 71/S	GPO-3	Röchling	ungesättigtes Polyesterharz, Glasmatte als Verstärkung
Durostone EPF 2-W/B	G-11	Röchling	Hybridepoxid, Verstärkung Glasfilamentgewebe
Halogenfreies Epoxy Vetronite, 64.180	FR-5	vonRoll Isola	Schichtpressstoff auf der Basis von Glashartgewebe und Epoxidharzbasis
Epoxy Vetronite, 64.220	FR-4	vonRoll Isola	Schichtpressstoff auf der Basis von Glashartgewebe und Epoxidharz
Polyimid Vetronite, 64.160	-	vonRoll Isola	Schichtpressstoff auf der Basis von Glasgewebe und Polyimidharzmatrix
Polyester Delmat, 68.020	GPO-3	vonRoll Isola	Schichtpressstoff auf der Basis von Glasfasermatte und Polyesterharzmatrix
Polyester Delmat, 68.090	GPO-2	vonRoll Isola	Schichtpressstoff auf der Basis von Glasfasermatte und Polyesterharzmatrix

4.2 Mess- und Prüfeinrichtungen zur Erfassung der elektrischen Eigenschaften von Isolierstoffoberflächen unter Feuchtebedingungen

Zur Untersuchung der elektrischen Eigenschaften von Isolierstoffoberflächen wurden innerhalb der vorliegenden Arbeit sowohl Spannungsmessungen mit angelegten impulsförmigen Prüfspannungen als auch Leitwerts- und Kapazitätsmessungen an den in Tabelle 4.2 aufgeführten Isoliermaterialien durchgeführt. Aus diesen Messungen lassen sich dann Rückschlüsse auf das Wasseranlagerungsvermögen der Prüflinge treffen. Die Verwendung von impulsförmigen Spannungen hat dabei folgenden Hintergrund [Gräf97, Uhlemann90]: Durch Schalthandlungen im Netz oder durch Blitzeinwirkung entstehen kurzzeitige Spannnungen, die weitaus höhere Spitzenwerte aufweisen als die im stationären Betrieb anliegenden Spannungen. Diese transienten Überspannungen beanspruchen die Isolierung erheblich stärker als die stationäre Spannung, so dass die Dimensionierung von Kriechstrecken zur Vermeidung des Überschlags von der Höhe der zu erwartenden Überspannung bestimmt wird.

Der Vollständigkeit halber sei angemerkt, dass neben den transienten Überspannungen auch sogenannte *wiederkehrende Spitzenspannungen* und *zeitweilige Überspannungen* im Netz auftreten können, die für die Bemessung von Kriechstrecken ebenfalls relevant sind [IEC60664-1]. Solche Spannungen sollen innerhalb der vorliegenden Arbeit jedoch nicht betrachtet werden.

Zur Nachbildung der transienten Überspannungen werden im Laborbetrieb Spannungsgeneratoren eingesetzt, die normierte Prüfspannungsimpulse liefern. Der ungefähre Verlauf eines solchen Prüfspannungsimpulses im Leerlauf ist in Bild 4.3 wiedergegeben und wird im allgemeinen Sprachgebrauch als *Stoßspannungsimpuls der Form 1,2/50 µs* bezeichnet. Der sogenannte *virtuelle Anfangspunkt* O_1 des dargestellten Stoßspannungsimpulses wird wie folgt bestimmt. Zunächst wird die Zeit T_0 ermittelt, in der die Leerlaufspannung von 30 % auf 90 % der Amplitude û ansteigt (Punkt A bzw. Punkt B). Eine Verbindungslinie durch diese beiden Punkte wird bis zur Nulllinie einerseits und bis zum Scheitelwert andererseits verlängert. Der Schnittpunkt der somit erhaltenen Geraden mit der Nulllinie wird virtueller Anfangspunkt O_1 genannt; die Zeitspanne von O_1 bis zum Schnittpunkt dieser Geraden mit dem Scheitelwert des Stoßspannungsimpulses wird als *Stirnzeit* T_1 bezeichnet. Der virtuelle Anfangspunkt ist international anerkannt und in Normen aufgenommen worden, um bei verschiedenen Stoßspannungsgeneratoren vergleichbare Ergebnisse zu erhalten. Wegen der unterschiedlichen in diesen Generatoren eingebauten Elemente variieren besonders die Formen der ansteigenden Flanken [Gräf97]. Aufgrund der oben erläuterten Geometrie ergibt sich, dass die Stirnzeit T_1 des Stoßspannungsimpulses ungefähr das 1,67-fache der Zeit T_0 ist. Der Nennwert dieser Stirnzeit beträgt nach [IEC61180-1, IEC61000-4-5] T_1 = 1,2 µs. Daraus ergibt sich für die Anstiegszeit ein Wert von $T_a = 0{,}8 \cdot 1{,}2\ \mu s \approx 1\ \mu s$ [IEC61000-4-5].

Die Zeitspanne vom virtuellen Anfangspunkt bis zum Absinken des Stoßspannungsimpulses auf 50 % des Scheitelwertes wird als Rückenhalbwertzeit T_2 bezeichnet (vgl. Bild 4.3); ihr Nominalwert beträgt T_2 = 50 µs [IEC61180-1, IEC61000-4-5]. Für zugelassene Abweichungen der Stirnzeit und der Rückenhalbwertzeit gelten folgende Vereinbarungen [IEC61180-1]:

Stirnzeit: $T_1 = 1{,}67 \cdot T_0 = 1{,}2\ \mu s \pm 30\ \%$
Rückenhalbwertzeit: $T_2 = 50\ \mu s \pm 20\ \%$

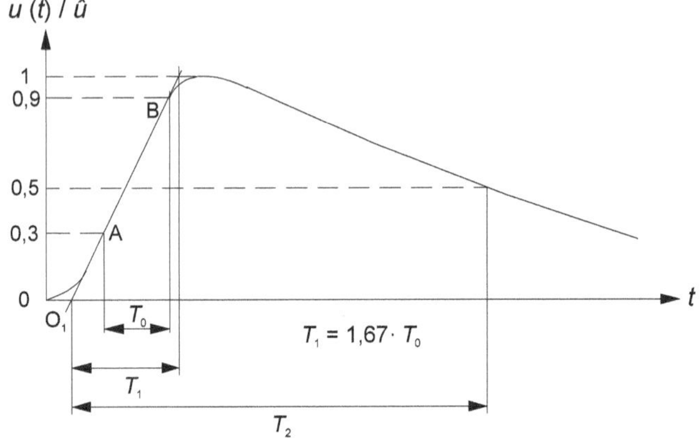

Bild 4.3: Zur Erläuterung der Stirnzeit und der Rückenhalbwertzeit beim Stoßspannungsimpuls der Form 1,2/50 µs [IEC61180-1]

Der Stoßspannungsimpuls der Form 1,2/50 µs lässt sich mathematisch als Überlagerung zweier Exponentialfunktionen mit unterschiedlichen Zeitkonstanten beschreiben. Eine Gleichung, die den zeitlichen Verlauf des Stoßspannungsimpulses näherungsweise beschreibt, ist in Gleichung (4-1) wiedergegeben [Etzel64, Uhlemann90]:

$$u_{1,2/50}(t) = \frac{\hat{u}}{0{,}9636} \cdot \left(e^{-t/68\,\mu s} - e^{-t/0{,}41\,\mu s}\right) \qquad (4\text{-}1)$$

Der hier verwendete Stoßgenerator wurde innerhalb früherer Forschungsarbeiten aufgebaut und liefert oben beschriebene Spannungsimpulse mit negativer Polarität. Eine detaillierte Beschreibung hinsichtlich des Aufbaus dieses Generators findet sich in [Richter86]. Dieser Generator weist eine Ausgangsimpedanz von Z_a = 240 Ω und eine Stoßkapazität von 100 nF auf, so dass aufgrund der begrenzten Energie signifikante Veränderungen der Isolierstoffoberfläche nach erfolgten Überschlägen ausgeschlossen werden können [Richter86]. Der Grund für die Verwendung von Stoßspannungen negativer Polarität im Rahmen der vorliegenden Arbeit basiert auf Ergebnissen früherer Untersuchungen. Diese zeigten, dass die Belastung kleiner Luft- und Kriechstrecken mit Stoßspannungen negativer Polarität zu einer niedrigeren Durchschlagspannung geführt haben als die Belastung mit Stoßspannungen positiver Polarität [Uhlemann90, Richter86]. Da die im Rahmen der vorliegenden Arbeit untersuchten Elektrodenabstände mit den in [Uhlemann90, Richter86] untersuchten Luft- und Kriechstrecken vergleichbar sind, lässt sich schlussfolgern, dass die Verwendung von Stoßspannungen negativer Polarität innerhalb der vorliegenden Arbeit den ungünstigsten Fall repräsentiert [Ermeler01-1, Ermeler02-1].

In den Untersuchungen von [Specht77] wurde herausgefunden, dass ein Durchschlag negativer Polarität weniger Oberflächenladungen auf dem Prüfling erzeugt als ein

Durchschlag positiver Polarität. Daher ist zu vermuten, dass der Einfluss von Oberflächenladungen auf die Durchschlagspannung bei anliegender Stoßspannung negativer Polarität geringer ist als bei der Belastung der Kriechstrecken mit Stoßspannungen positiver Polarität [Ermeler99, Ermeler02-2]. Vor dem Hintergrund des Einflusses von Oberflächenladungen auf die Durchschlagspannung ist das Messergebnis bei Stoßspannungen negativer Polarität demnach als zuverlässiger anzusehen, was den Einsatz des oben beschriebenen Stoßspannungsgenerators unterstreicht.

Die Untersuchungen zur Erfassung der elektrischen Eigenschaften verschiedener Isolierstoffoberflächen unter Feuchtebedingungen erfolgten gemäß Bild 4.4.

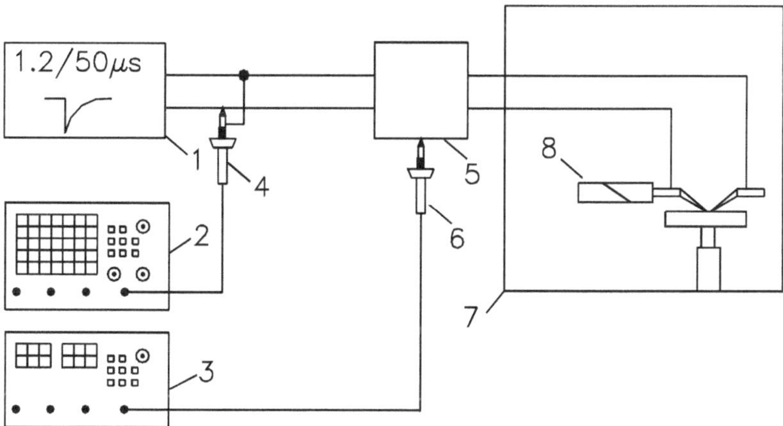

Bild 4.4: Versuchsaufbau zur Untersuchung der elektrischen Eigenschaften unterschiedlicher Isolierstoffoberflächen unter Feuchtebedingungen: 1 – Stoßspannungsgenerator; 2 – Digitales Speicheroszilloskop (DSO); 3 – Impedanzmessbrücke; 4 – Hochspannungstastkopf; 5 – Steckbrett; 6 – Vierleitertastkopf; 7 – Klimaschrank; 8 – Mikrometerschraube

Die Elektrodenanordnung aus Bild 4.2 wurde im Klimaschrank (7) aufgestellt, an dem die Sollwerte für Temperatur und relative Feuchte eingestellt wurden. Bei diesem Klimaschrank handelt es sich um den Typ VUK 04/300 der Firma Heraeus-Vötsch, der in den hier untersuchten Temperatur- und Feuchtebereichen eine Abweichung von maximal ±0,3 °C bzw. ±3 % r.F. aufweist. Der Klimaschrank wurde mit destilliertem Wasser versorgt.

Wie bereits erwähnt wurde, erfolgte die Einstellung des Elektrodenabstands mit Hilfe einer Mikrometerschraube (8). Die im Rahmen dieser Arbeit durchgeführten Messungen beschränkten sich hierbei auf Elektrodenabstände von $d \leq 2{,}5$ mm; eine Erklärung für die Wahl dieser Grenze wird in Kapitel 5 – Isoliervermögen von Isolierstoffoberflächen unter Feuchtebedingungen – geliefert.

Am Steckbrett (5) wurde zwischen der Spannungsmessung und der Messung des Oberflächenleitwerts bzw. der Oberflächenkapazität umgesteckt. An dieser Stelle ist zu betonen, dass die Spannungsmessung und die Leitwerts- bzw. Kapazitätsmessung nicht an derselben Messstelle erfolgten, um den Einfluss der Belastung der Kriechstrecke mit Stoßspannungen auf den Oberflächenleitwert bzw. auf die Oberflächenkapazität auszuschließen. Die Aufnahme des am Prüfling anliegenden Spannungssignals, das vom zuvor beschriebenen Stoßspannungsgenerator (1) geliefert wurde, erfolgte mit einem Digitalen Speicheroszilloskop (DSO) (2) des Typs TDS 210 der Firma Tektronix. Das DSO war über einen Hochspannungstastkopf (4) mit dem Übersetzungsverhältnis 1000:1 an dem Stoßspannungsgenerator angeschlossen.

Der Oberflächenleitwert und die Oberflächenkapazität wurden mit Hilfe einer Impedanzmessbrücke des Typs HP 4275A (3) gemessen, die über einen Vierleitertastkopf (6) mit dem Prüfling verbunden war. Diese Impedanzmessbrücke lieferte eine Ausgangsspannung der Amplitude 1 V mit einer stufenweise einstellbaren Frequenz im Bereich von 10 kHz bis 10 MHz.

4.3 Versuchsaufbau zur Erfassung des Kontaktwinkels

Neben der Erfassung der elektrischen Eigenschaften von Isolierstoffoberflächen unter Feuchtebedingungen wurden zur Beschreibung der Hydrophobie von Isoliermaterialien Kontaktwinkelmessungen an den Prüflingen aus Tabelle 4.2 durchgeführt. Der hierzu verwendete Messaufbau ist in Bild 4.5 wiedergegeben.

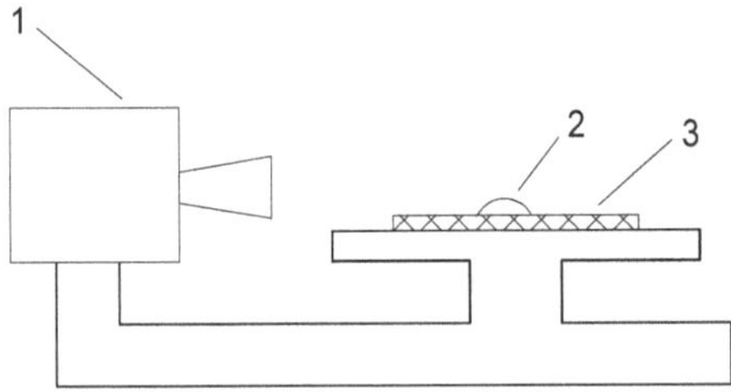

Bild 4.5: Versuchsaufbau zur Bestimmung des Kontaktwinkels: 1 – CCD-Kamera; 2 – Wassertropfen; 3 – Prüfling

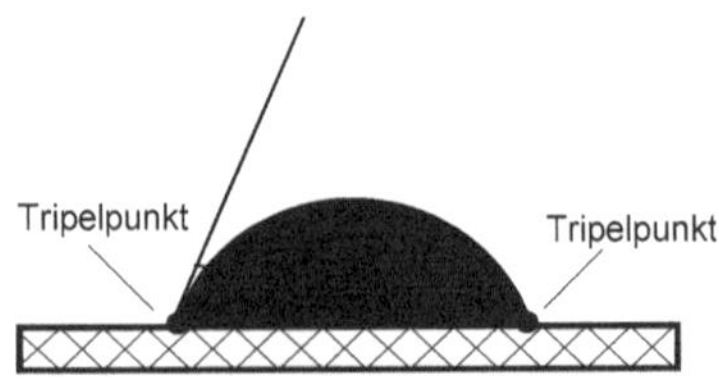

Bild 4.6: Ermittlung des Kontaktwinkels θ

Der Tropfen aus entionisiertem Wasser (2), der auf die Oberfläche des Prüflings (3) gebracht wird, wird von einer CCD-Kamera (1) aufgenommen. Zur Auswertung des aufgenommenen Bildes wird das Ausgangssignal der Kamera an einen PC geführt (in Bild 4.5 nicht dargestellt). Diese Auswertung geschieht in einer Weise, wie es das Bild 4.6 zeigt. Im Tripelpunkt des Systems Wasser/Prüfling/Luft wird eine Tangente an den Wassertropfen gelegt. Dabei beschreibt der Kontaktwinkel θ den Winkel zwischen dieser Tangente und der Isolierstoffoberfläche.

4.4 Messeinrichtungen zur Bestimmung der Wasseraufnahme von Isolierstoffen

Als weiterführende Untersuchungen wurden in dieser Arbeit Diffusionsversuche zur Bestimmung der Wasseraufnahme an den Isoliermaterialien aus Tabelle 4.2 durchgeführt. Hierzu existieren zahlreiche Messverfahren, die in [Wetjen89] detailliert beschrieben sind. Nach [Wetjen89] wird bei der Bestimmung des Wassergehalts eines Isolierstoffs generell zwischen dem direkten und dem indirekten Messverfahren unterschieden:

- Direktes Messverfahren: Die direkte Methode basiert auf einer Trennung des Wassers von dem zu untersuchenden Prüfling durch Zugabe von speziellen chemischen Substanzen, die noch stärker hygroskopisch (wasseranziehend) sind als der Prüfling und nur mit dem Wasseranteil des Prüflings eine chemische Reaktion eingehen. Aus dem somit erhaltenen Reaktionsprodukt bzw. aus dem Chemikalienverbrauch kann die an der chemischen Reaktion beteiligte Wassermenge nach verschiedenen Analyseverfahren quantitativ erfasst werden.

- Indirektes Messverfahren: Bei der indirekten Methode werden physikalische Größen des wasserenthaltenden Prüflings ermittelt und daraus Rückschlüsse auf den Wassergehalt des Werkstoffs gezogen. Als Beispiel hierfür ist die Arbeit von [Strobel86] anzuführen, in der die Erfassung des Wassergehalts und der Wasserverteilung über eine Kapazitätsmessung geschieht. Zu diesem Zweck wurden in den Werkstoff dünne Metallgitter als Elektroden eingefügt.

Die oben beschriebenen Verfahren sind sehr aufwändig und in dieser Arbeit schwer durchführbar. Die einfachste Methode zur Bestimmung des Wassergehalts, die in der vorliegenden Arbeit herangezogen wurde und zum indirekten Messverfahren zählt, stellt die Erfassung der Gewichtszunahme des Prüflings unter dem Einfluss von Feuchtigkeit dar (Gravimetrie). Hierzu wurden die in Tabelle 4.2 aufgeführten Isoliermaterialien in einem zweiten zur Verfügung stehenden Klimaschrank bei konstanter Temperatur und konstanter relativer Feuchte aufbewahrt und in regelmäßigen Abständen mit Hilfe einer Analysewaage vom Typ SAE 200 (Hersteller: Bosch) vermessen. Diese Analysewaage weist einen Messbereichsendwert von 210 g auf und hat eine Messgenauigkeit von 0,1 mg.

5 Isoliervermögen von Isolierstoffoberflächen unter Feuchtebedingungen

In diesem Kapitel wird zunächst ein Prüfverfahren vorgestellt, das zur Bestimmung der Isoliereigenschaften von Isolierstoffoberflächen vor einigen Jahren entwickelt wurde und in der vorliegenden Arbeit als Grundlage für die Bestimmung des Isoliervermögens der in Tabelle 4.2 aufgeführten Isoliermaterialien unter Feuchtebedingungen dient. Dabei wird zunächst auf den Einfluss des Elektrodenabstands und der Feuchte-Einwirkdauer eingegangen. Anschließend wird das Isolierverhalten unter Feuchtebedingungen bei veränderter Umgebungstemperatur untersucht. Die Auswirkungen der künstlichen Alterung und der natürlichen Verschmutzung von Isoliermaterialien auf das Isolierverhalten unter Feuchtebedingungen bilden den Abschluss dieses Kapitels.

5.1 Darstellung eines Prüfverfahrens zur Erfassung des Feuchteeinflusses auf das Isoliervermögen

In seinen Untersuchungen hat [Richter86] herausgefunden, dass sich der Feuchteeinfluss auf das Isoliervermögen von Isolierstoffoberflächen bei einer Umgebungstemperatur von ϑ = 23 °C erst ab relativen Luftfeuchten von f_{rel} > 85 % einstellt. Das im Folgenden wiedergegebene Prüfverfahren, auf dem die Anfänge der vorliegenden Arbeit beruhen, basiert auf diesen Untersuchungen und erschien als Normentwurf im Schriftstück [IEC28A/127/CD], welches eines der Vorgängerschriftstücke von [IEC28A/171/CDV] darstellt. Das Verfahren beschreibt die Messung der Steh-Stoßspannung an Isolierstoffoberflächen in Abhängigkeit der relativen Luftfeuchte, wobei die Messungen an fabrikneuen Prüflingen durchzuführen sind [IEC28A/127/CD]: „Zur Bestimmung der kritischen relativen Luftfeuchte wird die Steh-Stoßspannung bei verschiedenen Werten der relativen Luftfeuchte gemessen. Der Test beginnt bei einer relativen Luftfeuchte von f_{rel} = 70 %, die in Schritten von 2,5 % gesteigert wird. Die kritische relative Luftfeuchte f_{rk} ist erreicht, wenn die Steh-Stoßspannung auf 95 % des Wertes bei f_{rel} = 70 % abgesunken ist.“

Die Bestimmung der Steh-Stoßspannung beim jeweiligen Feuchtewert erfolgt durch 10 bis 20 Messungen der Überschlagspannung und die anschließende Berechnung des unteren 3σ-Werts dieser statistisch streuenden Messwerte. Dieses Verfahren ist zur Abschätzung der Steh-Stoßspannung allgemein üblich [Kind82]. Die Bestimmung der kritischen relativen Luftfeuchte f_{rk} wird für verschiedene Elektrodenabstände durchgeführt; anschließend wird die kritische relative Luftfeuchte f_{rk} als Funktion des Elektrodenabstands aufgetragen (s. Bild 2.2), wonach die Klassifizierung des Prüflings in die in Abschnitt 2.1 definierten Wasseranlagerungsgruppen erfolgt. Die in den folgenden Abschnitten geschilderten Messergebnisse zeigen jedoch, dass das oben beschriebene Prüfverfahren für die praktische Durchführung der Prüfungen einige Schwachpunkte enthält, die im Zuge der hier durchgeführten Untersuchungen beseitigt werden sollen. Beispielsweise werden in dem Verfahren keine Angaben zur Umgebungstemperatur oder zu einer Vorbehandlung der Prüflinge gemacht.

5.2 Untersuchungen zur Bestimmung der elektrischen Eigenschaften unter Anwendung des Prüfverfahrens

5.2.1 Einfluss des Elektrodenabstands

Wie bereits in Kapitel 2.1 verdeutlicht wurde, hängt das Isolierverhalten der Isolierstoffoberflächen stark vom Elektrodenabstand ab. Auf diesen Effekt soll anhand der im Folgenden vorgestellten Messungen näher eingegangen werden. An dieser Stelle ist anzumerken, dass zu dem Zeitpunkt, als die nachfolgend beschriebenen Messungen durchgeführt wurden, nur das Schriftstück [IEC28A/127/CD] vorlag. Aus diesem Grunde basieren die Messungen auf dem in diesem Schriftstück und in Kapitel 5.1 beschriebenen Prüfverfahren.

Um der in den Forschungsarbeiten von [Richter86, Gräf97] verwendeten Umgebungstemperatur ungefähr zu entsprechen, wurden hier die Prüflinge im Klimaschrank zunächst bei einer Temperatur von $\vartheta = 20$ °C und einem Feuchtebereich von 70 % r.F. bis zum maximal erreichbaren Wert von 99 % r.F. hinsichtlich ihrer Stoßspannungsfestigkeit sowie ihres Oberflächenleitwerts und ihrer Oberflächenkapazität vermessen. Vor der jeweiligen Messung wurden die Isoliermaterialien in einem Ofen bei einer Temperatur von 80 °C für einen Zeitraum von 70 Stunden getrocknet, um die während der etwa einjährigen Lagerung bei Raumbedingungen aufgenommene Feuchtigkeit aus dem Isolierstoff zu entfernen. Anschließend wurden sie in dem Klimaschrank bei 20 °C / 70 % r.F. ungefähr vier Stunden lang aufbewahrt, um ein thermodynamisches Gleichgewicht zwischen der Isolierstoffoberfläche und der Umgebungsluft zu erzielen. Nach dieser Vorbehandlung erfolgte die Steh-Stoßspannungsmessung bei 20 °C / 70 % r.F.; die darauf folgende Erhöhung der relativen Feuchte bei konstanter Temperatur erfolgte aufgrund der Einstellgenauigkeit des Klimaschranks (s. Kapitel 4.2) in dieser Arbeit nicht in den zuvor erwähnten 2,5 % - Schritten sondern in Schritten von 5 % r.F. Um Einflüsse einer längeren Einwirkdauer der Feuchte auf die Messergebnisse auszuschließen (s. Kapitel 5.2.2), wurden die Prüflinge bei Erreichen der jeweils eingestellten Luftfeuchte sofort vermessen und auf ein Verharren im jeweiligen Zustand verzichtet. Die Dauer der Vermessung der Prüflinge innerhalb des genannten Feuchtebereichs betrug etwa 30 Minuten, so dass die Prüflinge insgesamt 4,5 Stunden (vier Stunden Vorbehandlung zuzüglich 30 Minuten Vermessung) Feuchtebedingungen ausgesetzt waren. Bei der Auswertung der Messergebnisse, d.h. Klassifizierung der Isolierstoffe in die Wasseranlagerungsgruppen, wurden die bei über 95 % r.F. gemessenen Werte nicht berücksichtigt. Der Grund hierfür ist die Vermutung, dass bei solch hohen Feuchten aufgrund der inhomogenen Feuchteverteilung im Klimaschrank örtlich bereits 100 % r.F. vorherrschen, was zu einer Kondensation (Betauung) auf der Isolierstoffoberfläche führt. Dies würde die Klassifizierung von Isolierstoffen in die Wasseranlagerungsgruppen verfälschen. Daher werden in diesem Abschnitt nur die bei bis zu einer relativen Feuchte von $f_{\mathrm{rel}} = 95$ % erzielten Messergebnisse dargestellt. Die zunächst untersuchten Elektrodenabstände entsprechen denen aus Bild 4.1, wobei die Vermessung bei einem Elektrodenabstand von $d = 6{,}3$ mm nicht erfolgte. Auf den Grund hierfür wird später in diesem Abschnitt eingegangen.

Das folgende Bild 5.1 zeigt den Einfluss der relativen Luftfeuchte auf die Steh-Stoßspannung U_d beim Epoxidharz des Typs 64.220 (NEMA-Klassifizierung: FR-4) sowie beim Polyesterharz des Typs 68.090 (NEMA-Klassifizierung: GPO-2) bei einem Elektrodenabstand von d = 1,0 mm und d = 0,16 mm. In diesem Bild sind hauptsächlich zwei Effekte erkennbar. Zum Einen besteht ein großer Unterschied zwischen dem Verlauf der Steh-Stoßspannung beim Epoxidharz FR-4 und dem Verhalten der Steh-Stoßspannung beim Polyesterharz GPO-2 unter dem Einfluss der relativen Feuchte. Bei einem Elektrodenabstand von d = 1,0 mm fällt die Steh-Stoßspannung U_d beim Polyesterharz von -3000 V bei 70 % r.F. auf -2610 V bei 95 % r.F. ab. Im Gegensatz dazu sinkt die Steh-Stoßspannung beim Epoxidharz FR-4 zunächst von -2900 V auf -2820 V ab und steigt daraufhin wieder auf -2920 V an. Der zweite Effekt betrifft das Verhalten der Steh-Stoßspannung U_d bei unterschiedlichen Elektrodenabständen. Bei einem Elektrodenabstand von d = 0,16 mm zeigt das Epoxidharz nun einen deutlichen Abfall von -1140 V auf -750 V. Auch das Polyesterharz weist bei diesem Elektrodenabstand eine Spannungsverminderung unter dem Einfluss der relativen Luftfeuchte auf.

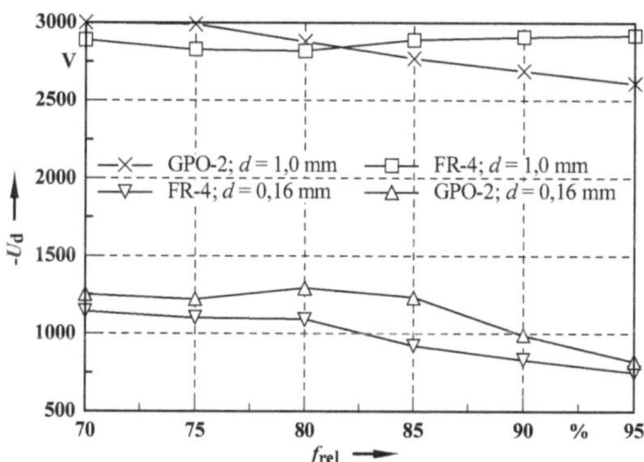

Bild 5.1: Einfluss der relativen Luftfeuchte f_{rel} auf die Steh-Stoßspannung U_d beim Epoxidharz FR-4 und beim Polyesterharz GPO-2, ϑ = 20 °C

Die unterschiedliche Auswirkung der relativen Feuchte auf die Steh-Stoßspannung der Isoliermaterialien beim Elektrodenabstand von d = 1,0 mm liegt in der mikroskopischen Oberflächenstruktur der Prüflinge begründet und wird in Kapitel 6 – Ergebnisse zur Charakterisierung der chemisch-physikalischen Oberflächenstruktur – ausführlich behandelt. Der Einfluss des Elektrodenabstands auf den Verlauf der Steh-Stoßspannung unter Feuchteeinfluss wird von der unterschiedlichen Feldverteilung verursacht. Wie bereits in Kapitel 4.1 erwähnt wurde, nimmt der Homogenitätsgrad mit wachsendem Elektrodenabstand ab, d. h. bei einem Elektrodenabstand von d = 0,16 mm liegt eine homogenere Verteilung des elektrischen Feldes vor als im Falle größerer Kriechstrecken. Frühere Forschungsarbeiten haben herausgestellt, dass bei homogenen Anordnungen der Einfluss der Feuchte auf das Isoliervermögen stärker ist als bei einer inhomogeneren Feldverteilung [Uhlemann90, Richter86], was anhand der in Bild 5.1 dargestellten Kurvenverläufe bestätigt wird. Der Einfluss der Feuchte und des Elektrodenabstands auf die Verteilung des elektrischen Feldes soll an dieser Stelle noch nicht betrachtet werden. Detaillierte Feldberechnungen hierzu werden vielmehr in Kapitel 7 – Betrachtungen zur elektrischen Feldverteilung unter Feuchteeinfluss – ausführlich behandelt. Hier wird auch auf die nach einem Überschlag stattfindenden Austrocknungsvorgänge eingegangen, die vorübergehend Trockenzonen erzeugen und zu einem Anstieg der Steh-Stoßspannung führen können (s. Bild 5.1).

In Bild 5.1 ist zu erkennen, dass die druckbezogene elektrische Feldstärke bei d = 0,16 mm und d = 1,0 mm im Falle des Überschlags bei allen Feuchten $E/p \geq 26$ kV· cm^{-1}· bar^{-1} beträgt, so dass der Einfluss der Anlagerung von freien Elektronen an Sauerstoffmoleküle zu vernachlässigen ist (vgl. Kapitel 3.1.1). Bei einem Elektrodenabstand von d = 2,5 mm wurden unter Feuchteeinfluss Steh-Stoßspannungen von etwa U_d = 5 kV gemessen (in Bild 5.1 nicht dargestellt), was beim Durchschlag einer druckbezogenen elektrischen Feldstärke von E/p = 20 kV· cm^{-1}· bar^{-1} entspricht. In diesem Falle spielt der Einfluss der Elektronenanlagerung bei der Überschlagentwicklung vermutlich eine Rolle [Uhlemann90].

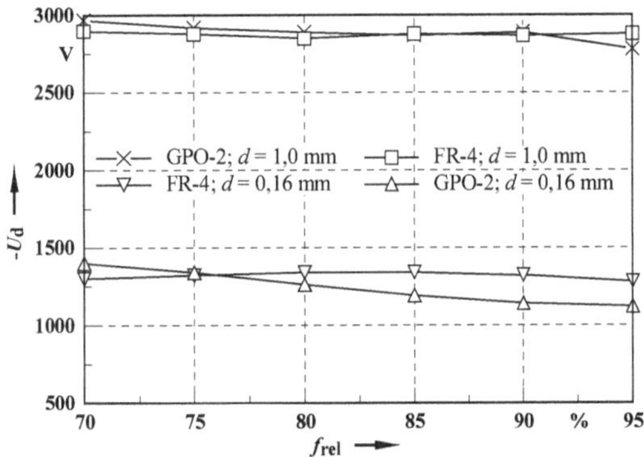

Bild 5.2: Einfluss der relativen Luftfeuchte f_{rel} auf die Steh-Stoßspannung U_d beim Epoxidharz FR-4 und beim Polyesterharz GPO-2, ϑ = 20 °C, Messung an einer anderen Isolierstoffplatte

Es stellt sich nun die Frage, inwiefern die in Bild 5.1 dargestellten Kurvenverläufe reproduzierbar sind. Aufgrund der mikroskopischen Inhomogenität der chemisch-physikalischen Oberflächenstruktur ist es nämlich denkbar, dass bei einer anderen Messstelle desselben Materials ein anderes Wasseradsorptionsverhalten und demzufolge ein anders geartetes Verhalten der Steh-Stoßspannung unter dem Einfluss relativer Feuchte auftritt. Um dies festzustellen, wurden die Spannungsmessungen gemäß der eingangs dieses Abschnitts beschriebenen Vorgehensweise an einer anderen Platte des Epoxidharzes FR-4 (Typ 64.220) bzw. des Polyesterharzes GPO-2 (Typ 68.090) nochmals durchgeführt. Das bei einem Elektrodenabstand von

d = 1,0 mm und d = 0,16 mm erhaltene Ergebnis ist in Bild 5.2 wiedergegeben*). Zwischen Bild 5.2 und Bild 5.1 lassen sich vor allem zwei markante Unterschiede feststellen. Zum Einen zeigt das Polyesterharz GPO-2 bei einem Elektrodenabstand von d = 1,0 mm in Bild 5.2 eine geringere Verminderung der Steh-Stoßspannung unter dem Einfluss der relativen Feuchte als in Bild 5.1. Des weiteren ist der Verlauf der Steh-Stoßspannung U_d beim Epoxidharz FR-4 bei einem Elektrodenabstand von d = 0,16 mm im betrachteten Feuchtebereich von 70 % r.F. bis 95 % r.F. nunmehr nahezu konstant (Bild 5.2).

Man könnte nun vermuten, dass die beim Epoxidharz FR-4 für d = 0,16 mm abweichenden Kurvenverläufe (Bild 5.1 und 5.2) auf den in Abschnitt 4.2 erwähnten Einstellfehler der Mikrometerschraube von ±10 µm (entspricht ±6 % für d = 0,16 mm) zurückzuführen sind. Es wurde jedoch festgestellt, dass das Epoxidharz FR-4 bei einem Elektrodenabstand von d = 0,4 mm ebenfalls ein Absinken der Steh-Stoßspannung mit steigender Feuchte aufweist. Daraus ist zu schließen, dass dem Einstellfehler der Mikrometerschraube hinsichtlich der Unterschiede zwischen Bild 5.1 und Bild 5.2 eine untergeordnete Rolle zukommt. Diese Unterschiede sind vielmehr darauf zurückzuführen, dass bei einer anderen Messstelle desselben Materials aufgrund der mikroskopischen Inhomogenität der Oberflächenstruktur ein anderes Wasseradsorptionsverhalten auftritt. Demzufolge ist es für die Einteilung der Isoliermaterialien in die Wasseranlagerungsgruppen notwendig, den Einfluss der relativen Luftfeuchte auf die Steh-Stoßspannung an mehreren Platten desselben Isolierstoffs durchzuführen [Ermeler01-1, Ermeler02-2]. Zusammenfassend ist anhand der bisher geschilderten Resultate festzustellen, dass die kritische relative Luftfeuchte sowohl vom Elektrodenabstand als auch vom untersuchten Material abhängt, wobei zusätzlich die Oberflächenbeschaffenheit an der jeweiligen Messstelle eine Rolle spielt.

Im Rahmen der vorliegenden Arbeit wurde die kritische relative Luftfeuchte für jeden Isolierstoff und jeden Elektrodenabstand an drei verschiedenen Messstellen ermittelt und der Mittelwert sowie der Minimal- und Maximalwert errechnet. Die folgenden Bilder zeigen – unter Berücksichtigung der oben dargestellten Kurvenverläufe – den Einfluss des Elektrodenabstands auf die kritische relative Luftfeuchte f_{rk} beim Polyesterharz GPO-2 und beim Epoxidharz FR-4. Hierbei geben die Stützstellen der Kurven die errechneten Mittelwerte der kritischen relativen Luftfeuchte bei den vier Elektrodenabständen (d = 0,16 mm, d = 0,4 mm, d = 1,0 mm und d = 2,5 mm) wieder; die vertikalen Balken stellen den Minimal- bzw. Maximalwert dar. Wie anhand Bild 5.3 ersichtlich ist, zeigt das Epoxidharz FR-4 keine Verringerung der kritischen relativen Luftfeuchte f_{rk} für Elektrodenabstände $d \geq 1,0$ mm. Gemäß der in Abschnitt 2.1 definierten Wasseranlagerungsgruppen (WAG 1 bis WAG 4) ist dieses Isoliermaterial für eine Umgebungstemperatur von ϑ = 20 °C in die Wasseranlagerungsgruppe 2 (WAG 2) einzuordnen. Im Gegensatz dazu weist das Polyesterharz GPO-2 keine Verringerung der kritischen relativen Luftfeuchte f_{rk} für Elektrodenabstände $d \geq 2,5$ mm auf (Bild 5.4). Demnach ist dieser Isolierstoff in die Wasseranlagerungsgruppe 3 (WAG 3) zu klassifizieren.

---

*) Die beiden Elektrodenabstände wurden hierbei neu eingestellt, da zuvor auch Messungen bei d = 0,4 mm und d = 2,5 mm (in Bild 5.1 bzw. 5.2 nicht dargestellt) durchgeführt wurden.

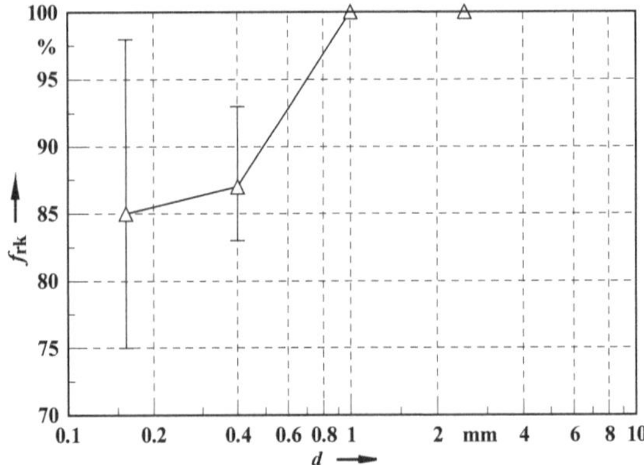

Bild 5.3: Einfluss des Elektrodenabstands d auf die kritische relative Luftfeuchte f_{rk} beim Epoxidharz FR-4, $\vartheta = 20$ °C

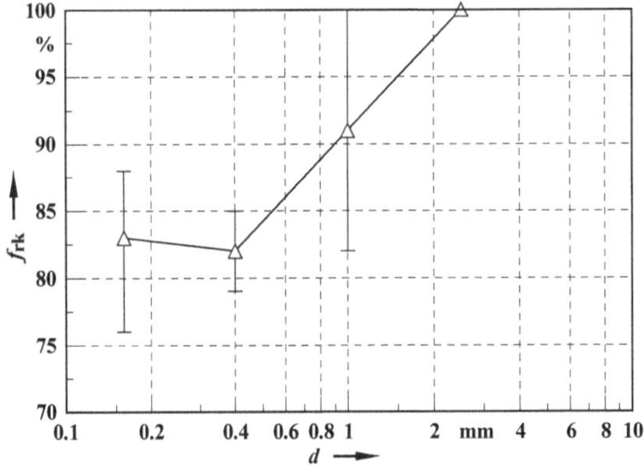

Bild 5.4: Einfluss des Elektrodenabstands d auf die kritische relative Luftfeuchte f_{rk} beim Polyesterharz GPO-2, $\vartheta = 20$ °C

Wie anhand dieser Bilder zu erkennen ist, wurde bei einem Elektrodenabstand von d = 6,3 mm keine Bestimmung der kritischen relativen Luftfeuchte vorgenommen. Der Grund hierfür ist im Folgenden erläutert. Gemäß der Definition der höchsten Wasseranlagerungsgruppe 4 (WAG 4, s. Kapitel 2.1) ist es entscheidend, dass bereits bei einem Elektrodenabstand von d = 2,5 mm die kritische relative Luftfeuchte einen Wert kleiner als 100 % annimmt. Für eine Einteilung eines Isolierstoffs in die Wasseranlagerungsgruppe 4 ist eine Ermittlung der kritischen relativen Luftfeuchte f_{rk} bei einem Elektrodenabstand von d = 6,3 mm demzufolge nicht notwendig. An dieser Stelle wirft sich jedoch die Frage auf, ob eine zusätzliche, höhere

Wasseranlagerungsgruppe (z.B. WAG 5) zu definieren ist, die die verringerte kritische relative Luftfeuchte (f_{rk} < 100 %) für Elektrodenabstände $d \geq 6,3$ mm berücksichtigt. Auf diese Problematik wird am Ende dieser Arbeit ausführlicher eingegangen. In Anlehnung an Bild 2.2, in dem die kritische relative Luftfeuchte für $d \geq 6,3$ mm stets einen Wert von f_{rk} = 100 % aufweist, soll in dieser Arbeit eine solche Wasseranlagerungsgruppe 5 nicht eingeführt werden.

Wie bereits angesprochen wurde und in Bild 5.3 sowie in Bild 5.4 deutlich zu erkennen ist, streut die kritische relative Luftfeuchte mehr oder weniger stark. Eine statistische Auswertung der Streuung soll jedoch innerhalb der vorliegenden Arbeit nicht vorgenommen werden, da hierfür die Anzahl an untersuchten Messstellen pro Isolierstoff und Elektrodenabstand zu gering ist. Für diesen Zweck ist vielmehr eine weitaus höhere Anzahl an Messstellen von etwa 10-20 pro Isolierstoff und Elektrodenabstand erforderlich [Ermeler02-1].

Wie Tabelle 4.2 zeigt, weisen zwei in dieser Arbeit untersuchten Polyesterharze unterschiedlichen Typs (Typ 68.020 bzw. Typ UPM 71/S) dieselbe NEMA-Klassifizierung (GPO-3) auf. Es könnte daher vermutet werden, dass diese beiden Materialien auch ein vergleichbares Isoliervermögen unter Feuchtebedingungen zeigen. Um dies festzustellen, wurde der Einfluss des Elektrodenabstands auf die kritische relative Luftfeuchte nach der zuvor beschriebenen Methode bestimmt. Die hierbei erhaltenen Ergebnisse sind in Bild 5.5 und Bild 5.6 dargestellt. Der Unterschied im Isolierverhalten der beiden Polyesterharze lässt sich klar erkennen. Während das Isoliermaterial vom Typ 68.020 eine Verringerung der kritischen relativen Luftfeuchte für Elektrodenabstände $d \leq 2,5$ mm aufweist und daher in die Wasseranlagerungsgruppe 4 (WAG 4) zu klassifizieren ist (Bild 5.5), zeigt das Polyesterharz vom Typ UPM 71/S keine Verringerung der kritischen relativen Luftfeuchte für Elektrodenabstände $d \geq 1,0$ mm und ist daher in die Wasseranlagerungsgruppe 2 (WAG 2) einzuordnen (Bild 5.6). Wie bereits erwähnt wurde, liegt auch in diesem Fall das unterschiedliche Isolierverhalten dieser beiden Polyesterharze in der Verschiedenheit ihrer Oberflächenstruktur begründet (s. Kapitel 6 – Ergebnisse zur Charakterisierung der chemisch-physikalischen Oberflächenstruktur). Demnach existiert offensichtlich keine Korrelation zwischen der NEMA-Klassifizierung von Isoliermaterialien und deren Einteilung in die Wasseranlagerungsgruppen. Da unter den verfügbaren Isolierstoffen keine weiteren Materialien gleicher NEMA-Klassifizierung vorhanden waren, können an dieser Stelle keine weiteren Beispiele für diese Vermutung angegeben werden. Die Annahme ist daher in Folgearbeiten anhand anderer Isoliermaterialien zu untermauern.

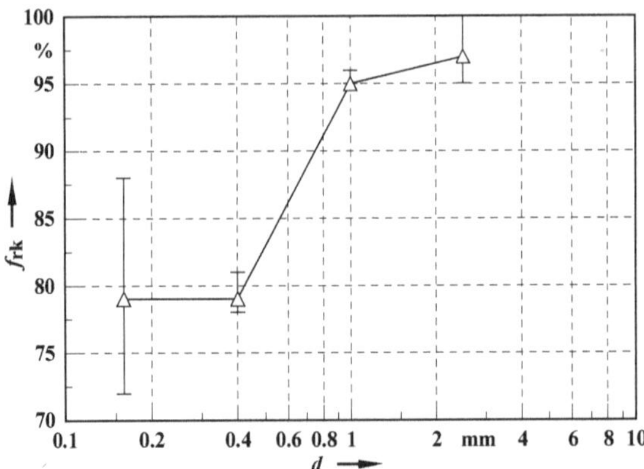

Bild 5.5: Einfluss des Elektrodenabstands d auf die kritische relative Luftfeuchte f_{rk} beim Polyesterharz vom Typ 68.020, $\vartheta = 20$ °C

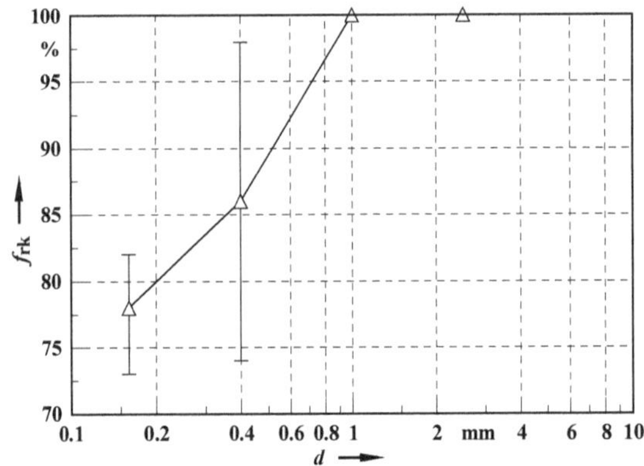

Bild 5.6: Einfluss des Elektrodenabstands d auf die kritische relative Luftfeuchte f_{rk} beim Polyesterharz vom Typ UPM 71/S, $\vartheta = 20$ °C

Die folgende Tabelle 5.1 gibt einen Überblick über die Klassifizierung der im Rahmen dieser Arbeit untersuchten Prüflinge (vgl. Tabelle 4.2) in die Wasseranlagerungsgruppen für die zunächst betrachtete Umgebungstemperatur von $\vartheta = 20$ °C. Die unterschiedliche Einteilung der Isolierstoffe in die Wasseranlagerungsgruppen liegt hauptsächlich in deren Oberflächenbeschaffenheit begründet und wird in Kapitel 6 genauer behandelt.

Tabelle 5.1: Klassifizierung der untersuchten Isolierstoffe in die Wasseranlagerungsgruppen für $\vartheta = 20$ °C

Isolierstoff	NEMA-Klassifizierung	Wasseranlagerungsgruppe
Trivolton H40100	-	WAG 2
Evitherm 0,45	-	WAG 4
Trivoltherm N130 0,63	-	WAG 4
Steatit	-	WAG 2
Melaminharz MF 2500	-	WAG 2
Melaminharz MF 1206	-	WAG 2
Phenolharz PF 31	-	WAG 2
Polyesterharz UP 3620	-	WAG 2
Polyesterharz UPM 71/S	GPO-3	WAG 2
Epoxidharz EPF 2-W/B	G-11	WAG 3
Epoxidharz 64.180	FR-5	WAG 3
Epoxidharz 64.220	FR-4	WAG 2
Polyimidharz 64.160	-	WAG 2
Polyesterharz 68.020	GPO-3	WAG 4
Polyesterharz 68.090	GPO-2	WAG 3

Anhand der Tabelle 5.1 ist ersichtlich, dass die meisten Isolierstoffe für $\vartheta = 20$ °C in die Wasseranlagerungsgruppe 2 (WAG 2) zu klassifizieren sind. Um zu überprüfen, ob bei diesen Materialien die kritische relative Luftfeuchte bereits zwischen $d = 0{,}4$ mm und $d = 1{,}0$ mm einen Wert von $f_{rk} = 100$ % aufweist, wurde der Einfluss der relativen Feuchte auf die Steh-Stoßspannung auch bei einem Elektrodenabstand von $d = 0{,}7$ mm (Mittelwert aus $d = 0{,}4$ mm und $d = 1{,}0$ mm) untersucht. Die daraus resultierende Abhängigkeit der kritischen relativen Luftfeuchte vom Elektrodenabstand beim Epoxidharz FR-4 ist in Bild 5.7 dargestellt. Zum Vergleich dazu zeigt Bild 5.8 den Kurvenverlauf beim Polyimidharz vom Typ 64.160, das gemäß der Tabelle 5.1 in dieselbe Wasseranlagerungsgruppe wie das Epoxidharz FR-4 zu klassifizieren ist.

Wie diese beiden Bilder klar darstellen, unterscheidet sich das Isoliervermögen des Polyimidharzes bei einem Elektrodenabstand von $d = 0{,}7$ mm deutlich von dem des Epoxidharzes FR-4, obwohl beide Isoliermaterialien definitionsgemäß in die Wasseranlagerungsgruppe 2 (WAG 2) einzuteilen sind. Es stellt sich daher erneut die Frage, ob die vier definierten Wasseranlagerungsgruppen WAG 1 bis WAG 4 zur Beschreibung der Abhängigkeit des Elektrodenabstands auf die kritische relative Luftfeuchte ausreichen. Auf diese Problematik soll jedoch erst am Ende dieser Arbeit eingegangen werden, da hierfür zunächst noch weitere Untersuchungen notwendig sind, deren Ergebnisse in den nächsten Abschnitten geschildert werden.

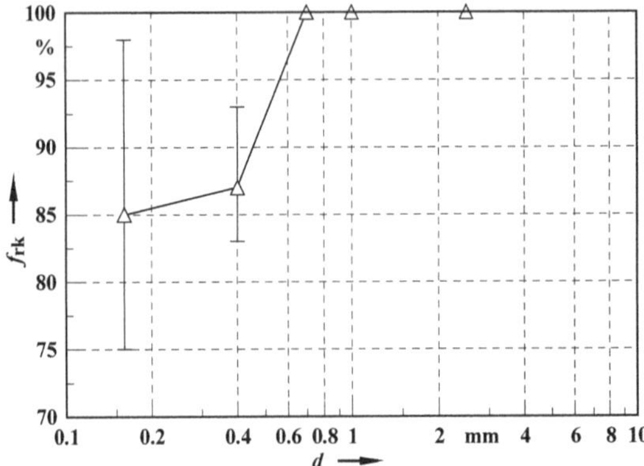

Bild 5.7: Einfluss des Elektrodenabstands d auf die kritische relative Luftfeuchte f_{rk} beim Epoxidharz FR-4 unter Berücksichtigung des Messpunktes bei d = 0,7 mm, ϑ = 20 °C

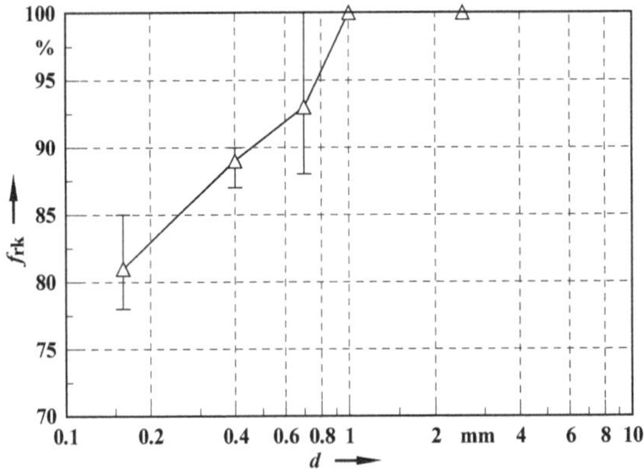

Bild 5.8: Einfluss des Elektrodenabstands d auf die kritische relative Luftfeuchte f_{rk} beim Polyimidharz vom Typ 64.160 unter Berücksichtigung des Messpunktes bei d = 0,7 mm, ϑ = 20 °C

Zur Unterscheidung des in Bild 5.7 und Bild 5.8 dargestellten Kurvenverlaufs bezüglich der Klassifizierung in die Wasseranlagerungsgruppen wird für alle folgenden Betrachtungen eine zusätzliche Wasseranlagerungsgruppe 1A (WAG 1A) eingeführt. In diese Gruppe werden dann diejenigen Isolierstoffe eingeordnet, die keine Verringerung der kritischen relativen Luftfeuchte für Elektrodenabstände $d \geq$ 0,7 mm aufweisen (s. Bild 5.7). In den Untersuchungen wurde festgestellt, dass für die zunächst betrachtete Temperatur von ϑ = 20 °C folgende Isolierstoffe nicht in die

Wasseranlagerungsgruppe 2 sondern in die Wasseranlagerungsgruppe 1A einzuordnen sind:

- Epoxidharz FR-4
- Dreischichtmaterial Trivolton H40100
- Melaminharz MF 2500
- Phenolharz PF 31
- Polyesterharz UPM 71/S

Neben den oben beschriebenen Steh-Stoßspannungsmessungen wurde zur weiteren Erfassung der elektrischen Eigenschaften von Isolierstoffoberflächen unter Feuchtebedingungen der Einfluss der relativen Feuchte auf die Oberflächenkapazität C und auf den Oberflächenleitwert G untersucht. Zweck dieser Untersuchungen ist es, einen Zusammenhang zwischen der Steh-Stoßspannung und den beiden anderen Größen herauszufinden. Die Oberflächenkapazität und der Oberflächenleitwert wurden mit der Impedanzmessbrücke gemessen, wobei hier eine Messfrequenz der Ausgangsspannung von f_m = 10 kHz gewählt wurde. Der Grund hierfür beruht auf Experimenten von [Abder96, Abder98] und ist im Folgenden kurz geschildert. In seinen Untersuchungen hat [Abder96, Abder98] herausgefunden, dass die Wasseradsorptions- und Wasserabsorptionsrate von der Frequenz einer am Werkstoff anliegenden Spannung abhängt. Dies ist damit zu begründen, dass die anliegende Spannung die Entstehung von Mikrohohlräumen im Isolierstoff hervorruft (mechanische Degradation) und somit das Wasseradsorptions- und Wasserabsorptionsverhalten entscheidend beeinflusst. Es stellte sich dabei heraus, dass bei einer Frequenz der anliegenden Spannung von 10 kHz die meisten Hohlräume in den Isolierstoffen entstehen und sich somit bei dieser Frequenz eine maximale Wasseradsorptions- und Wasserabsorptionsrate einstellt [Abder96, Abder98].

Analog zu den Spannungsmessungen wurden die Prüflinge vor der Messung der Oberflächenkapazität und des Oberflächenleitwerts vorbehandelt. Auch bei diesen Messungen betrug die Umgebungstemperatur zunächst ϑ = 20 °C. Da bei den durchgeführten Impedanzmessungen neben dem Oberflächenleitwert und der Oberflächenkapazität auch die parallele Impedanz der Luftstrecke erfasst wird (vgl. Abschnitt 9.2 – Herleitung eines elektrischen Ersatzschaltbildes), wurde diese zunächst in Vorabmessungen ohne angepressten Prüfling ermittelt. Diese Impedanz wurde von den Ergebnissen, die bei den Messungen mit angepresstem Prüfling erzielt wurden, abgezogen. Auf diese Weise ist der Einfluss der Luftstrecke auf die resultierenden Messergebnisse eliminiert worden.

Bild 5.9 zeigt den Einfluss der relativen Luftfeuchte auf den Oberflächenleitwert G und die Oberflächenkapazität C beim Polyesterharz GPO-2 und beim Epoxidharz FR-4 für einen Elektrodenabstand von d = 2,5 mm. In Bild 5.9 sind vor allem zwei wesentliche Effekte erkennbar. Zum Einen weicht bei hoher relativer Luftfeuchte der Oberflächenleitwert des Polyesterharzes deutlich vom Oberflächenleitwert des Epoxidharzes ab. Dieser Effekt ist – wie bereits erwähnt – auf die unterschiedlichen Adsorptionseigenschaften infolge der verschiedenen Oberflächenstrukturen zurückzuführen; demzufolge stehen beim Polyesterharz mehr H_3O^+ - und OH^- - Ionen für eine Ionenleitung in der Wasserschicht zur Verfügung.

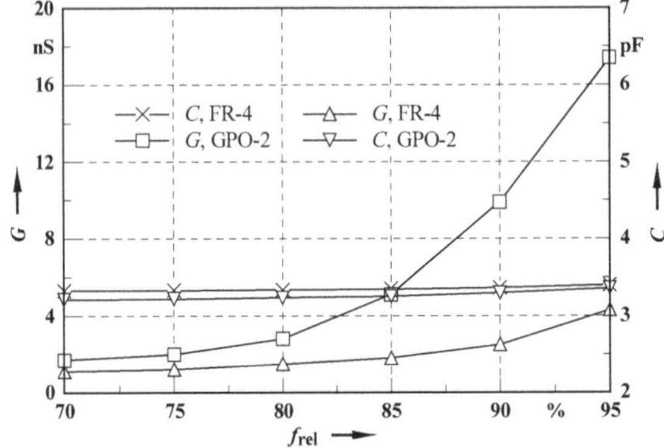

Bild 5.9: Einfluss der relativen Luftfeuchte f_{rel} auf die Oberflächenkapazität C und den Oberflächenleitwert G beim Polyesterharz GPO-2 und beim Epoxidharz FR-4, d = 2,5 mm, ϑ = 20 °C

Zum Anderen wächst der Oberflächenleitwert G mit steigender relativer Luftfeuchte überproportional an, während sich die Oberflächenkapazität C vergleichsweise nur wenig ändert. Der Grund für dieses Phänomen ist folgender. Wie [Link75] in seinen Untersuchungen herausgestellt hat, ist der Oberflächenleitwert direkt proportional zur Dicke der Wasserschicht. Die Leitfähigkeit der Wasserschicht, die dabei in die Proportionalitätskonstante eingeht, entspricht der Leitfähigkeit γ_w des hier verwendeten destillierten Wassers (γ_w = 2 - 3 µS/cm bei 20 °C). Da die Dicke der Wasserschicht überproportional mit der relativen Luftfeuchte zunimmt (vgl. Kapitel 3.2), folgt daraus eine überproportionale Zunahme des Oberflächenleitwerts. Im Gegensatz zur Leitfähigkeit der Wasserschicht ist die Dielektrizitätszahl ε der Wasserschicht von der Schichtdicke abhängig und beträgt in dem hier untersuchten Feuchtebereich je nach Dicke der Wasserschicht maximal $\varepsilon_{max} = 80 \cdot \varepsilon_0 = 7{,}1$ pF/cm. Nimmt man bei der Oberflächenkapazität ebenfalls eine proportionale Beziehung zwischen der Oberflächenkapazität und der Dicke der Wasserschicht an, so geht hier die Dielektrizitätszahl ε in die Proportionalitätskonstante ein. Da der Zahlenwert der Dielektrizitätszahl der Wasserschicht im Vergleich zum Zahlenwert der Leitfähigkeit der Wasserschicht jedoch geringer ist ($7{,}1 \cdot 10^{-12}$ gegenüber $2 \cdot 10^{-6} ... 3 \cdot 10^{-6}$), ist die Feuchteabhängigkeit der Oberflächenkapazität im Vergleich zum Oberflächenleitwert erheblich schwächer ausgeprägt (Bild 5.9).

Auch bei trockener Luft ist mit einem – wenn auch geringen – Oberflächenleitwert zu rechnen [Link75]. Als Ursache hierfür kommen sowohl angelagerte Luftionen als auch Isolierstoffionen in Betracht. Es ist nicht auszuschließen, dass diese bei zunehmender Feuchte in der Wasserschicht beweglicher werden und ebenfalls zum

Oberflächenleitwert beitragen. Die Oberflächenkapazität eines Isolierstoffs wird bei trockener Luft ausschließlich durch dessen Dielektrizitätszahl bestimmt [Link75].

Wie bei der Messung der Steh-Stoßspannung wurde auch bei der Bestimmung des Oberflächenleitwerts und der Oberflächenkapazität die Messung an einer anderen Platte desselben Isoliermaterials wiederholt. Das Ergebnis hierzu zeigt Bild 5.10. Während sich die Kurvenverläufe in Bild 5.9 und 5.10 beim Epoxidharz FR-4 ähneln, zeigt insbesondere der Oberflächenleitwert beim Polyesterharz GPO-2 unterschiedliches Verhalten. Hierbei ist in Bild 5.10 ein etwa 40 % geringerer Wert des Oberflächenleitwerts bei einer relativen Luftfeuchte von 95 % im Vergleich zu Bild 5.9 festzustellen. Folglich hängt nicht nur die Steh-Stoßspannung unter Feuchtebedingungen von der Oberflächenstruktur der betreffenden Messstelle ab sondern auch der Oberflächenleitwert und die Oberflächenkapazität.

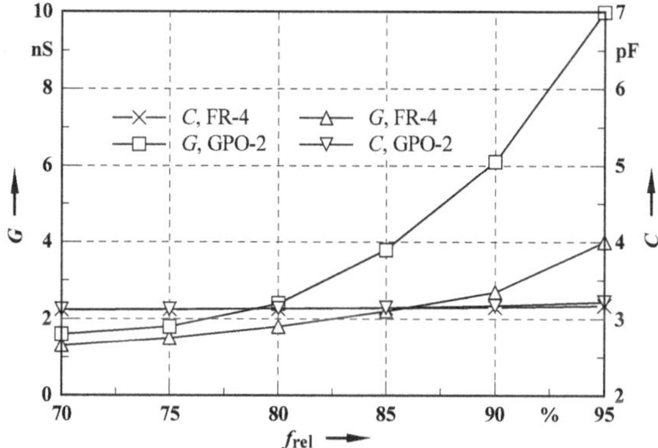

Bild 5.10: Einfluss der relativen Luftfeuchte f_{rel} auf die Oberflächenkapazität C und den Oberflächenleitwert G beim Polyesterharz GPO-2 und beim Epoxidharz FR-4, d = 2,5 mm, ϑ = 20 °C, Messung an einer anderen Isolierstoffplatte

Wie vorher gezeigt wurde, hat der Elektrodenabstand d einen erheblichen Einfluss auf die kritische relative Luftfeuchte f_{rk}. Der Einfluss des Elektrodenabstands auf den Oberflächenleitwert und die Oberflächenkapazität wird daher im Folgenden untersucht. Hierzu stellt Bild 5.11 den Einfluss der relativen Luftfeuchte auf die Oberflächenkapazität und den Oberflächenleitwert bei den beiden Materialien für einen Elektrodenabstand d = 0,4 mm dar. Vergleicht man Bild 5.11 mit Bild 5.9 bzw. 5.10, so ist sehr deutlich eine Anhebung der Oberflächenkapazität aufgrund des geringeren Elektrodenabstands zu erkennen. Auch hier ist nur ein geringer Einfluss der relativen Luftfeuchte auf die Oberflächenkapazität vorhanden.

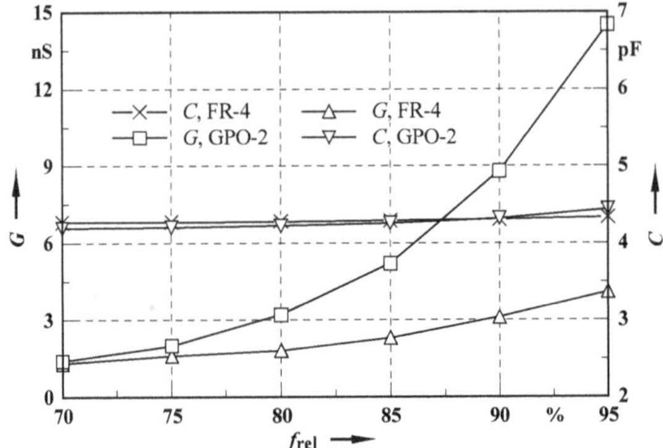

Bild 5.11: Einfluss der relativen Luftfeuchte f_{rel} auf die Oberflächenkapazität C und den Oberflächenleitwert G beim Polyesterharz GPO-2 und beim Epoxidharz FR-4, d = 0,4 mm, ϑ = 20 °C

Aufgrund des geringeren Elektrodenabstands in Bild 5.11 würde man im Vergleich zu den Bildern 5.10 bzw. 5.9 auch einen Unterschied in den Kurvenverläufen des Oberflächenleitwerts erwarten. Wie man anhand dieser Bilder erkennen kann, ist dies jedoch nicht der Fall. Zur Erklärung hierfür zeigt das folgende Bild 5.12 den Einfluss der relativen Luftfeuchte auf den Oberflächenleitwert beim Dreischichtmaterial bestehend aus Presspan und Polyesterfolie (Typ Trivolton H40100, vgl. Tabelle 4.2) für die beiden Elektrodenabstände d = 0,4 mm und d = 2,5 mm. Als Ergänzung ist ebenfalls der Feuchteeinfluss auf die Oberflächenkapazität dargestellt.

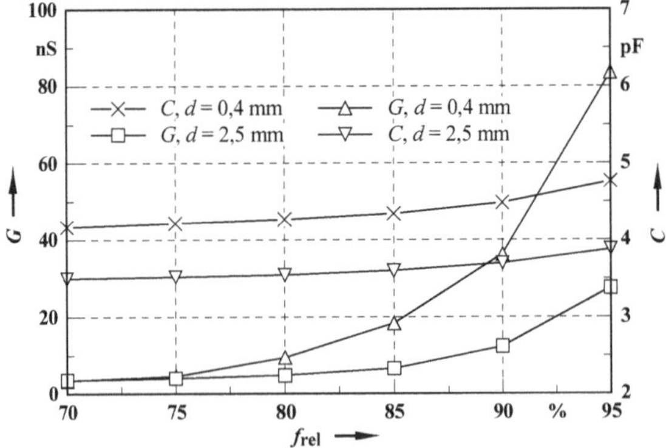

Bild 5.12: Einfluss der relativen Luftfeuchte f_{rel} auf die Oberflächenkapazität C und den Oberflächenleitwert G beim Dreischichtmaterial Trivolton H40100, ϑ = 20 °C

In Bild 5.12 ist der Einfluss des Elektrodenabstands auf den Oberflächenleitwert klar erkennbar. Während bei einem Elektrodenabstand von d = 2,5 mm der Oberflächenleitwert auf 28 nS ansteigt, wächst dieser bei d = 0,4 mm auf 83 nS an. Die Ursache für dieses Verhalten liegt in der Form der Feuchteschicht und in der dortigen Drift der H_3O^+ - und OH^- - Ionen begründet. Aufgrund der Oberflächenstruktur des Dreischichtmaterials Trivolton H40100 (vgl. Kapitel 6 – Ergebnisse zur Charakterisierung der chemisch-physikalischen Oberflächenstruktur) können – im Gegensatz zum Epoxidharz FR-4 und Polyesterharz GPO-2 – Wassermoleküle von diesem Werkstoff sehr leicht adsorbiert und absorbiert werden. Demzufolge kann sich zwischen den beiden Elektroden eine geschlossene Wasserschicht ausreichender Dicke bilden, so dass eine Drift der H_3O^+ - und OH^- - Ionen über den gesamten Elektrodenabstand ermöglicht wird [Ermeler02-4]. In diesem Fall ist die Driftgeschwindigkeit v_d dieser Ionen zur elektrischen Feldstärke zwischen den Elektroden nach Gleichung (5-1) proportional [Link75]. In dieser Gleichung ist μ_i die Ionenbeweglichkeit (die Beweglichkeit von OH^- - Ionen beträgt in Wasser bei einer Temperatur von ϑ = 20 °C beispielsweise $\mu_i = 0{,}0019\ \mathrm{cm^2 \cdot s^{-1} \cdot V^{-1}}$ [Brdička76]) und U_b die Ausgangsspannung der Impedanzmessbrücke.

$$v_d = \mu_i \cdot E = \mu_i \cdot U_b / d \qquad (5\text{-}1)$$

Weil die Ausgangsspannung U_b konstant ist, können sich H_3O^+ - und OH^- - Ionen in der geschlossenen Wasserschicht im Falle kleinerer Elektrodenabstände aufgrund der höheren Feldstärke gemäß Gleichung (5-1) schneller bewegen. Dies resultiert in einen vergleichsweise höheren Strom zwischen den Elektroden und somit in einen höheren Oberflächenleitwert.

Wendet man die obigen Betrachtungen auf das Verhalten des Oberflächenleitwerts beim Epoxidharz FR-4 und beim Polyesterharz GPO-2 an, so lässt sich vermuten, dass diese beiden Isoliermaterialien aufgrund ihrer Oberflächenstruktur eine Wasserschicht mit Bereichen sehr dünner Schichtdicke (Monomolekularbedeckung) zwischen den beiden Elektroden aufweisen, so dass eine Drift der H_3O^+ - und OH^- - Ionen über den gesamten Elektrodenabstand erschwert ist. Aus diesem Grunde ist Gleichung (5-1) beim Epoxidharz und beim Polyesterharz nicht anwendbar [Ermeler02-4] und somit ein signifikanter Unterschied zwischen dem Oberflächenleitwert bei d = 2,5 mm und d = 0,4 mm nicht festzustellen. Dies steht allerdings im Widerspruch zu den Ergebnissen der Steh-Stoßspanungsmessungen, die vorher in diesem Abschnitt behandelt wurden. Die Erklärung hierfür liegt darin, dass der Elektrodenabstand zwar einen erheblichen Einfluss auf den Homogenitätsgrad und damit auf die Steh-Stoßspannung ausübt, jedoch gemäß den geschilderten Messergebnissen nicht auf den Oberflächenleitwert. Wie bereits erwähnt wurde, wirkt sich der Homogenitätsgrad maßgeblich auf die Spannungsfestigkeit von Isolierstoffoberflächen unter Feuchtebedingungen aus.

Vergleicht man den Verlauf der Oberflächenkapazität beim Dreischichtmaterial mit dem der beiden Harze, so ist beim Dreischichtmaterial ein stärkerer Einfluss der relativen Luftfeuchte zu beobachten. Die Ursache hierfür ist die erwähnte Fähigkeit des Dreischichtmaterials, aufgrund seiner Beschaffenheit Wassermoleküle leicht an der Oberfläche zu adsorbieren bzw. im Isolierstoff aufzunehmen.

Aus den in Bild 5.12 dargestellten Messergebnissen ließe sich schließen, dass der Einfluss der relativen Feuchte auf die Steh-Stoßspannung beim Dreischichtmaterial vom Typ Trivolton H40100 am stärksten ist. Gemäß der Tabelle 5.1 ist dies jedoch nicht der Fall. Die Ursache hierfür ist im Folgenden wiedergegeben. Wie bereits zuvor erläutert wurde, ist ein Anlagern von Wassermolekülen an die Isolierstoffoberfläche des Dreischichtmaterials und ein Eindringen in den Werkstoff vergleichsweise sehr leicht möglich. Diese Wasseraufnahme führt dazu, dass das Dreischichtmaterial mit wachsender relativer Luftfeuchte an vielen Stellen der Mikrostruktur dieses Materials aufquillt. Die Gesamtheit dieser Effekte führt zu einer Vergrößerung des Volumens sowie der Oberfläche des Isolierstoffs und verursacht somit ein Anwachsen der resultierenden Kriechstrecke. Das Aufquellen des Dreischichtmaterials wirkt demnach einer Herabsetzung der Spannungsfestigkeit der Isolierstoffoberfläche infolge ad- bzw. absorbierter Feuchte entgegen. Dies kann letztendlich dazu führen, dass nahezu kein Absinken der Steh-Stoßspannung bei ansteigender Luftfeuchte auftritt. Die Einteilung des Dreischichtmaterials in die Wasseranlagerungsgruppe 1A zeigt, dass dieser Fall beim Dreischichtmaterial offensichtlich nur für Elektrodenabstände $d \geq 0{,}7$ mm eintritt. Bei $d < 0{,}7$ mm reicht das Aufquellen des Isolierstoffs wegen des geringeren Elektrodenabstands offenbar nicht aus, um die resultierende Kriechstrecke maßgeblich zu vergrößern und somit der Herabsetzung der Spannungsfestigkeit infolge ad- bzw. absorbierter Feuchte wesentlich entgegenzuwirken.

Tabelle 5.2: Absolute Zunahme der Oberflächenkapazität ΔC und des Oberflächenleitwerts ΔG bei Steigerung der relativen Feuchte von 70 % auf 95 %, $\vartheta = 20$ °C

Isolierstoff	***d* = 2,5 mm**				***d* = 1,0 mm**			
	ΔC [pF]	**ΔG [nS]**	**ΔC [pF]**	**ΔG [nS]**	**ΔC [pF]**	**ΔG [nS]**	**ΔC [pF]**	**ΔG [nS]**
Trivolton H40100	0,38	23,9	0,37	27,2	0,41	49,0	0,40	55,5
Evitherm 0,45	0,09	5,5	0,09	4,4	0,08	8,6	0,08	7,7
Trivoltherm N130 0,63	0,07	9,0	0,07	7,7	0,08	7,5	0,06	6,5
Steatit	0,15	5,6	0,13	5,4	0,15	5,1	0,13	5,4
Melaminharz MF 2500	0,09	7,6	0,07	6,9	0,11	10,9	0,09	9,2
Melaminharz MF 1206	0,16	8,7	0,16	6,4	0,19	7,8	0,16	7,1
Phenolharz PF 31	0,11	11,0	0,16	16,6	0,12	16,0	0,18	25,6
Polyesterharz UP 3620	0,06	7,8	0,07	6,0	0,09	7,4	0,07	8,0
Polyesterharz GPO-3 (Typ UPM 71/S)	0,07	8,9	0,06	7,7	0,09	9,6	0,12	12,2
Epoxidharz EPF 2-W/B	0,04	4,9	0,07	6,7	0,09	9,9	0,10	11,2
Epoxidharz FR-5	0,09	4,6	0,06	5,1	0,08	6,2	0,06	4,3
Epoxidharz FR-4	0,07	3,2	0,06	2,7	0,05	2,2	0,06	2,6
Polyimidharz 64.160	0,18	4,3	0,19	5,2	0,10	3,6	0,09	4,1
Polyesterharz GPO-3 (Typ 68.020)	0,34	26,7	0,25	17,4	0,36	41,8	0,33	42,0
Polyesterharz GPO-2	0,14	15,7	0,10	8,4	0,28	26,2	0,12	6,4

Zum Abschluss dieses Abschnitts zeigt Tabelle 5.2 die absolute Zunahme der Oberflächenkapazität und des Oberflächenleitwerts an den hier untersuchten Isoliermaterialien bei Steigerung der relativen Luftfeuchte von 70 % auf 95 %. Aus

Gründen der Übersichtlichkeit sind hier die Ergebnisse nur für die Elektrodenabstände d = 1,0 mm und d = 2,5 mm dargestellt, wobei jeweils zwei Messstellen betrachtet werden. Anhand der Bilder 5.9 bis 5.12 und der Tabellen 5.1 und 5.2 wird deutlich, dass zwischen der Klassifizierung der Isolierstoffe in die Wasseranlagerungsgruppen und dem Verhalten des Oberflächenleitwerts bzw. der Oberflächenkapazität grundsätzlich keine Korrelation existiert [Ermeler02-4]. Dies ist damit zu begründen, dass die Oberflächenkapazität und der Oberflächenleitwert keinerlei Aussagen hinsichtlich der Feldverteilung an der Isolierstoffoberfläche unter Feuchtebedingungen zulassen.

5.2.2 Auswirkung der Einwirkdauer der Feuchte

Bei den im vorherigen Abschnitt geschilderten Ergebnissen waren die Prüflinge nur kurzzeitig (max. 10 min) hohen relativen Luftfeuchten von mehr als 90 % ausgesetzt. Um Unterschiede im Isolierverhalten der Prüflinge bei einer längeren Einwirkung solch hoher Feuchte aufzuzeigen, wurden in dieser Arbeit Untersuchungen hinsichtlich des Einflusses der Einwirkdauer t_e der Feuchte auf das Isoliervermögen von Isolierstoffoberflächen durchgeführt. Das Ziel dieser Untersuchungen ist es dabei herauszufinden, inwiefern sich das Isolierverhalten der Prüflinge bei längerem Feuchteeinfluss gegenüber den Isoliereigenschaften bei kurzzeitigem Feuchteeinfluss unterscheidet. Wie nämlich zuvor erwähnt wurde, ist bei längerer Feuchteeinwirkung mit zunehmender Wasseraufnahme im Isolierstoff zu rechnen, was sich auf das Isoliervermögen an der Isolierstoffoberfläche auswirken kann.

Ein weiteres Ziel ist es, eine Aussage hinsichtlich der Dauer des in Abschnitt 5.1 beschriebenen Prüfverfahrens zu treffen. Es ist nämlich anzunehmen, dass die Ergebnisse bei zu langer Prüfdauer durch verstärkte Wasserabsorption und durch eine Veränderung der chemisch-physikalischen Oberflächenstruktur infolge von Langzeiteffekten beeinflusst werden können [Ermeler99].

Die Prüflinge wurden nach der Vermessung hinsichtlich des Einflusses der relativen Feuchte auf das Isoliervermögen (vgl. Abschnitt 5.2.1) dem konstanten Klima 20 °C / 95 % r.F. ausgesetzt. Dabei wurde in regelmäßigen zeitlichen Abständen die Steh-Stoßspannung U_d sowie die Oberflächenkapazität C und der Oberflächenleitwert G gemessen. Der daraus resultierende zeitliche Verlauf dieser drei Größen wird im Folgenden am Beispiel von drei verschiedenen Materialien bei einem Elektrodenabstand von d = 1,0 mm dargestellt. Bild 5.13 zeigt den Einfluss der Einwirkdauer t_e der Feuchte auf die drei oben genannten elektrischen Größen beim Epoxidharz FR-4. In diesem Bild ist ein relativ geringer Anstieg des Oberflächenleitwerts und ein nahezu konstanter Verlauf der Oberflächenkapazität zu erkennen; diese beiden Kennwerte werden also von der Einwirkdauer der Feuchte nur unwesentlich beeinflusst. Mit einer signifikanten Veränderung der chemisch-physikalischen Oberflächenstruktur des Epoxidharzes ist während des Einwirkens der Feuchte über den betrachteten Zeitraum demnach nicht zu rechnen. Des weiteren ist der Verlauf der beiden Größen ein Indiz dafür, dass nur wenig Feuchte von diesem Werkstoff absorbiert wird. Dies wird durch die im Datenblatt dieses Materials angegebene, relativ geringe Wasseraufnahme von 0,15 %[*)] bestätigt [Roll96]. Eine signifikante Zunahme der Wasserschichtdicke während des betrachteten Zeitraums ist demzufolge auszuschließen. Eine wesentliche Abnahme der Steh-Stoßspannung nach einer Einwirkdauer von t_e = 400 min ist aufgrund der offenbar zu geringen Menge ad- bzw. absorbierten Wassers nicht festzustellen. Die Messung der drei elektrischen Größen in Abhängigkeit der Einwirkdauer der Feuchte ergab an einer zweiten Messstelle einen ähnlichen Kurvenverlauf.

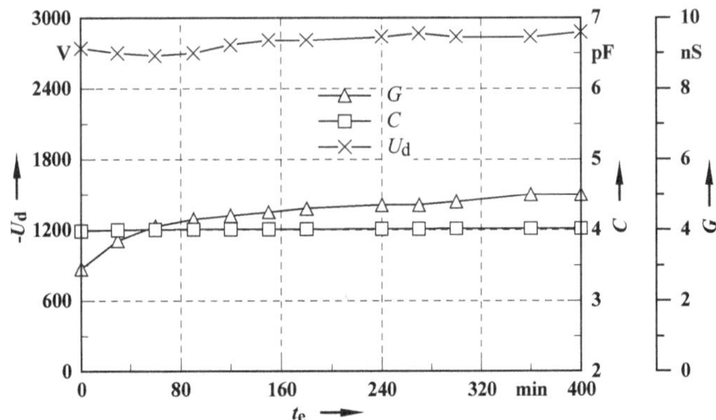

Bild 5.13: Einfluss der Einwirkdauer t_e der Feuchte auf die Oberflächenkapazität C und den Oberflächenleitwert G sowie die Steh-Stoßspannung U_d beim Epoxidharz FR-4, Klima 20 °C / 95 % r.F.

Im Gegensatz zum Epoxidharz FR-4 zeigt das Polyesterharz einen wesentlich stärkeren Einfluss der Einwirkdauer t_e der Feuchte auf den Oberflächenleitwert und die Oberflächenkapazität (Bild 5.14). Der im Vergleich zum Epoxidharz FR-4 stärkere Anstieg der Oberflächenkapazität und des Oberflächenleitwerts beim Polyesterharz GPO-2 deutet auf eine vergleichsweise höhere Wasseraufnahme dieses Materials hin. Diese Annahme wird durch die im Datenblatt des Polyesterharzes aufgeführte Wasseraufnahme von 0,5 % bestätigt [Roll95]. Aus den genannten Gründen ist zwar eine Zunahme der Wasserschichtdicke während des betrachteten Zeitraums anzunehmen, diese führt jedoch zu keiner signifikanten Verzerrung des elektrischen Feldes und somit zu keinem Abfall der Steh-Stoßspannung nach einer Einwirkdauer von t_e = 400 min. Auch hier lieferte die Vermessung des Polyesterharzes hinsichtlich der drei elektrischen Größen in Abhängigkeit der Einwirkdauer der Feuchte an einer weiteren Messstelle vergleichbare Ergebnisse.

[*)] Die in Datenblättern angegebene Wasseraufnahme von Isolierstoffen wird vom Hersteller nach der Prüfmethode EN ISO 62 bestimmt und gibt die relative Gewichtszunahme eines Materials an, das für einen Zeitraum von 24 Stunden in 23 °C warmen Wasser aufbewahrt wurde.

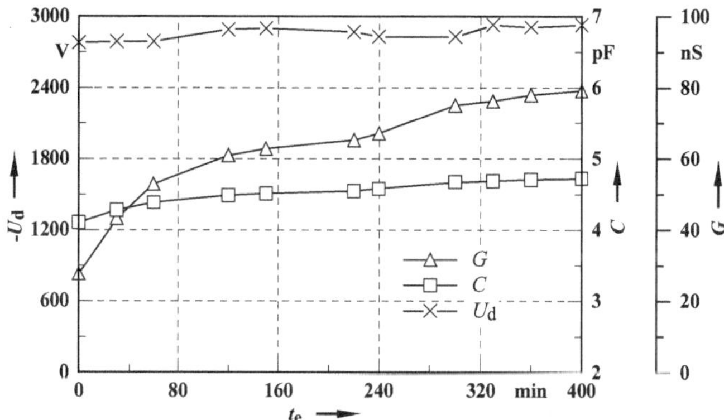

Bild 5.14: Einfluss der Einwirkdauer t_e der Feuchte auf die Oberflächenkapazität C und den Oberflächenleitwert G sowie die Steh-Stoßspannung U_d beim Polyesterharz GPO-2, Klima 20 °C / 95 % r.F.

Den stärksten Einfluss der Einwirkdauer t_e der Feuchte auf die Oberflächenkapazität und den Oberflächenleitwert weist das Dreischichtmaterial vom Typ Trivolton H40100 auf, wie Bild 5.15 zeigt.

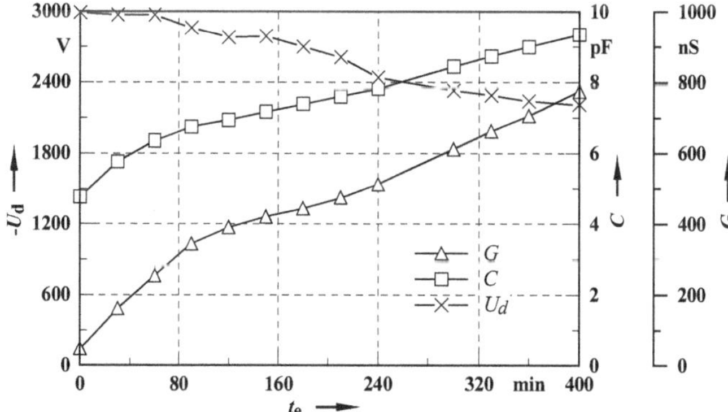

Bild 5.15: Einfluss der Einwirkdauer t_e der Feuchte auf die Oberflächenkapazität C und den Oberflächenleitwert G sowie die Steh-Stoßspannung U_d beim Dreischichtmaterial Trivolton H40100, Klima 20 °C / 95 % r.F.

Der signifikante Einfluss der Einwirkdauer t_e der Feuchte auf die Oberflächenkapazität und den Oberflächenleitwert beim Dreischichtmaterial liegt in der stark porösen Struktur dieses Werkstoffs begründet. Im Datenblatt war eine Angabe hinsichtlich der Wasseraufnahme des Dreischichtmaterials nicht vorhanden; wie jedoch im Kapitel 8 –

Ergebnisse zur Bestimmung der Wasseraufnahme – beschrieben werden wird, weist das Dreischichtmaterial die höchste Wasseraufnahme der in dieser Arbeit untersuchten Isoliermaterialien auf. Daher kann beim Dreischichtmaterial eine sehr starke Zunahme der Wasserschichtdicke durch Eindringen von Feuchte in den Isolierstoff angenommen werden. Wie in Bild 5.15 weiterhin zu erkennen ist, fällt die Steh-Stoßspannung U_d für $t_e > 60$ min steil ab. Es ist daher zu vermuten, dass die Vergrößerung der Oberfläche und der resultierenden Kriechstrecke (vgl. Abschnitt 5.2.1) gegenüber dem Wachstum der Wasserschicht mit fortschreitender Feuchte-Einwirkdauer in den Hintergrund tritt; in diesem Falle sinkt die Steh-Stoßspannung mit zunehmender Wasserschichtdicke deutlich ab. An einer zweiten Messstelle wurde ein noch stärkerer Einfluss der Einwirkdauer der Feuchte auf die Steh-Stoßspannung beim Dreischichtmaterial festgestellt [Ermeler99].

Der Verlauf der Steh-Stoßspannung beim Dreischichtmaterial zeigt, dass die Einwirkdauer t_e der Feuchte einen signifikanten Einfluss auf die Spannungsfestigkeit von Isolierstoffoberflächen ausüben kann. Aus diesem Grunde ist das in Kapitel 5.1 beschriebene Prüfverfahren nach der Konditionierung bei 70 % r.F. so schnell wie möglich durchzuführen. Ein Verharren des jeweiligen Klimas ist bei der Steigerung der relativen Luftfeuchte zu vermeiden. Wie zuvor erwähnt wurde betrug die Dauer des Prüfverfahrens 30 Minuten (ohne Konditionierung); diese Dauer lieferte in der vorliegenden Arbeit sinnvolle Ergebnisse.

Die in dieser Arbeit durchgeführten Untersuchungen hinsichtlich des Einflusses der Einwirkdauer der Feuchte auf die Steh-Stoßspannung haben gezeigt, dass – mit Ausnahme des Dreischichtmaterials Trivolton H40100 – sämtliche Isolierstoffe nach einer Einwirkdauer von $t_e = 400$ Minuten keine Abnahme der Steh-Stoßspannung bei Elektrodenabständen $d \geq 1{,}0$ mm aufweisen. Dies liegt darin begründet, dass die Menge der ad- bzw. absorbierten Feuchte noch zu gering war, um die Feldverteilung an der Isolierstoffoberfläche bei solchen Elektrodenabständen maßgeblich zu beeinflussen. Um zu überprüfen, ob es bei diesen Elektrodenabständen überhaupt zu einer Abnahme der Steh-Stoßspannung infolge der Feuchte-Einwirkdauer kommt, wurden die Isolierstoffe nach Abschluss der Untersuchungen zur Bestimmung der Wasseraufnahme (s. Kapitel 8) erneut einer Steh-Stoßspannungsmessung unterzogen. Bei den Untersuchungen zur Bestimmung der Wasseraufnahme wurden die Prüflinge bis zum Erreichen ihrer jeweiligen Sättigungsmenge M_s (vgl. Kapitel 3.3 und Kapitel 8) dem Klima 20 °C / 95 % r.F. ausgesetzt. Je nach Prüfling betrug der Zeitraum bis zum Erreichen der Sättigungsmenge mehrere Wochen bis einige Jahre. Die nach solch einem langen Auslagerungszeitraum erhaltenen Ergebnisse der Steh-Stoßspannungsmessungen werden in den folgenden Absätzen beschrieben.

An jedem Prüfling wurde eine deutliche Verminderung der Spannungsfestigkeit bei allen der fünf untersuchten Elektrodenabstände ($d = 0{,}16$ mm, $d = 0{,}4$ mm, $d = 0{,}7$ mm, $d = 1{,}0$ mm und $d = 2{,}5$ mm) festgestellt. So wurde beispielsweise beim Polyesterharz GPO-2 für $d = 1{,}0$ mm nunmehr ein Wert von $U_d = -2370$ V gemessen (zum Vergleich: $U_d = -2780$ V bei $t_e = 0$, $U_d = -2930$ V bei $t_e = 400$ min, s. Bild 5.14). Das Epoxidharz FR-4 wies eine Steh-Stoßspannung von $U_d = -2490$ V für diesen Elektrodenabstand auf (zum Vergleich: $U_d = -2740$ V bei $t_e = 0$, $U_d = -2880$ V bei $t_e =$

400 min, s. Bild 5.13). Die verminderte Spannungsfestigkeit ist vermutlich sowohl auf die stark angewachsene Wasserschicht als auch auf Langzeiteffekte wie die Hydrolyse (d.h. Spaltung von Makromolekülen unter Wasseraufnahme) von Füllstoffen zurückzuführen. Das Anwachsen der Wasserschicht liegt zum Einen in der Wasserabsorption während des langen Zeitraums begründet (vgl. Kapitel 8). Zum Anderen laufen chemische Reaktionen ab, wie sie beispielsweise beim Polyesterharz GPO-2 festgestellt wurden. Mit Hilfe der Infrarotspektroskopie (s. Kapitel 6.4 dieser Arbeit) wurde nachgewiesen, dass aus den Carbonylgruppen des Polyesters in einer chemischen Reaktion mit dem Hydronium (H_3O^+) - Ion des Wassers stärker polare Hydroxyl (OH) - Gruppen entstanden sind. Aufgrund dieser Reaktion, die wegen der geringen Acidität von Wasser sehr langsam verläuft und eine gesteigerte Polarität des Isoliermaterials hervorruft, wird die Wasseranlagerung und dadurch das Wachstum der Wasserschicht begünstigt. Des weiteren sind die entstandenen Hydroxylgruppen aufgrund ihrer – wenn auch geringen – Acidität in der Lage, in Kontakt mit Wasser Protonen abspalten zu können (R stellt dabei den Rest des Polymers dar):

$$ROH + H_2O \leftrightarrow RO^- + H_3O^+ \qquad (5\text{-}2)$$

Das nach Gleichung (5-2) gebildete negative Ion bleibt dabei am Entstehungsort zurück und steht für eine Ionenleitung in der ad- bzw. absorbierten Wasserschicht nicht zur Verfügung. Demgegenüber kann sich das Hydronium (H_3O^+) - Ion in der Wasserschicht frei bewegen und trägt somit zur Ionenleitung in der Wasserschicht bei. Neben der Acidität weist die Hydroxylgruppe ebenso eine Basizität, d.h. die Fähigkeit Protonen aufzunehmen, auf (Gleichung (5-3)).

$$ROH + H_2O \leftrightarrow ROH_2^+ + OH^- \qquad (5\text{-}3)$$

Wie bei der Reaktion nach Gleichung (5-2) bleibt das in Gleichung (5-3) gebildete positive Ion am Entstehungsort zurück, und das OH^- - Ion steht aufgrund seiner freien Beweglichkeit für die Ionenleitung in der Wasserschicht zur Verfügung.

Während der langen Auslagerung bei hoher Feuchte kann bei Isoliermaterialien, die Aluminiumhydroxid ($Al(OH)_3$) als Füllstoff enthalten, eine weitere Bereitstellung von Ionen durch eine stattfindende Hydrolyse erfolgen. Hierbei werden in einer chemischen Reaktion mit dem Hydronium- und dem OH^- - Ion des Wassers aus dem Aluminiumhydroxid frei bewegliche Aluminate ($Al(OH)_4^-$) und Al^{3+} - Ionen gebildet [Holleman76], die in der Wasserschicht zu einer Ionenleitung beitragen. In früheren Forschungsarbeiten wurde eine solche Hydrolyse anhand dielektrischer Messungen an aluminiumhydroxidgefüllten Epoxidharzen festgestellt [Seifert96]. Da beispielsweise das Polyesterharz GPO-2 Aluminiumhydroxid als Füllstoff enthält (vgl. Kapitel 6), ist mit einer solchen Hydrolyse in diesem Isolierstoff zu rechnen.

Es ist stark davon auszugehen, dass die nach oben geschilderten Reaktionen und Langzeiteffekten entstandenen Ionen einen maßgeblichen Beitrag zur Verzerrung des elektrischen Feldes leisten und die Reduzierung der Spannungsfestigkeit an der Isolierstoffoberfläche begünstigen. Darüber hinaus ist mit einer signifikanten Zunahme des Oberflächenleitwerts G und der Oberflächenkapazität C zu rechnen; der beim

Polyesterharz GPO-2 und einem Elektrodenabstand von d = 1,0 mm gemessene Anstieg dieser Größen auf mehr als 15 µS bzw. 15 pF bestätigt diese Annahme (zum Vergleich: G = 28 nS bei t_e = 0, G = 79 nS bei t_e = 400 min, C = 4,1 pF bei t_e = 0, C = 4,7 pF bei t_e = 400 min, Bild 5.14)

Bei glasfaserverstärkten Isoliermaterialien sind unter lang einwirkender Feuchte weiterhin chemische Wechselwirkungen zwischen dem Glas und eingedrungenem Wasser zu nennen, die die Leitfähigkeit der Isolierstoffe beträchtlich erhöhen [Seifert96, Schrijver97]. Hier sind vor allem zwei Mechanismen maßgebend: der Ionenaustausch zwischen Glas und umgebendem Wasser sowie die Glaskorrosion. Letztere kann jedoch durch den Einsatz sogenannter *Haftvermittler (Silane)* zwischen Glasfaser und umgebendem Polymer vermieden werden [Seifert96, Gächter89]. Die bei der Glaskorrosion und beim Ionenaustausch stattfindenden chemischen Prozesse sind in [Dunken81, Schrijver97, Ostojic95] ausführlich beschrieben und sollen an dieser Stelle nicht erläutert werden.

Ein besonders starker Abfall der Steh-Stoßspannung bzw. Anstieg des Oberflächenleitwerts und der Oberflächenkapazität wurde beim Melaminharz MF 1206 nach dem Erreichen seiner Sättigungsmenge M_s festgestellt. Die Ursache hierfür ist das Aufbrechen von Ionenbindungen des im Prüfling enthaltenen Füllstoffs Zinksulfid (ZnS), das aus einem Zn^{2+}- und S^{2-} - Ionengitter aufgebaut ist (s. Kapitel 6 – Ergebnisse zur Charakterisierung der chemisch-physikalischen Oberflächenstruktur). Die im Folgenden dargestellten chemischen Reaktionen, bei denen das durch die Autoprotolyse des Wassers erzeugte Hydronium (H_3O^+) - Ion als Katalysator wirkt, zeigen, dass während der langen Auslagerung bei hoher Feuchte die Zink- und Schwefelionen aus dem Gitterverbund herausgelöst wurden. Diese Ionen sind in der Wasserschicht frei beweglich und üben einen maßgeblichen Einfluss auf das Isolierverhalten aus.

$$ZnS + 2H_3O^+ \rightarrow Zn^{2+} + H_2S + 2H_2O \tag{5-4}$$
$$H_2S + H_2O \rightarrow HS^- + H_3O^+ \tag{5-5}$$
$$HS^- + H_2O \rightarrow S^{2-} + H_3O^+ \tag{5-6}$$

Die oben geschilderten Betrachtungen haben gezeigt, dass insbesondere aluminiumhydroxid- und zinksulfidgefüllte Isoliermaterialien aufgrund ihrer Fähigkeit zur Hydrolyse nicht für den Einsatz unter feuchten Umgebungsbedingungen geeignet sind [Seifert96].

5.2.3 Einfluss der Umgebungstemperatur

Im Zuge der Untersuchungen wurde vom Normungsgremium ein weiteres Prüfverfahren zur Klassifizierung von Isoliermaterialien in Wasseranlagerungsgruppen entwickelt, das als Normentwurf [IEC28A/150/CD] erschien. Dieser Entwurf, der ein Nachfolgeschriftstück von [IEC28A/127/CD] und ebenfalls ein Vorgängerschriftstück von [IEC28A/171/CDV] darstellt, schlägt die Durchführung der Prüfung bei einer Umgebungstemperatur zwischen 20 °C und 25 °C vor. Der Wert der absoluten Feuchte

f_{abs} bei einer Umgebungstemperatur von ϑ = 20 °C weicht jedoch von der absoluten Feuchte bei ϑ = 25 °C deutlich ab, wie die folgende Tabelle 5.3 zeigt.

Tabelle 5.3: Absolute Luftfeuchte für verschiedene Umgebungstemperaturen in Abhängigkeit der relativen Feuchte

	20 °C	25 °C	30 °C	40 °C	50 °C
70% r.F.	11,7 mg/l	16,1 mg/l	20,6 mg/l	34,7 mg/l	56,0 mg/l
100% r.F.	16,7 mg/l	23,0 mg/l	29,4 mg/l	49,5 mg/l	80,0 mg/l

Die Zunahme der absoluten Feuchte mit steigender Temperatur ist bei gleichbleibender relativer Feuchte auf das exponentielle Anwachsen des Sättigungsdrucks p_0 des Wasserdampfes zurückzuführen. Für die Berechnung der absoluten Feuchte gilt folgende Beziehung [Vogel95]:

$$f_{abs} = f_{rel} \cdot p_0(\vartheta) \cdot \frac{m_{wa}}{k_B \cdot T} \qquad (5\text{-}7a)$$

mit f_{abs}: Wert der absoluten Luftfeuchte
f_{rel}: Wert der relativen Luftfeuchte
$p_0(\vartheta)$: Temperaturabhangiger Sättigungsdruck des Wasserdampfes
m_{wa}: Masse eines Wassermoleküls
k_B: Boltzmann-Konstante
T: absolute Temperatur

Der temperaturabhängige Sättigungsdruck des Wasserdampfes lässt sich mit Hilfe der empirisch ermittelten Magnus-Formel berechnen:

$$p_0(\vartheta) = 6{,}107\,\text{mbar} \cdot 10^{\frac{7{,}5 \cdot \vartheta}{237\,°\text{C} + \vartheta}} \qquad (5\text{-}7b)$$

Wie oben dargestellt wurde, stehen bei höheren Umgebungstemperaturen mehr Wassermoleküle für die Bildung einer Wasserschicht zur Verfügung, so dass anzunehmen ist, dass der Einfluss der relativen Luftfeuchte auf die elektrischen Eigenschaften von Isolierstoffoberflächen mit zunehmender Temperatur immer stärker wird. Allerdings nehmen jedoch die van-der-Waals-Kräfte zwischen den Isolierstoff- und den Wassermolekülen bei steigender Temperatur ab, was einen erschwerten Wasseradsorptionsprozess verursacht [Grimsehl87]. Ursache hierfür ist die aufgrund der Umwandlung von Wärmeenergie in kinetische Energie nach der folgenden Gleichung (5-8) schnellere Bewegung v_w der Feuchteteilchen, die den Adsorptionskräften entgegenwirkt.

$$v_w = (3 \cdot k_B \cdot T / m_{wa})^{0,5} \qquad (5\text{-}8)$$

Der Abnahme der Anziehungskräfte zwischen der Isolierstoffoberfläche und den Feuchtemolekülen infolge höherer Temperatur steht jedoch die durch die stärkeren

Molekularbewegungen des Isolierstoffs hervorgerufene Bildung von Mikrorissen an der Isolierstoffoberfläche gegenüber, was wiederum die Ad- und Absorption von Wassermolekülen begünstigt.

Im Zusammenhang mit der Entladungsentwicklung ist es denkbar, dass die nach Gleichung (3-13) beschriebene Elektonenanlagerung an Sauerstoffmoleküle bei zunehmender absoluter Feuchte vermehrt auftritt (das Gleichgewicht dieser Gleichung wird also immer mehr auf die rechte Seite verschoben) und somit die Steh-Stoßspannung mit steigendem f_{abs} im Bereich $E/p \leq 26$ kV · cm^{-1} · bar^{-1} anwächst.

Die folgenden Messergebnisse beschreiben den Einfluss der Temperatur auf die elektrischen Eigenschaften von Isolierstoffoberflächen. Analog zu der in Kapitel 5.2.1 beschriebenen Konditionierung wurden auch hier die Isoliermaterialien vor jeder Messung getrocknet und anschließend ungefähr vier Stunden der betreffenden Umgebungstemperatur und einer relativen Feuchte von f_{rel} = 70 % ausgesetzt. Zunächst ist in den Bildern 5.16 und 5.17 der Einfluss des Elektrodenabstands auf die kritische relative Luftfeuchte beim Epoxidharz FR-4 bei den Umgebungstemperaturen 25 °C und 30 °C dargestellt, wobei zwecks Erklärung beobachteter Effekte auch die bei relativen Luftfeuchten f_{rel} > 95 % aufgenommenen Messergebnisse dargestellt werden. Die kritische relative Luftfeuchte wurde auch hier jeweils an drei verschiedenen Messstellen gemessen und der Mittelwert sowie der Minimal- und Maximalwert ermittelt. Hierbei wurde ebenfalls die kritische relative Luftfeuchte bei einem Elektrodenabstand von d = 0,7 mm erfasst.

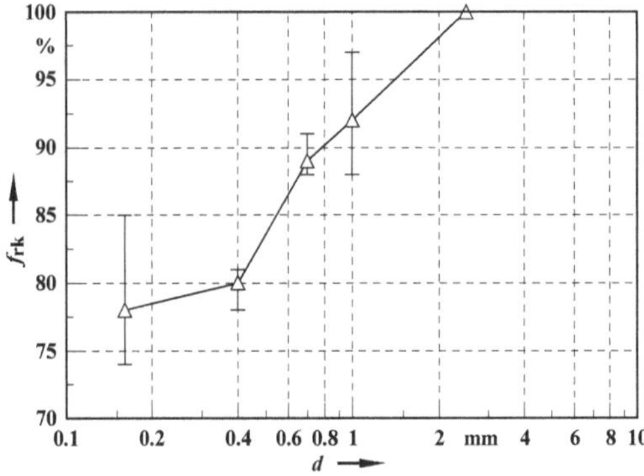

Bild 5.16: Einfluss des Elektrodenabstands d auf die kritische relative Luftfeuchte f_{rk} beim Epoxidharz FR-4, ϑ = 25 °C

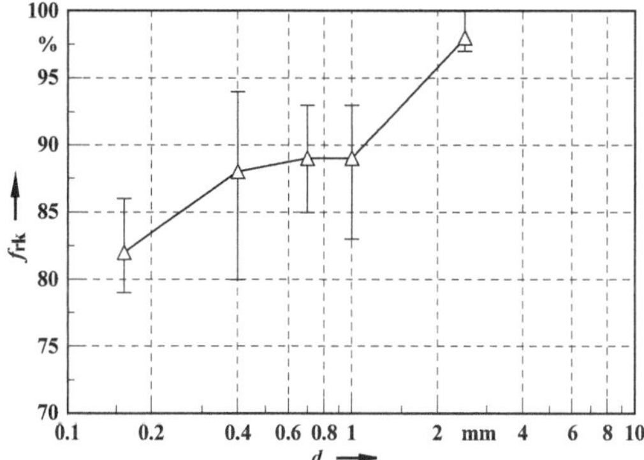

Bild 5.17: Einfluss des Elektrodenabstands d auf die kritische relative Luftfeuchte f_{rk} beim Epoxidharz FR-4, $\vartheta = 30$ °C

Vergleicht man die beiden Bilder 5.16 und 5.17 mit Bild 5.7, so lässt sich feststellen, dass sich die Spannungsfestigkeit des Epoxidharzes FR-4 mit steigender Temperatur unter Feuchtebedingungen verschlechtert. Wie bereits oben erwähnt ist der Grund hierfür neben der Entstehung von Mikrorissen an der Isolierstoffoberfläche die Zunahme der absoluten Feuchte, die die Wasseranlagerung begünstigt und infolge dessen eine stärkere Verzerrung des elektrischen Feldes verursacht. Die Abnahme der van-der-Waals-Kräfte zwischen Isolierstoff- und Feuchtemolekülen tritt hier offenbar in den Hintergrund.

Das Epoxidharz FR-4 weist bei einer Umgebungstemperatur von $\vartheta = 25$ °C keine Verringerung der kritischen relativen Luftfeuchte für Elektrodenabstände $d \geq 2{,}5$ mm auf und ist daher für diese Temperatur in die Wasseranlagerungsgruppe 3 (WAG 3) einzuordnen. Bei einer Umgebungstemperatur von $\vartheta = 30$ °C wurde beim Epoxidharz für einen Elektrodenabstand $d = 2{,}5$ mm eine kritische relative Luftfeuchte von $97\ \% \leq f_{rk} \leq 100\ \%$ festgestellt (Bild 5.17). Wie in Abschnitt 5.2.1 erwähnt wurde, ist in diesem Feuchtebereich jedoch mit Betauung auf der Isolierstoffoberfläche zu rechnen. Da Betauung nicht Gegenstand des Prüfverfahrens ist und daher nur kritische relative Luftfeuchten $f_{rk} \leq 95$ % für die Klassifizierung betrachtet werden sollen (vgl. Kapitel 5.2.1), ist das Material für eine Temperatur von $\vartheta = 30$ °C in die Wasseranlagerungsgruppe 3 (WAG 3) einzuteilen.

Den oben beschriebenen Messergebnissen zufolge wäre es denkbar, dass das Epoxidharz FR-4 bei weiterer Erhöhung der Temperatur eine weitere Verringerung der kritischen relativen Luftfeuchte für $d = 2{,}5$ mm aufweist; das folgende Bild 5.18 zeigt jedoch ein anderes Ergebnis. Wie in diesem Bild zu erkennen ist, beträgt die kritische relative Luftfeuchte für diesen Elektrodenabstand $f_{rk} = 100$ %. Die Ursachen für dieses Verhalten sind im Folgenden beschrieben [Ermeler02-1]. Der erste Grund ist, dass die van-der-Waals-Kräfte zwischen den Feuchte- und Isolierstoffmolekülen bei einer Temperatur von $\vartheta = 40$ °C noch geringer sind; demgegenüber steht jedoch die weitere

Zunahme von Mikrorissen an der Isolierstoffoberfläche und die dadurch begünstigte Wasseradsorption bzw. Wasserabsorption. Ein anderer Grund ist der im Zusammenhang mit der Überschlagentwicklung erwähnte Anlagerungsprozess von freien Elektronen an Sauerstoffmoleküle, der mit zunehmender Luftfeuchte bei einem Elektrodenabstand von d = 2,5 mm – hier beträgt die druckbezogene elektrische Feldstärke E/p = 20 kV·cm^{-1}·bar^{-1} – offenbar immer mehr in den Vordergrund rückt und somit die Überschlagentwicklung wesentlich beeinflusst.

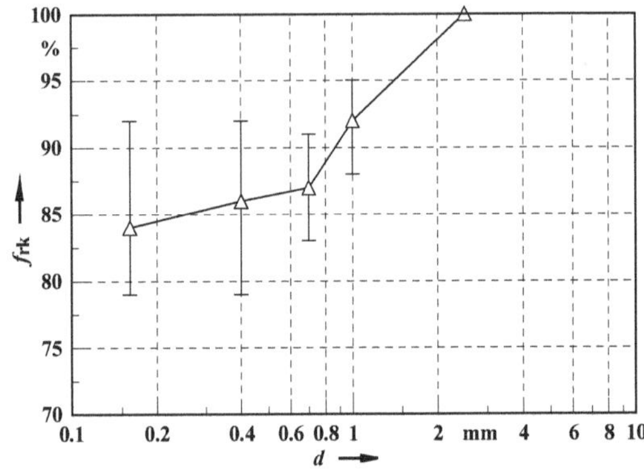

Bild 5.18: Einfluss des Elektrodenabstands d auf die kritische relative Luftfeuchte f_{rk} beim Epoxidharz FR-4, ϑ = 40 °C

Ein weiterer Grund könnte sein, dass die Oberfläche des Isolierstoffs bereits bei einer relativen Luftfeuchte von 70 % mit angelagerten Wassermolekülen fast gesättigt ist und demzufolge eine weitere Erhöhung der relativen Feuchte auf die elektrische Feldverteilung sowie auf die Steh-Stoßspannung für einen Elektrodenabstand von d = 2,5 mm keinen maßgeblichen Einfluss mehr ausübt [Ermeler02-1]. Um diese Annahme zu überprüfen, wurde in späteren Untersuchungen die Steh-Stoßspannung bei einer Temperatur von ϑ = 40 °C in einem Feuchtebereich von f_{rel} = 30 % (dieser Feuchtewert entspricht ungefähr derselben absoluten Luftfeuchte wie bei einem Klima 25 °C / 70 % r.F.) bis f_{rel} = 95 % an verschiedenen Prüflingen gemessen. Der Übersichtlichkeit halber werden die Ergebnisse hierzu später in diesem Abschnitt beschrieben.

Im Vergleich zum Epoxidharz FR-4 zeigt das Melaminharz MF 1206 ein stark unterschiedliches Verhalten bezüglich des Einflusses der Umgebungstemperatur auf die Steh-Stoßspannung. Bild 5.19 und Bild 5.20 zeigen hierzu die Abhängigkeit der kritischen relativen Luftfeuchte vom Elektrodenabstand beim Melaminharz MF 1206 für die Temperaturen ϑ = 30 °C und ϑ = 40 °C. Wie anhand dieser beiden Bilder ersichtlich ist, scheint die Streuung der kritischen relativen Luftfeuchte bei einer höheren Temperatur stärker zu sein. Auf eine quantitative Auswertung der Streuung soll jedoch an dieser Stelle verzichtet werden, da hierzu eine viel größere Anzahl an

Messstellen (10-20 pro Elektrodenabstand) berücksichtigt werden muss (vgl. Kapitel 5.2.1).

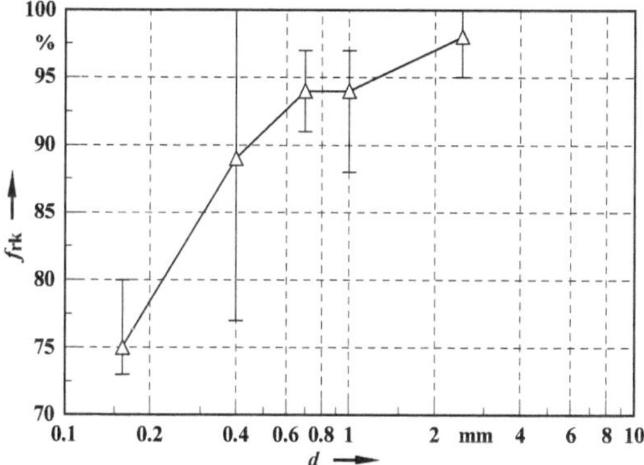

Bild 5.19: Einfluss des Elektrodenabstands d auf die kritische relative Luftfeuchte f_{rk} beim Melaminharz MF 1206, $\vartheta = 30$ °C

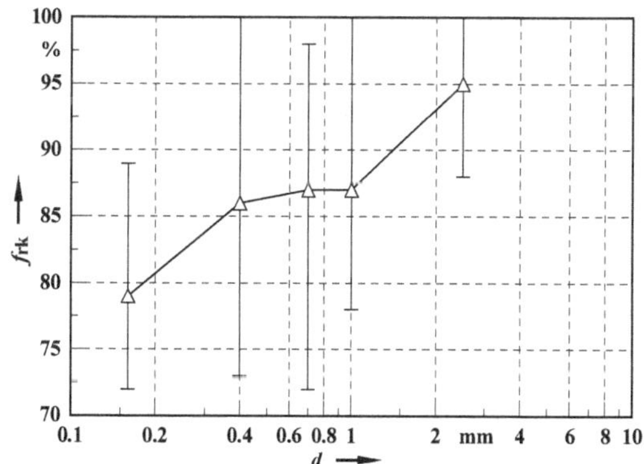

Bild 5.20: Einfluss des Elektrodenabstands d auf die kritische relative Luftfeuchte f_{rk} beim Melaminharz MF 1206, $\vartheta = 40$ °C

Anhand des Kurvenverlaufs der kritischen relativen Luftfeuchte in Bild 5.19 und Bild 5.20 ist erkennbar, dass das Melaminharz MF 1206 für beide Umgebungstemperaturen in die Wasseranlagerungsgruppe 4 (WAG 4) einzuordnen ist. Messungen des Isoliervermögens an diesem Material bei einer Temperatur von $\vartheta = 50$ °C ergaben, dass das Melaminharz für diese Umgebungstemperatur in die Wasseranlagerungsgruppe 3 zu klassifizieren ist. Als Ursachen für diesen Effekt kommen auch hier die zuvor genannten Gründe in Betracht.

Die Einteilung des Melaminharzes MF 1206 und des Epoxidharzes FR-4 in unterschiedliche Wasseranlagerungsgruppen für Temperaturen von ϑ = 30 °C und ϑ = 40 °C lässt sich anhand einer Gegenüberstellung der jeweiligen Oberflächenstruktur begründen. Im Vergleich zum Epoxidharz FR-4 weist das Melaminharz mehr Poren und Risse auf, in denen der Kapillareffekt (s. Kapitel 3.2) stattfinden kann. Des weiteren ist im Melaminharz Zinksulfid als Füllstoff enthalten, das, wie bereits im letzten Abschnitt erwähnt wurde, aus einem Zn^{2+}- und S^{2-} -Ionengitter aufgebaut ist. Durch das Vorhandensein dieser Zink- bzw. Schwefel-Ionen wird eine Anlagerung der polaren Wassermoleküle an den Isolierstoff erleichtert, die sich auf das Isolierverhalten unter Feuchtebedingungen auswirkt.

Die folgende Tabelle 5.4 gibt die Klassifizierung der untersuchten Prüflinge in die Wasseranlagerungsgruppen für unterschiedliche Temperaturen an. Bei der Betrachtung dieser Tabelle fällt auf, dass das Dreischichtmaterial vom Typ Trivolton H40100 bei allen Umgebungstemperaturen das beste Isoliervermögen (WAG 1A) zeigt. Die Ursache hierfür ist das bereits erwähnte Aufquellen des Isolierstoffs bei steigender Luftfeuchte, das zu einer Zunahme der resultierenden Kriechstrecke führt.

Tabelle 5.4: Klassifizierung der untersuchten Isolierstoffe für unterschiedliche Umgebungstemperaturen

Isolierstoff	**ϑ = 20 °C**	**ϑ = 25 °C**	**ϑ = 30 °C**	**ϑ = 40 °C**	**ϑ = 50 °C**
Trivolton H40100	WAG 1A	WAG 1A	WAG 1A	WAG 1A	WAG 1A
Evitherm 0,45	WAG 4	WAG 4	WAG 4	WAG 4	WAG 4
Trivoltherm N130 0,63	WAG 4	WAG 4	WAG 4	WAG 4	WAG 3
Steatit	WAG 2	WAG 3	WAG 4	WAG 4	WAG 4
Melaminharz MF 2500	WAG 1A	WAG 2	WAG 3	WAG 3	WAG 3
Melaminharz MF 1206	WAG 2	WAG 3	WAG 4	WAG 4	WAG 3
Phenolharz PF 31	WAG 1A	WAG 3	WAG 4	WAG 3	WAG 3
Polyesterharz UP 3620	WAG 2	WAG 3	WAG 3	WAG 3	WAG 3
Polyesterharz GPO-3 (Typ UPM 71/S)	WAG 1A	WAG 3	WAG 3	WAG 3	WAG 3
Epoxidharz EPF 2-W/B	WAG 3	WAG 3	WAG 4	WAG 3	WAG 3
Epoxidharz FR-5	WAG 3	WAG 4	WAG 4	WAG 3	WAG 3
Epoxidharz FR-4	WAG 1A	WAG 3	WAG 3	WAG 3	WAG 3
Polyimidharz 64.160	WAG 2	WAG 3	WAG 4	WAG 3	WAG 3
Polyesterharz GPO-3 (Typ 68.020)	WAG 4	WAG 4	WAG 4	WAG 3	WAG 3
Polyesterharz GPO-2	WAG 3	WAG 3	WAG 4	WAG 3	WAG 3

Neben den oben geschilderten Messergebnissen hinsichtlich der Spannungsfestigkeit von Isolierstoffoberflächen wurde ein signifikanter Einfluss der Umgebungstemperatur auf die Oberflächenkapazität und den Oberflächenleitwert unter Feuchtebedingungen festgestellt. In der folgenden Tabelle 5.5 ist die absolute Zunahme der Oberflächenkapazität und des Oberflächenleitwerts der Prüflinge bei Steigerung der relativen Luftfeuchte von 70 % auf 95 % für verschiedene Umgebungstemperaturen aufgetragen. Der Elektrodenabstand beträgt hierbei d = 2,5 mm. Analog zur Tabelle 5.2 wurde die Zunahme des Oberflächenleitwerts und der Oberflächenkapazität an jeweils zwei Messstellen gemessen, woraus daraufhin zwecks übersichtlicherer Darstellung die Mittelwerte berechnet wurden. Diese sind in der Tabelle 5.5 zusammengestellt. Zur besseren Vergleichbarkeit sind auch die bei der Temperatur ϑ = 20 °C gemessenen Werte, die aus der Tabelle 5.2 übernommen wurden, aufgeführt. Bei der Betrachtung von Tabelle 5.5 fällt auf, dass die absolute Zunahme des Oberflächenleitwerts und der Oberflächenkapazität bei steigender Temperatur im Allgemeinen anwächst. Es ist stark zu vermuten, dass die durch Mikrorisse begünstigte Adsorption und Absorption von Wassermolekülen zum Wachstum der Wasserschicht und somit zum Verhalten der Oberflächenkapazität und des Oberflächenleitwerts entscheidend beiträgt. Eine Korrelation zwischen der Tabelle 5.4 und den in Tabelle 5.5 zusammengestellten Ergebnissen ist auch hier nicht vorhanden.

Tabelle 5.5: Absolute Zunahme der Oberflächenkapazität ΔC und des Oberflächenleitwerts ΔG zwischen den aufgepressten Elektroden bei Steigerung der relativen Feuchte von 70 % auf 95 %, d = 2,5 mm

Isolierstoff	ϑ = 20 °C		ϑ = 30 °C		ϑ = 40 °C	
	ΔC [pF]	ΔG [nS]	ΔC [pF]	ΔG [nS]	ΔC [pF]	ΔG [nS]
Trivolton H40100	0,38	25,5	0,74	126,1	1,03	177,1
Evitherm 0,45	0,09	5,0	0,53	9,3	0,82	16,7
Trivoltherm N130 0,63	0,07	8,3	0,23	9,8	0,29	13,3
Steatit	0,14	5,5	0,19	11,8	0,32	21,3
Melaminharz MF 2500	0,08	7,3	0,27	13,8	0,48	22,4
Melaminharz MF 1206	0,16	7,6	0,36	16,1	0,56	23,8
Phenolharz PF 31	0,14	13,8	0,17	16,8	0,49	49,8
Polyesterharz UP 3620	0,07	6,9	0,13	8,6	0,29	11,3
Polyesterharz GPO-3 (Typ UPM 71/S)	0,07	8,3	0,18	9,3	0,78	12,2
Epoxidharz EPF 2-W/B	0,06	5,8	0,24	10,7	0,81	17,1
Epoxidharz FR-5	0,08	4,9	0,31	12,9	1,0	18,1
Epoxidharz FR-4	0,07	3,0	0,19	8,2	0,77	16,6
Polyimidharz 64.160	0,19	4,8	0,28	8,0	0,96	30,4
Polyesterharz GPO-3 (Typ 68.020)	0,30	22,1	0,42	39,3	0,54	76,1
Polyesterharz GPO-2	0,12	12,1	0,52	28,4	0,97	40,5

Außer der Bildung von Mikrorissen an der Isolierstoffoberfläche hat die Erhöhung der Temperatur bei konstanter relativer Luftfeuchte die Konsequenz, dass zum Einen das Ionenprodukt K_w des Wassers, das sich aus der Multiplikation der H_3O^+- und OH^- -Ionenkonzentration berechnet, bei steigender Temperatur nach Tabelle 5.6 zunimmt.

Tabelle 5.6: Temperaturabhängigkeit des Ionenprodukts K_w von Wasser [Barrow73, Moore86]

ϑ	K_w [mol^2/l^2]
20 °C	$0{,}68 \cdot 10^{-14}$
25 °C	$1{,}01 \cdot 10^{-14}$
30 °C	$1{,}47 \cdot 10^{-14}$
40 °C	$2{,}92 \cdot 10^{-14}$
50 °C	$5{,}47 \cdot 10^{-14}$

Dies führt dazu, dass sich die Konzentration der für eine Ionenleitung zur Verfügung stehenden H_3O^+- und OH^- - Ionen in der Wasserschicht erhöht. Des weiteren wächst bei steigender Temperatur die Beweglichkeit μ_i der beiden Ionen in der Wasserschicht [Moore86], wodurch nach Gleichung (5-1) eine höhere Driftgeschwindigkeit und somit ein zunehmender Oberflächenleitwert verursacht wird.

Eine höhere Ionenkonzentration verursacht nach [Link75] eine stärkere Verzerrung des elektrischen Feldes, wodurch sich die Spannungsfestigkeit an der Isolierstoffoberfläche bei wachsenden Umgebungstemperaturen unter Feuchtebedingungen zunehmend verringern müsste. Die vorher beschriebenen Spannungsmessungen liefern jedoch ein anderes Ergebnis. Dies ist vermutlich darauf zurückzuführen, dass die bei der Entladungsentwicklung stattfindenden Anlagerungsprozesse von freien Elektronen an Sauerstoffmoleküle (Gleichung (3-13)) gegenüber der Feldverzerrung im Vordergrund steht.

Wie bereits oben erwähnt ist es denkbar, dass beim Klima 40 °C / 70 % r.F. die Isolierstoffoberfläche einiger Prüflinge (z.B. Epoxidharz FR-4) mit Wassermolekülen fast gesättigt ist, so dass bei einer Steigerung der relativen Luftfeuchte ein Absinken der Steh-Stoßspannung nicht stattfindet. Aus diesem Grunde wurde der Einfluss der relativen Feuchte auf die Spannungsfestigkeit einiger Isolierstoffe, die bei einer Umgebungstemperatur von $\vartheta = 40$ °C nicht in WAG 4 eingeordnet wurden (s. Tabelle 5.4), bei dieser Temperatur und einem geringeren Anfangswert der relativen Luftfeuchte untersucht. Vor der Vermessung der Prüflinge wurden diese zunächst getrocknet und anschließend im Klimaschrank bei 40 °C / 30 % r.F. vier Stunden aufbewahrt. Diese relative Luftfeuchte wurde gewählt, da die absolute Feuchte bei diesem Klima nahezu denselben Wert hat wie bei 25 °C / 70 % r.F. Nach dieser Behandlung erfolgte die Messung der Steh-Stoßspannung in Abhängigkeit der relativen Feuchte in einem Feuchtebereich von 30 % r.F. bis 95 % r.F. Da zwischen 30 % r.F. und 60 % r.F. kein wesentlicher Einfluss der Feuchte auf die Spannungsfestigkeit zu erwarten ist, wurde die relative Luftfeuchte innerhalb dieses Bereichs jeweils in Schritten von 10 % und bei höheren Luftfeuchten in 5 % - Schritten erhöht. Die kritische relative Luftfeuchte f_{rk} ist in diesem Fall der Wert, bei dem die Steh-Stoßspannung auf 95 % des Wertes bei $f_{rel} = 30$ % abgesunken ist. Die Messung der kritischen relativen Luftfeuchte erfolgte auch hier an drei verschiedenen Messstellen des jeweiligen Prüflings. In Bild 5.21 ist die nach diesem Verfahren ermittelte kritische relative Luftfeuchte in Abhängigkeit des Elektrodenabstands d beim Epoxidharz FR-4 dargestellt. Anhand des Kurvenverlaufs in Bild 5.21 lässt sich erkennen, dass das Epoxidharz FR-4 für ϑ = 40 °C und einen Anfangswert der relativen Luftfeuchte von 30 % in die Wasseranlagerungsgruppe 3 (WAG 3) einzuordnen ist. Es besteht also kein Unterschied zwischen diesem Ergebnis und der Klassifizierung nach Tabelle 5.4.

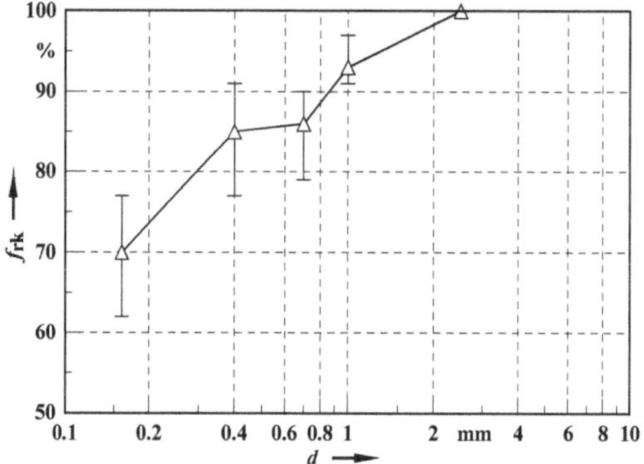

Bild 5.21: Einfluss des Elektrodenabstands d auf die kritische relative Luftfeuchte f_{rk} beim Epoxidharz FR-4, ϑ = 40 °C, Anfangswert der relativen Luftfeuchte: 30 % r.F.

Vergleicht man Bild 5.21 mit Bild 5.18, so lässt sich feststellen, dass die beiden Kurven für $d \geq 0{,}4$ mm nicht wesentlich voneinander abweichen. Vielmehr macht sich bei diesem Isolierstoff der Anfangswert der relativen Luftfeuchte erst bei einem Elektrodenabstand von d = 0,16 mm bemerkbar. Offensichtlich reicht hier eine viel niedrigere relative Luftfeuchte aus, um die Verteilung des elektrischen Feldes und somit die Steh-Stoßspannung deutlich zu beeinflussen.

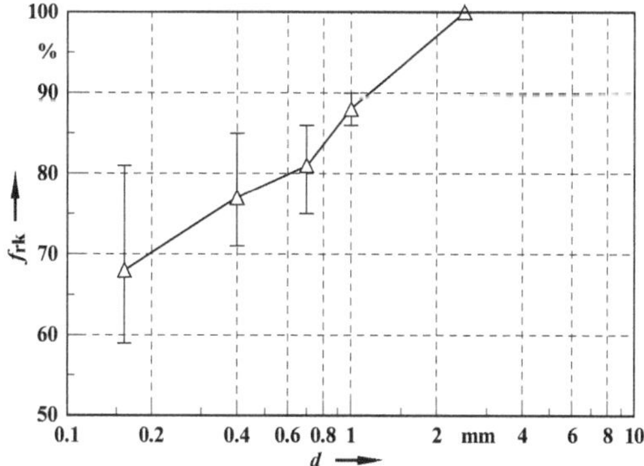

Bild 5.22: Einfluss des Elektrodenabstands d auf die kritische relative Luftfeuchte f_{rk} beim Polyesterharz GPO-2, ϑ = 40 °C, Anfangswert der relativen Luftfeuchte: 30 % r.F.

Wie beim Epoxidharz FR-4 wurde beim Polyesterharz GPO-2 ebenfalls kein Einfluss des Anfangswerts der relativen Luftfeuchte auf die kritische relative Luftfeuchte für Elektrodenabstände von $d \geq 0,4$ festgestellt. Aufgrund der in Bild 5.22 dargestellten Kurve ist dieses Isoliermaterial auch für einen Anfangswert von 30 % r.F. in die Wasseranlagerungsgruppe 3 (WAG 3) einzuordnen.

Zusammenfassend ist in der Tabelle 5.7 die Klassifizierung der acht untersuchten Werkstoffe für einen Anfangswert der Feuchte von 30 % r.F. wiedergegeben. Hierbei ist festzustellen, dass die Klassifizierung dieser Prüflinge nach Tabelle 5.7 von der Einteilung nach Tabelle 5.4 nicht abweicht. Eine Sättigung der Isolierstoffoberfläche mit Feuchtemolekülen beim Klima 40 °C / 70 % r.F. liegt demnach offenbar nicht vor.

Tabelle 5.7: Klassifizierung der Prüflinge bei ϑ = 40 °C und einem Anfangswert der Feuchte von 30 % r.F.

Isolierstoff	Klassifizierung
Melaminharz MF 2500	WAG 3
Phenolharz PF 31	WAG 3
Epoxidharz EPF 2-W/B	WAG 3
Epoxidharz FR-5	WAG 3
Epoxidharz FR-4	WAG 3
Polyimidharz 64.160	WAG 3
Polyesterharz GPO-3 (Typ 68.020)	WAG 3
Polyesterharz GPO-2	WAG 3

5.2.4 Künstlich gealterte Prüflinge

Unter dem Begriff *Alterung* versteht man allgemein irreversible Prozesse, die zur Veränderung charakteristischer Eigenschaften eines Isolierstoffs führen [Kahle89]. Zu diesen Eigenschaften zählen neben der Hydrophobie eines Materials elektrische und mechanische Eigenschaften, wobei letztere in dieser Arbeit unberücksichtigt bleiben. Ein weiterer wesentlicher Bestandteil der vorliegenden Arbeit ist es daher herauszufinden, inwiefern sich die Alterung der in Tabelle 4.2 aufgeführten Isolierstoffe auf deren Isolierverhalten unter Feuchtebedingungen auswirkt. Wesentliche Einflussfaktoren auf das Alterungsverhalten von Isolierstoffoberflächen sind beispielsweise [Klös98]:

- Elektrische Feldstärke
- Kriechströme
- Salzablagerungen z. B. in Küstennähe
- UV-Strahlung (Photodegradation)
- Temperatur (Thermodegradation)

Innerhalb der vorliegenden Arbeit sollen die Betrachtungen auf die Bestrahlung der Prüflinge mit künstlichem UV-Licht beschränkt bleiben. Es ist anzunehmen, dass bei dieser Bestrahlung vergleichbare Prozesse an Isolierstoffen ablaufen wie bei einem langjährigen Einsatz der Isolierstoffe in einem Betriebsmittel. Die ultraviolette Bestrahlung der Werkstoffe erfolgte in dieser Arbeit mit einer Quecksilberdampflampe vom Typ OZ 4S11 (Nennleistung: 15 W, Hersteller: Osram) über einen Zeitraum von 30 Stunden bei Raumbedingungen (20 °C, 55 - 65 % r.F.).

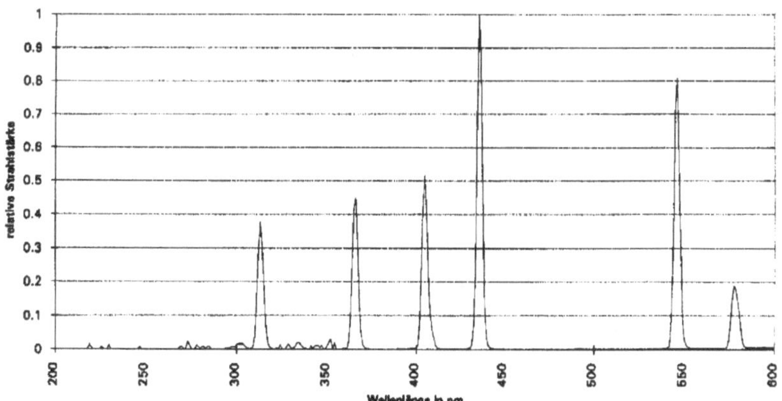

Bild 5.23: Spektrum der Quecksilberdampflampe OZ 4S11

Bild 5.23 zeigt die vom Hersteller angegebene relative Strahlstärke der Quecksilberdampflampe in Abhängigkeit der Wellenlänge. Hier erkennt man deutlich die ausgeprägte Quecksilber-Linie bei einer Wellenlänge von λ = 440 nm. Da der Anteil oberhalb von λ = 600 nm zu vernachlässigen ist, wird dieser Bereich nicht dargestellt.

Die Bestrahlung der Werkstoffe mit UV-Licht verursacht an der Oberfläche der Isolierstoffe den sogenannten *Photooxidationsprozess*, der in [Ranby75, Rabek96] detailliert beschrieben wird. Dieser Prozess umfasst sehr komplexe chemische Reaktionen, von denen nur einige im Folgenden wiedergegeben sind. Hierbei ist RH ein beliebiges Polymer und R· das Radikal des Polymers RH; der Ausdruck hν ist die Strahlungsenergie.

$$RH + h\nu \rightarrow R\cdot + H\cdot \quad (5\text{-}9)$$
$$RH + O_2 + h\nu \rightarrow R\cdot + HO_2\cdot \quad (5\text{-}10)$$
$$R\cdot + O_2 \rightarrow ROO\cdot \quad (5\text{-}11)$$
$$ROO\cdot + RH \rightarrow ROOH + R\cdot \quad (5\text{-}12)$$
$$ROOH + h\nu \rightarrow RO\cdot + \cdot OH \quad (5\text{-}13)$$
$$RO\cdot + RH \rightarrow ROH + R\cdot \quad (5\text{-}14)$$
$$R\cdot + R\cdot \rightarrow R\text{–}R \quad (5\text{-}15)$$
$$R\cdot + ROO\cdot \rightarrow ROOR \quad (5\text{-}16)$$

Es ist stark anzunehmen, dass die chemischen Reaktionen gemäß der Gleichungen (5-9) bis (5-16) – insbesondere die Bildung stark polarer Hydroxylgruppen – zu einem

Hydrophobieverlust (vgl. Abschnitt 6.5) der Isolierstoffe führen und somit einen signifikanten Einfluss auf das Isoliervermögen der Isolierstoffe unter Feuchtebedingungen ausüben. Eine entscheidende Auswirkung auf die oben geschilderten Reaktionen haben jedoch sogenannte *Antioxidationsmittel*, auf die später in diesem Abschnitt näher eingegangen wird.

Analog zur Vermessung ungealterter Prüflinge (s. Abschnitt 5.2.1) wurden auch hier die Isolierstoffe vor der 30-stündigen Bestrahlung für einen Zeitraum von 70 Stunden bei 80 °C getrocknet. Nach der Bestrahlung wurden die Werkstoffe im Klimaschrank den Umgebungsbedingungen 20 °C / 70 % r.F. ausgesetzt und der Einfluss der relativen Luftfeuchte auf das Isoliervermögen bestimmt. Um eine Wiedererlangung der Hydrophobie weitgehend auszuschließen (vgl. Abschnitt 6.5 – Kontaktwinkelmessungen), wurde auf eine vierstündige Aufbewahrung der gealterten Prüflinge im Klimaschrank bei 70 % r.F. verzichtet und mit den Messungen etwa 10 Minuten nach der Bestrahlung begonnen. Die am Klimaschrank eingestellte Temperatur von $\vartheta = 20$ °C wurde gewählt, um Einflüsse der Temperatur auf die in den Gleichungen (5-9) bis (5-16) beschriebenen chemischen Reaktionen zu vermeiden. Bild 5.24 zeigt den Einfluss der relativen Luftfeuchte auf die Steh-Stoßspannung beim Dreischichtmaterial Trivolton H40100 und beim Epoxidharz FR-5 im jeweils gealterten Zustand für die Elektrodenabstände d = 1,0 mm und d = 2,5 mm. In Bild 5.24 erkennt man deutlich, dass die Steh-Stoßspannung U_d beim gealterten Dreischichtmaterial Trivolton H40100 für einen Elektrodenabstand von d = 2,5 mm nahezu konstant ist. Im Gegensatz dazu fällt die Steh-Stoßspannung beim gealterten Epoxidharz FR-5 von -4660 V bei 70 % r.F. auf -4260 V bei 95 % r.F. ab. Bei einem Elektrodenabstand von d = 1,0 mm weist das Epoxidharz einen kontinuierlichen Abfall der Steh-Stoßspannung mit steigender Feuchte auf, während der Verlauf beim Dreischichtmaterial auch hier nahezu unbeeinflusst bleibt.

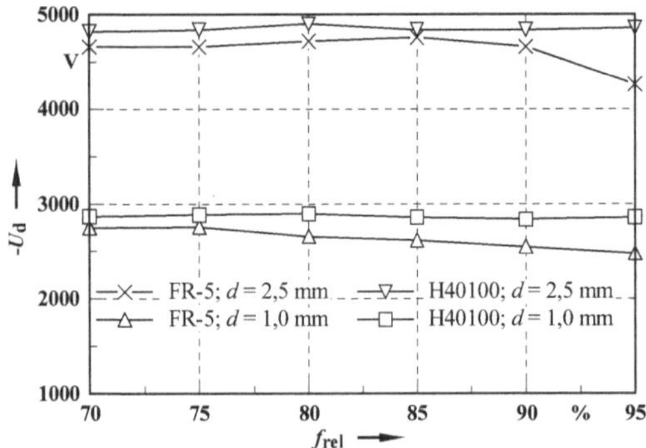

Bild 5.24: Einfluss der relativen Luftfeuchte f_{rel} auf die Steh-Stoßspannung U_d beim Epoxidharz FR-5 und beim Dreischichtmaterial Trivolton H40100, UV-bestrahlte Prüflinge, $\vartheta = 20$ °C

Als Vergleich dazu ist in Bild 5.25 die Spannungsfestigkeit der beiden Isolierstoffe im ungealterten Zustand wiedergegeben. Anhand der hier dargestellten Kurvenverläufe lässt sich ein deutlicher Einfluss der UV-Bestrahlung auf die Spannungsfestigkeit beim Epoxidharz FR-5 unter Feuchtebedingungen feststellen.

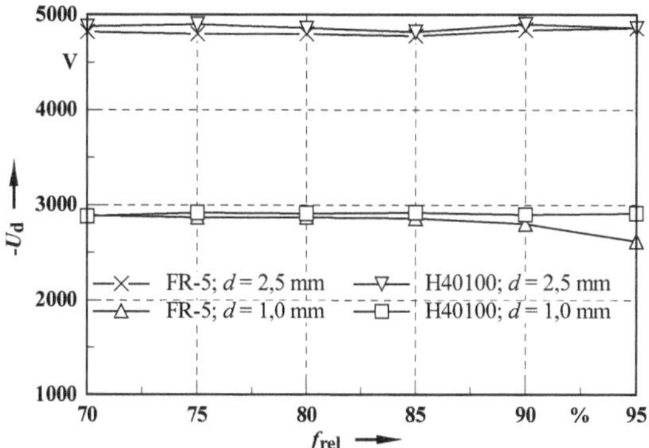

Bild 5.25: Einfluss der relativen Luftfeuchte auf die Steh-Stoßspannung U_d beim Epoxidharz FR-5 und beim Dreischichtmaterial Trivolton H40100, ungealterte Prüflinge, ϑ = 20 °C

Die Vermessung der UV-gealterten Prüflinge hinsichtlich der Einordnung in die Wasseranlagerungsgruppen ergab, dass das Dreischichtmaterial Trivolton H40100 für den photodegradierten Zustand in dieselbe Wasseranlagerungsgruppe (WAG 1A) einzuordnen ist wie für den ungealterten Zustand. Das gealterte Epoxidharz FR-5 hingegen ist in die Wasseranlagerungsgruppe 4 einzuordnen (ungealterter Zustand: WAG 3, vgl. Tabelle 5.4, ϑ = 20 °C).

Die Ursache für die unterschiedlichen Auswirkungen der ultravioletten Bestrahlung auf das Isoliervermögen der beiden Prüflinge ist im Folgenden erläutert. Wie die Ergebnisse der Infrarotspektroskopie (s. Abschnitt 6.4) zeigen, hat sich die chemische Struktur der Prüflinge unter dem Einfluss der UV-Bestrahlung erheblich verändert. Neben den chemischen Reaktionen gemäß der Gleichungen (5-9) bis (5-16) wurden wesentliche Strukturveränderungen durch das während der UV-Bestrahlung in Luft gebildete Ozon (O_3) festgestellt, die zu einem Verlust der Hydrophobie der Isolierstoffe beitragen. Der durch das Ozon und durch die Reaktionen gemäß der Gleichungen (5-9) bis (5-16) verursachte Hydrophobieverlust ist offenbar für eine Verschlechterung des Isoliervermögens beim Epoxidharz FR-5 unter Feuchtebedingungen verantwortlich.

Beim Dreischichtmaterial Trivolton H40100 steht offensichtlich das Aufquellen des Isoliermaterials unter Feuchtebedingungen und die damit verbundene Zunahme der Kriechstrecke im Vordergrund (vgl. Abschnitt 5.2). Aus diesem Grunde ist ein Unterschied des Isoliervermögens zwischen dem ungealterten und gealterten Zustand dieses Isolierstoffs nicht festzustellen [Ermeler02-3]. Des weiteren weist dieser Isolierstoff bereits im ungealterten Zustand eine stark hydrophile Oberflächenstruktur auf (vgl. Abschnitt 6.1 – Aufnahmen mit dem hochauflösenden Rasterelektronenmikroskop), weshalb die durch Photodegradation hervorgerufene Veränderung der chemischen Struktur vermutlich zu keinem gesteigerten hydrophilen Verhalten beiträgt [Ermeler02-3].

Wie anhand der Tabelle 5.8 ersichtlich ist, zeigen viele Isolierstoffe nach der Photodegradation aufgrund der veränderten chemischen Struktur eine Verschlechterung des Isoliervermögens unter Feuchtebedingungen. Neben der Bestimmung der Steh-Stoßspannung wurden auch Messungen hinsichtlich des Oberflächenleitwerts und der Oberflächenkapazität an den durch Photodegradation gealterten Prüflingen durchgeführt. Die Ergebnisse hierzu sind in Tabelle 5.9 wiedergegeben; dabei sind jeweils die Mittelwerte aus zwei Messstellen aufgetragen.

Tabelle 5.8: Klassifizierung der ungealterten und photodegradierten Isolierstoffe, $\vartheta = 20$ °C

Isolierstoff	ungealtert	gealtert
Trivolton H40100	WAG 1A	WAG 1A
Evitherm 0,45	WAG 4	WAG 4
Trivoltherm N130 0,63	WAG 4	WAG 4
Steatit	WAG 2	WAG 4
Melaminharz MF 2500	WAG 1A	WAG 1A
Melaminharz MF 1206	WAG 2	WAG 2
Phenolharz PF 31	WAG 1A	WAG 3
Polyesterharz UP 3620	WAG 2	WAG 3
Polyesterharz GPO-3 (Typ UPM 71/S)	WAG 1A	WAG 3
Epoxidharz EPF 2-W/B	WAG 3	WAG 4
Epoxidharz FR-5	WAG 3	WAG 4
Epoxidharz FR-4	WAG 1A	WAG 4
Polyimidharz 64.160	WAG 2	WAG 4
Polyesterharz GPO-3 (Typ 68.020)	WAG 4	WAG 4
Polyesterharz GPO-2	WAG 3	WAG 3

Anhand der beiden Tabellen lässt sich erkennen, dass neben dem Dreischichtmaterial Trivolton H40100 beispielsweise die Melaminharze MF 1206 und MF 2500 keinen Einfluss der Photodegradation auf die elektrischen Eigenschaften der Isolierstoffe unter Feuchtebedingungen zeigen. Bei den beiden letztgenannten Prüflingen ist von einer UV-Beständigkeit durch Zugabe von sogenannten *Antioxidationsmitteln* zum Basismaterial auszugehen. Bei diesen Additiven wird allgemein zwischen *primären* und *sekundären Antioxidantien* unterschieden [Gächter89]. Die primären Antioxidantien erfüllen den Zweck, die gemäß der Gleichungen (5-9) bis (5-14) entstehenden reaktiven Radikale abzufangen und zu stabilen Verbindungen umzuwandeln, wodurch die Bildung polarer Hydroxylgruppen unterbunden werden kann. Sekundäre Antioxidantien greifen in die Reaktion nach Gleichung (5-13) ein und verhindern eine Radikalbildung aus der Hydroperoxidspaltung. Es existiert eine

Vielzahl verschiedener Antioxidationsmittel, die in [Gächter89] zusammengestellt sind.

Tabelle 5.9: Absolute Zunahme der Oberflächenkapazität ΔC und des Oberflächenleitwerts Δ*G* zwischen den aufgepressten Elektroden bei Steigerung der relativen Feuchte von 70 % auf 95 %, $d = 2{,}5$ mm, $\vartheta = 20$ °C

Isolierstoff	ungealtert		gealtert	
	Δ*C* [pF]	Δ*G* [nS]	Δ*C* [pF]	Δ*G* [nS]
Trivolton H40100	0,38	25,5	0,34	26,5
Evitherm 0,45	0,09	5,0	0,08	16,6
Trivoltherm N130 0,63	0,07	8,3	0,11	18,1
Steatit	0,14	5,5	0,17	10,1
Melaminharz MF 2500	0,08	7,3	0,07	7,2
Melaminharz MF 1206	0,16	7,6	0,17	7,3
Phenolharz PF 31	0,14	13,8	0,39	278,7
Polyesterharz UP 3620	0,07	6,9	0,12	17,8
Polyesterharz GPO-3 (Typ UPM 71/S)	0,07	8,3	0,19	55,9
Epoxidharz EPF 2-W/B	0,06	5,8	0,20	214,3
Epoxidharz FR-5	0,08	4,9	0,42	489,3
Epoxidharz FR-4	0,07	3,0	0,21	76,4
Polyimidharz 64.160	0,19	4,8	0,28	52,5
Polyesterharz GPO-3 (Typ 68.020)	0,30	22,1	0,29	20,5
Polyesterharz GPO-2	0,12	12,1	0,21	19,7

Die Identifikation eines bestimmten, im Isolierstoff vorhandenen Antioxidationsmittels erweist sich mit den in dieser Arbeit angewendeten Analyseverfahren jedoch als äußerst schwierig (s. Abschnitt 6 – Ergebnisse zur Charakterisierung der chemisch-physikalischen Oberflächenstruktur).

Eine signifikante Veränderung der physikalischen Oberflächenstruktur infolge der Photodegradation wurde nicht festgestellt. Die Wasserabsorption photodegradierter Isolierstoffe ist demnach mit der Wasserabsorption ungealterter Prüflinge offensichtlich vergleichbar.

5.2.5 Auswirkung natürlicher Verschmutzung

In früheren Forschungsarbeiten wurden Messungen hinsichtlich der Spannungsfestigkeit an auf verschiedene Weise verschmutzten Prüflingen durchgeführt, um Bemessungsregeln für Kriechstrecken unter unterschiedlichem Verschmutzungsgrad zu erarbeiten. Dabei wurden Prüflinge über einen längeren Zeitraum an Orten natürlicher Verschmutzung zum Teil bei anliegender Niederspannung ausgelagert [Richter86, Uhlemann90, Pfeiffer87, Pfeiffer83]. Um den Einfluss der natürlichen Verschmutzung auf die Klassifizierung der Isolierstoffe in die Wasseranlagerungsgruppen zu erfassen, wurden die in Tabelle 4.2 aufgeführten Isoliermaterialien sowohl in einem Kellergang der TU Darmstadt als auch – etwa 30 m von einer Hauptverkehrsstraße entfernt – im Freien über längere Zeit ausgelagert. Während des Auslagerungszeitraums wurde die dort herrschende Temperatur und die relative Feuchte mit einem Hygrometer aufgezeichnet. Auf ein Anlegen von Spannung während der Auslagerung wurde im Rahmen der vorliegenden Arbeit bei beiden Auslagerungsorten verzichtet, um eine Kriechspurbildung auszuschließen.

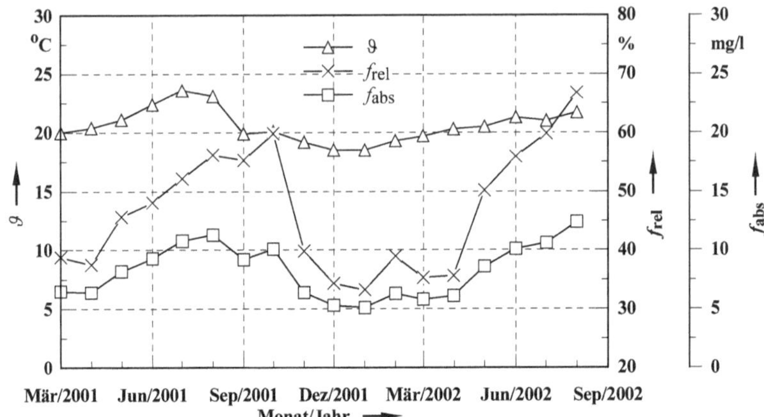

Bild 5.26: Durchschnittstemperatur und durchschnittliche Feuchte im Kellergang während des Auslagerungszeitraums

In Bild 5.26 ist die monatliche Durchschnittstemperatur ϑ sowie die durchschnittliche relative Feuchte f_{rel} und die durchschnittliche absolute Feuchte f_{abs} im Kellergang während des Auslagerungszeitraums von insgesamt 18 Monaten (01.03.2001 - 31.08.2002) aufgetragen. Auf den Prüflingen, die im Kellergang ausgelagert wurden, war bereits nach zwei Monaten mit bloßem Auge eine dünne Schicht aus vermutlich nicht leitfähigem Staub erkennbar. Demnach tritt bei diesem Auslagerungsort der Verschmutzungsgrad 2 auf [Richter86, Uhlemann90].

Im Gegensatz zum Auslagerungsort Kellergang trat bei den Isolierstoffen, die im Freien in der Nähe der Hauptverkehrsstraße ausgelagert wurden, eine starke Verschmutzung vom Verschmutzungsgrad 4 auf. Dies wird nach [Richter86, Uhlemann90] hauptsächlich den in Luft enthaltenen Schadgasen zugeschrieben, die sich je nach Adsorptionsvermögen der Prüflinge an diese anlagern und mit adsorbierter Feuchte Elektrolyte sowie Säuren bilden. Partikelförmige Verschmutzung wie Staub und Ruß verstärkt dabei die Anlagerung von Schadgas- sowie Wassermolekülen und trägt somit zur Elektrolyt- bzw. Säurebildung bei. Die Bildung von Elektrolyten und Säuren infolge angelagerter Schadgasmoleküle kann beim Auslagerungsort Kellergang vernachlässigt werden, da hier mit einer vergleichsweise viel geringeren Schadgaskonzentration zu rechnen ist. Bild 5.27 und Bild 5.28 zeigen die durchschnittliche Konzentration von Schadgasen sowie die Konzentration partikelförmigen Staubs während des 18-monatigen Auslagerungszeitraums an der

Hauptverkehrsstraße, wobei beim Staub für die ersten zehn Monate noch keine Messwerte verfügbar waren.

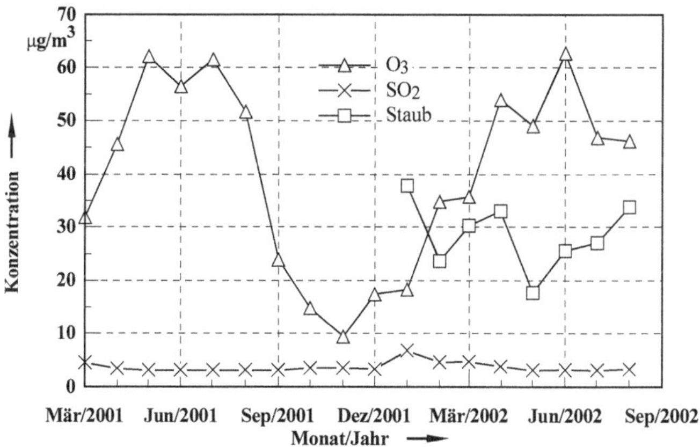

Bild 5.27: Durchschnittliche Konzentration des partikelförmigen Staubs sowie der Schadgase Ozon (O_3) und Schwefeldioxid (SO_2) an der Hauptverkehrsstraße während des 18-monatigen Auslagerungszeitraums (Quelle: Hessisches Landesamt für Umwelt und Geologie)

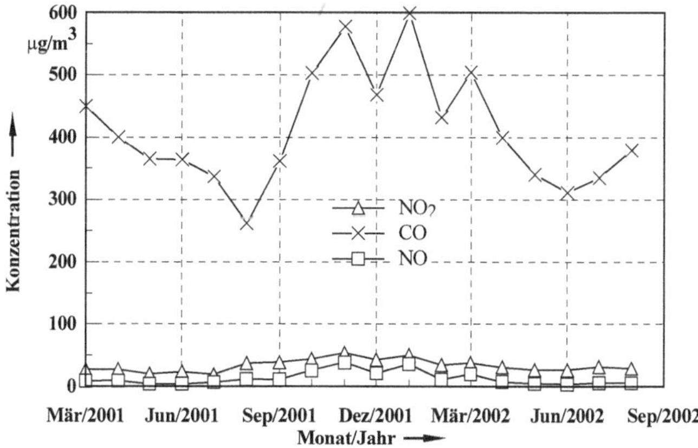

Bild 5.28: Durchschnittliche Konzentration der Schadgase Stickstoffmonoxid (NO), Stickstoffdioxid (NO_2) und Kohlenmonoxid (CO) an der Hauptverkehrsstraße während des 18-monatigen Auslagerungszeitraums (Quelle: Hessisches Landesamt für Umwelt und Geologie)

Die Bereitstellung der Daten für die Konzentration der Schadgase und des Staubs erfolgte durch das Hessische Landesamt für Umwelt und Geologie (HLUG), das die Darmstädter Luftqualität mit Hilfe einer ortsfesten Luftmessstation ständig aufzeichnet. Da die Bedingungen an der Luftmessstation den Bedingungen am Auslagerungsort Hauptverkehrsstraße weitestgehend entsprachen, wurden keine eigenen Messungen hinsichtlich der Schadgas- und Staubkonzentrationen durchgeführt sondern die vom HLUG gemessenen Werte übernommen. Diese Daten waren unter der Internet-Adresse http://www.hlug.de abrufbar.

Im folgenden Bild 5.29 sind die monatlichen Durchschnittswerte der Temperatur ϑ sowie die monatlichen Durschnittswerte der relativen Feuchte f_{rel} und der absoluten Feuchte f_{abs} für den Auslagerungsort Hauptverkehrsstraße wiedergegeben. Vergleicht man die absolute Luftfeuchte f_{abs} in Bild 5.29 mit der absoluten Luftfeuchte in Bild 5.26, so ist kein wesentlicher Unterschied zu erkennen.

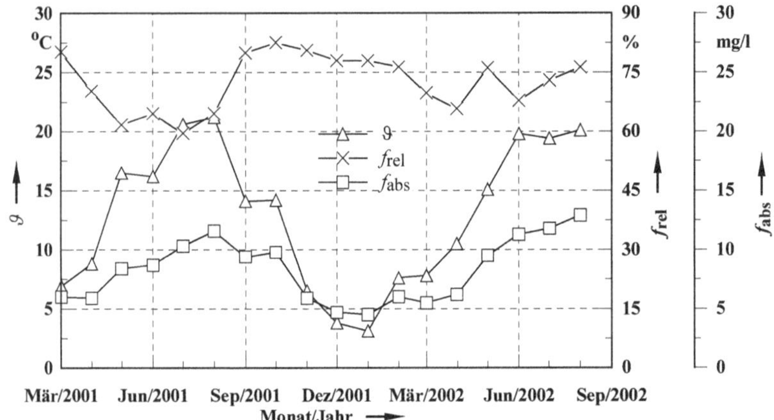

Bild 5.29: Durchschnittstemperatur und durchschnittliche Feuchte an der Hauptverkehrsstraße während des Auslagerungszeitraums

Vernachlässigt man eine von Schadgasen hervorgerufene Strukturveränderung im Innern des Werkstoffs, kann demnach davon ausgegangen werden, dass an den beiden Auslagerungsorten im Durchschnitt nahezu dieselbe Menge an Feuchte vom jeweiligen Isolierstoff aufgenommen (absorbiert) wurde. Daher braucht die absorbierte Feuchtemenge bei der späteren Gegenüberstellung des Isolierverhaltens der im Kellergang ausgelagerten Isoliermaterialien und des Isolierverhaltens der an der Hauptverkehrsstraße ausgelagerten Isolierstoffe nicht betrachtet zu werden.

Während der Auslagerungszeit wurden die Prüflinge in bestimmten zeitlichen Abständen (2, 6, 12 und 18 Monate) hinsichtlich ihrer Isoliereigenschaften (Steh-Stoßspannung, Oberflächenleitwert und Oberflächenkapazität) unter Feuchtebedingungen vermessen. Zu diesem Zweck wurden die Prüflinge in Anlehnung an den inzwischen entstandenen Normentwurf [IEC28A/171/CDV] zunächst vier Stunden lang bei einem Klima von 25 °C / 70 % r.F. aufbewahrt und anschließend die relative Feuchte in 5 % - Schritten erhöht. Dabei wurden nach jedem Schritt die drei elektrischen Größen gemessen. Analog zu den in den vorherigen Abschnitten geschilderten Messungen erfolgten die Steh-Stoßspannungsmessungen bei den Prüflingen an drei unterschiedlichen Messstellen pro Elektrodenabstand. In den beiden folgenden Bildern ist der Einfluss des Elektrodenabstands *d* auf die kritische relative Feuchte f_{rk} beim Epoxidharz FR-4 und beim Polyesterharz GPO-2 nach einer Auslagerungszeit von zwei Monaten im Kellergang aufgetragen. Anhand der Bilder 5.30 und 5.31 ist festzustellen, dass das Epoxidharz FR-4 und das Polyesterharz GPO-2 nach diesem Zeitraum einen Einfluss der Feuchte auf die Steh-Stoßspannung für Elektrodenabstände $d \leq 2{,}5$ mm aufweisen. Demnach sind die beiden Werkstoffe nach der zweimonatigen Auslagerung in die Wasseranlagerungsgruppe 4 (WAG 4) einzuordnen. Wie in Kapitel 5.2.3 dargestellt wurde, ist das Epoxidharz FR-4 und das Polyesterharz GPO-2 im jeweils unverschmutzten Zustand in die Wasseranlagerungsgruppe 3 (WAG 3) einzuteilen. Die Auswirkungen der natürlichen Verschmutzung (in diesem Falle feiner Staub) machen sich also bereits nach einem Auslagerungszeitraum von zwei Monaten auf das Isoliervermögen unter Feuchtebedingungen bemerkbar und sind damit zu begründen, dass wegen der Staubschicht mehr Plätze für eine Anlagerung von Feuchtemolekülen bereitgestellt werden (Vergrößerung der spezifischen Adsorptionsoberfläche, vgl. Abschnitt 6.3). Dies steht im Einklang mit den in [Richter86, Uhlemann90] geschilderten Ergebnissen.

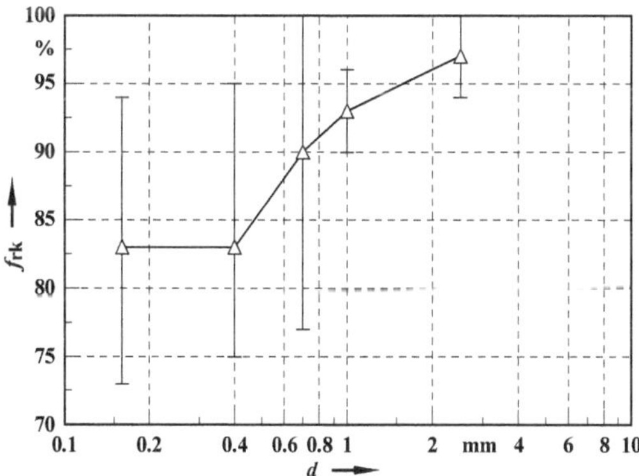

Bild 5.30: Einfluss des Elektrodenabstands *d* auf die kritische relative Luftfeuchte f_{rk} beim Epoxidharz FR-4, Auslagerung 2 Monate im Kellergang, $\vartheta = 25$ °C, WAG 4

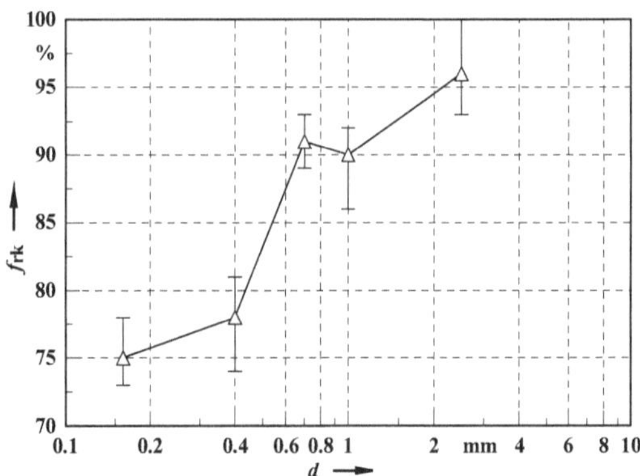

Bild 5.31: Einfluss des Elektrodenabstands d auf die kritische relative Luftfeuchte f_{rk} beim Polyesterharz GPO-2, Auslagerung 2 Monate im Kellergang, $\vartheta = 25$ °C, WAG 4

Man könnte nun erwarten, dass sich der Einfluss der relativen Feuchte auf die Steh-Stoßspannung mit zunehmender Auslagerungsdauer verstärkt, da die Dicke der angelagerten Staubschicht ansteigt und somit mehr Platz für anlagernde Wassermoleküle zur Verfügung steht. Wie die folgenden Bilder zeigen, trifft diese Vermutung jedoch nicht in allen Fällen zu.

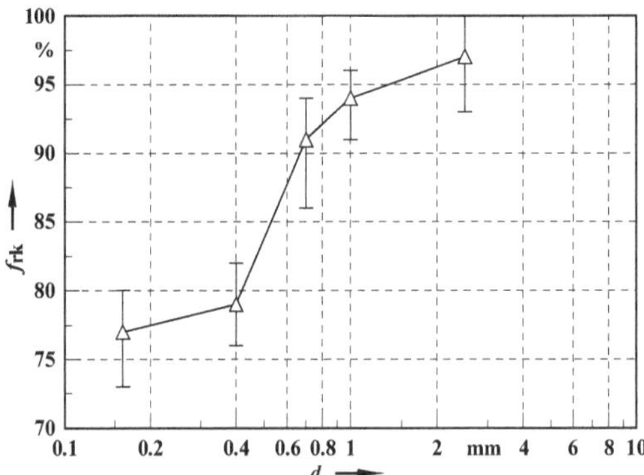

Bild 5.32: Einfluss des Elektrodenabstands d auf die kritische relative Luftfeuchte f_{rk} beim Polyesterharz GPO-2, Auslagerung 6 Monate im Kellergang, $\vartheta = 25$ °C, WAG 4

Das Polyesterharz GPO-2 weist nach sechsmonatiger Auslagerung gegenüber der zweimonatigen Auslagerung keine Veränderung hinsichtlich der Klassifizierung des Materials in die Wasseranlagerungsgruppen auf (vgl. Bild 5.31 und Bild 5.32). Im Gegensatz dazu zeigt das Epoxidharz FR-4 – verglichen mit der zweimonatigen

Auslagerung – eine Verbesserung des Isoliervermögens unter Feuchtebedingungen (vgl. Bild 5.30 und Bild 5.33).

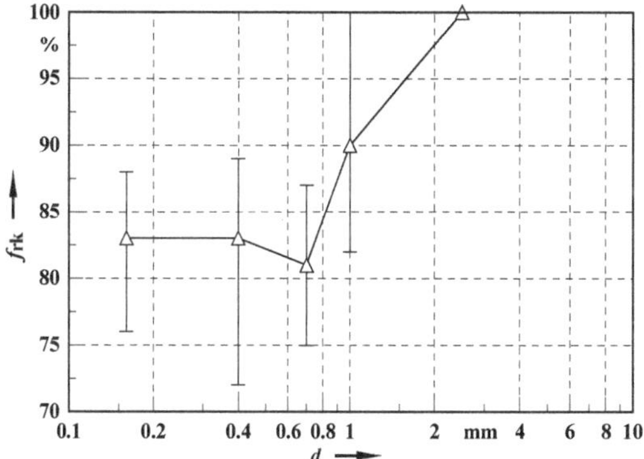

Bild 5.33: Einfluss des Elektrodenabstands d auf die kritische relative Luftfeuchte f_{rk} beim Epoxidharz FR-4, Auslagerung 6 Monate im Kellergang, $\vartheta = 25$ °C, WAG 3

Der Grund hierfür wird im Folgenden erläutert. Bei der Bestimmung der Steh-Stoßspannung, die aus mehreren Überschlagspannungen ermittelt wird (vgl. Abschnitt 5.1), kann die angelagerte Fremdschicht aus Staub infolge eines Überschlags dauerhaft durch Wegblasen dieser Schmutzpartikel verändert werden. Dies hat zur Folge, dass mit einer Steigerung der Spannungsfestigkeit an der Überschlagstelle zu rechnen ist [Richter86, Uhlemann90]. Da stets von einer inhomogen verteilten Schmutzschicht auszugehen ist, wird bei konstanter Luftfeuchte vermutlich ein Folgeüberschlag mit einer höheren Überschlagspannung an einer anderen Stelle erfolgen. Dies bedeutet, dass viele Überschläge bei konstanter Feuchte unter Umständen zu einer Art Homogenisierung des elektrischen Feldes und somit zu immer höheren Überschlagspannungen führen können. Beim Epoxidharz FR-4 wirkt ein Anwachsen der relativen Feuchte und eine damit einhergehende vermehrte Wasseranlagerung dieser Homogenisierung offensichtlich nur ungenügend entgegen, so dass bei einem Elektrodenabstand von d = 2,5 mm kein wesentlicher Abfall der Steh-Stoßspannung auftritt (s. Bild 5.33). Ein durch angelagerte Feuchte verursachtes Entgegenwirken der Homogenisierung ist in Bild 5.33 vielmehr bei den anderen Elektrodenabständen erkennbar, da in diesen Fällen die kritische relative Luftfeuchte weniger als 100 % beträgt. Beim Polyesterharz GPO-2 steht die Homogenisierung des Feldes durch weggeblasene Staubpartikel auch bei d = 2,5 mm gegenüber der Feuchteadsorption aufgrund der Oberflächenstruktur des Werkstoffs (s. Kapitel 6) offensichtlich im Hintergrund.

Die folgenden Ergebnisse schildern den Einfluss des Elektrodenabstands auf die kritische relative Feuchte beim Epoxidharz FR-4 und beim Polyesterharz GPO-2 bei Auslagerung an der Hauptverkehrsstraße. Es ist zu vermuten, dass die Spannungsfestigkeit dieser Prüflinge aufgrund der Elektrolyt- und Säurebildung und der stärkeren Verschmutzung viel stärker von der relativen Feuchte abhängt als bei den im Kellergang ausgelagerten Materialien. Die beiden Bilder 5.34 und 5.35 liefern jedoch ein anderes Ergebnis.

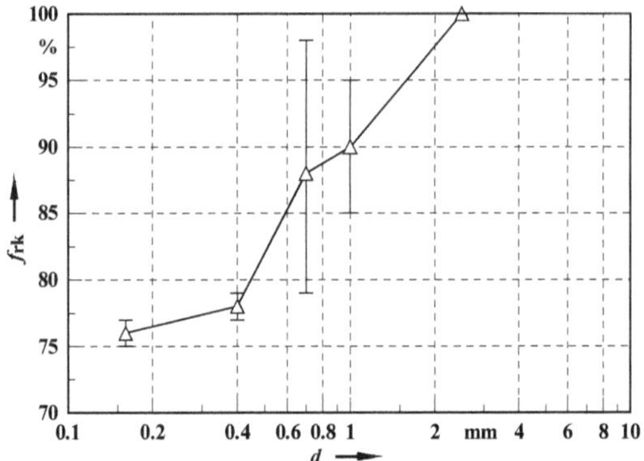

Bild 5.34: Einfluss des Elektrodenabstands d auf die kritische relative Luftfeuchte f_{rk} beim Epoxidharz FR-4, Auslagerung 2 Monate an der Hauptverkehrsstraße, $\vartheta = 25$ °C, WAG 3

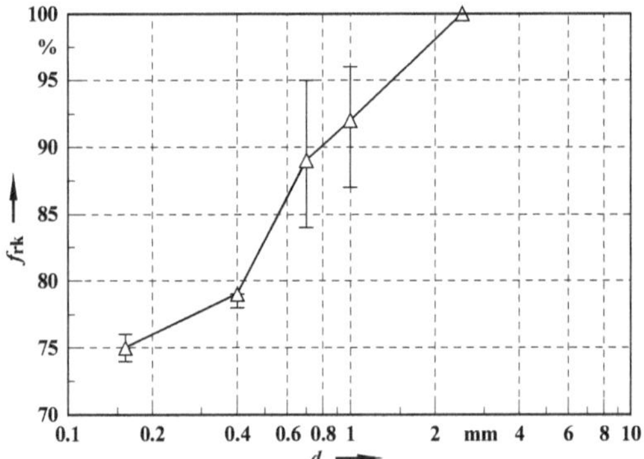

Bild 5.35: Einfluss des Elektrodenabstands d auf die kritische relative Luftfeuchte f_{rk} beim Polyesterharz GPO-2, Auslagerung 2 Monate an der Hauptverkehrsstraße, $\vartheta = 25$ °C, WAG 3

Vergleicht man die Bilder 5.34 und 5.35 mit den beiden Bildern 5.30 und 5.31, so ist festzustellen, dass die an der Hauptverkehrsstraße ausgelagerten Prüflinge nach einem Auslagerungszeitraum von zwei Monaten ein besseres Isoliervermögen aufweisen als die Isolierstoffe aus dem Kellergang, obwohl an der Hauptverkehrsstraße ein höherer Verschmutzungsgrad vorliegt. Als Ursache für diesen Effekt ist das bereits oben erwähnte Wegblasen von Schmutzpartikeln infolge eines Überschlags und die damit einhergehende Homogenisierung des elektrischen Feldes zu nennen. Offensichtlich reicht die Feuchteanlagerung und die dadurch verursachte Elektrolyt- bzw. Säurebildung auf der Oberfläche der beiden Prüflinge nach der zweimonatigen Auslagerung noch nicht aus, um bei einem Elektrodenabstand von d = 2,5 mm der Homogenisierung wesentlich entgegenzuwirken.

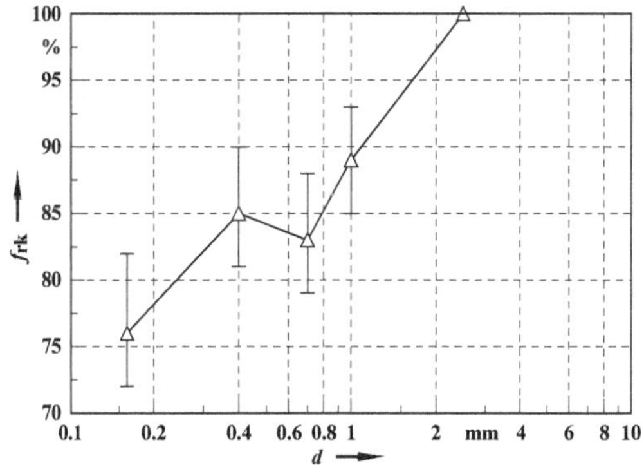

Bild 5.36: Einfluss des Elektrodenabstands d auf die kritische relative Luftfeuchte f_{rk} beim Epoxidharz FR-4, Auslagerung 6 Monate an der Hauptverkehrsstraße, ϑ = 25 °C, WAG 3

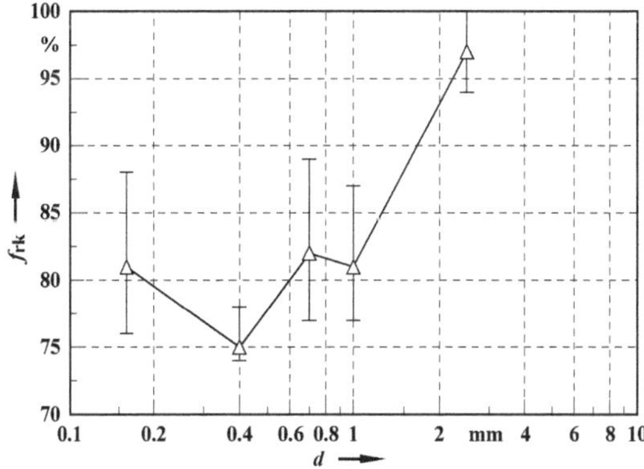

Bild 5.37: Einfluss des Elektrodenabstands d auf die kritische relative Luftfeuchte f_{rk} beim Polyesterharz GPO-2, Auslagerung 6 Monate an der Hauptverkehrsstraße, ϑ = 25 °C, WAG 4

Beim Epoxidharz FR-4 war auch nach einem Auslagerungszeitraum von sechs Monaten kein Einfluss der relativen Feuchte auf die Steh-Stoßspannung bei d = 2,5 mm erkennbar (Bild 5.36). Demgegenüber weist das Polyesterharz GPO-2 bei Elektrodenabständen $d \leq 2{,}5$ mm einen Feuchteeinfluss auf, wie Bild 5.37 darstellt. Anhand der Bilder 5.36 und 5.37 ist ersichtlich, dass die Elektrolyt- bzw. Säurebildung beim Polyesterharz GPO-2 wegen seiner Oberflächenstruktur offensichtlich leichter möglich ist als beim Epoxidharz FR-4.

Als Abschluss der Steh-Stoßspannungsuntersuchungen an natürlich verschmutzten Isoliermaterialien sind in der Tabelle 5.10 die Klassifizierungen der hier vermessenen Werkstoffe in die Wasseranlagerungsgruppen – abhängig von dem Auslagerungsort und dem Auslagerungszeitraum – aufgeführt. In der Spalte „Isolierstoff" ist zur besseren Vergleichbarkeit die Klassifizierung der unverschmutzten Isolierstoffe angegeben. Diese Angaben wurden aus der Tabelle 5.4 übernommen. Bei der Betrachtung der Tabelle 5.10 fällt auf, dass das Dreischichtmaterial Trivolton H40100 das beste Isoliervermögen zeigt. Offenbar steht bei diesem Prüfling das bereits erwähnte Aufquellen des Isolierstoffes und die damit verbundene Zunahme der Kriechstrecke für Elektrodenabstände $d \geq 0{,}7$ mm im Vordergrund.

Tabelle 5.10: Klassifizierung der natürlich verschmutzten Isolierstoffe in die Wasseranlagerungsgruppen, $\vartheta = 25$ °C

Isolierstoff	**Kellergang**				**Hauptverkehrsstraße**			
	2 mon	6 mon	12 mon	18 mon	2 mon	6 mon	12 mon	18 mon
Trivolton H40100; WAG 1A	1A	1A	1A	1A	1A	1A	1A	1A
Evitherm 0,45; WAG 4	4	4	4	4	3	4	4	4
Trivoltherm N130 0,63; WAG 4	4	4	4	4	4	4	4	4
Steatit; WAG 3	3	3	4	4	3	3	4	4
Melaminharz MF 2500; WAG 2	1A	2	4	4	3	3	4	4
Melaminharz MF 1206; WAG 3	2	2	3	4	2	3	3	4
Phenolharz PF 31; WAG 3	2	2	3	4	3	3	3	4
Polyesterharz UP 3620; WAG 3	3	2	3	3	3	3	3	3
Polyesterharz GPO-3 (Typ UPM 71/S); WAG 3	3	3	3	3	4	4	4	4
Epoxidharz EPF 2-W/B; WAG 3	4	3	4	4	3	4	4	4
Polyimidharz 64.160; WAG 3	4	3	4	4	3	3	4	4
Epoxidharz FR-4; WAG 3	4	3	4	4	3	3	4	4
Epoxidharz FR-5; WAG 4	3	4	4	4	3	3	4	4
Polyesterharz GPO-3 (Typ 68.020); WAG 4	4	4	4	4	4	4	4	4
Polyesterharz GPO-2; WAG 3	4	4	4	4	3	4	4	4

In manchen Fällen ist keine Verschlechterung des Isoliervermögens infolge der Auslagerung zu beobachten, Wie bereits erwähnt wurde, ist dies auf die dauerhafte Veränderung der Schmutzschicht während der Steh-Stoßspannungsmessungen zurückzuführen. Eine Abschätzung dieser Veränderung ist jedoch äußerst schwierig und soll daher an dieser Stelle nicht weiter behandelt werden.

Die im Folgenden beschriebenen Ergebnisse betrachten das Verhalten der Oberflächenkapazität C und des Oberflächenleitwerts G bei einem Elektrodenabstand von d = 2,5 mm. Auf den Einfluss des Elektrodenabstands soll an dieser Stelle nicht eingegangen werden. Vielmehr wird besonderes Augenmerk auf die Auswirkungen der Auslagerungsdauer und des Auslagerungsortes auf die beiden elektrischen Größen gerichtet. Ein Vergleich der Steh-Stoßspannung mit der Oberflächenkapazität bzw. dem Oberflächenleitwert ist nicht geeignet, da bei den Kapazitäts- und Leitwertsuntersuchungen die Schmutzschicht nicht dauerhaft verändert wird und somit andere Rahmenbedingungen vorliegen.

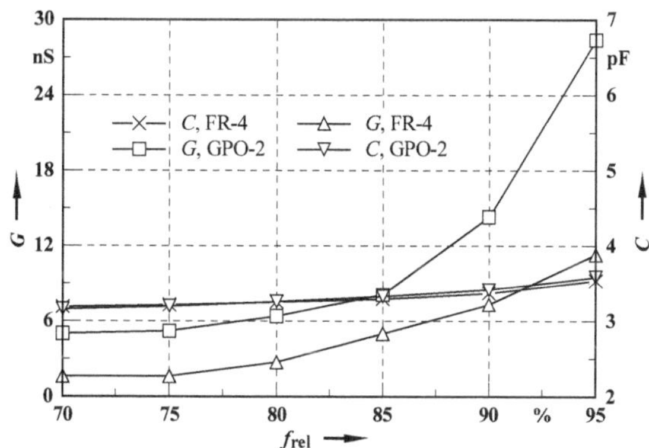

Bild 5.38: Einfluss der relativen Luftfeuchte f_{rel} auf die Oberflächenkapazität C und den Oberflächenleitwert G beim Polyesterharz GPO-2 und beim Epoxidharz FR-4, d = 2,5 mm, Auslagerung 2 Monate im Kellergang, ϑ = 25 °C

Wie die Bilder 5.38 und 5.39 zeigen, verstärkt sich der Einfluss der relativen Feuchte beim Polyesterharz GPO-2 und beim Epoxidharz FR-4 mit zunehmender Auslagerungsdauer im Kellergang besonders auf den Oberflächenleitwert G. Da zwischen der zwei- und sechsmonatigen Auslagerung keine wesentlichen Unterschiede festgestellt wurden, wird auf eine Darstellung der Oberflächenkapazität und des Oberflächenleitwerts nach der halbjährigen Auslagerung verzichtet.

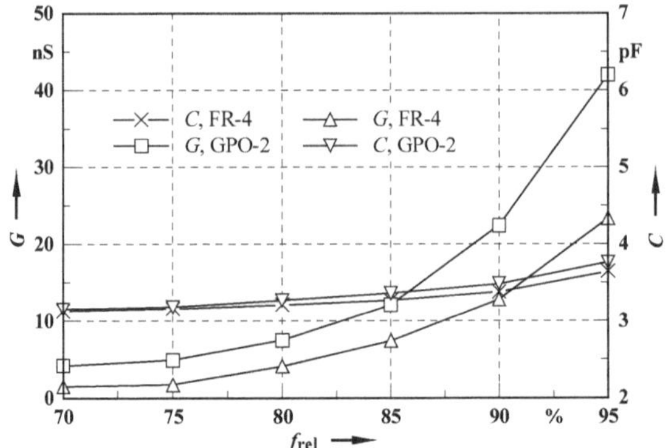

Bild 5.39: Einfluss der relativen Luftfeuchte f_{rel} auf die Oberflächenkapazität C und den Oberflächenleitwert G beim Polyesterharz GPO-2 und beim Epoxidharz FR-4, $d = 2{,}5$ mm, Auslagerung 12 Monate im Kellergang, $\vartheta = 25$ °C

Die Bilder 5.38 und 5.39 belegen, dass mit zunehmender Auslagerungsdauer die Bildung einer dickeren Wasserschicht aufgrund der anwachsenden Staubschichtdicke ermöglicht wird und sich somit der Einfluss der relativen Feuchte auf die beiden elektrischen Größen verstärkt.

Bild 5.40 und Bild 5.41 zeigen den Einfluss der relativen Feuchte auf die Oberflächenkapazität und den Oberflächenleitwert beim Auslagerungsort Hauptverkehrsstraße. Zur Vergleichbarkeit mit den Bildern 5.38 und 5.39 werden auch hier die Ergebnisse nach der zwei- und zwölfmonatigen Auslagerung dargestellt.

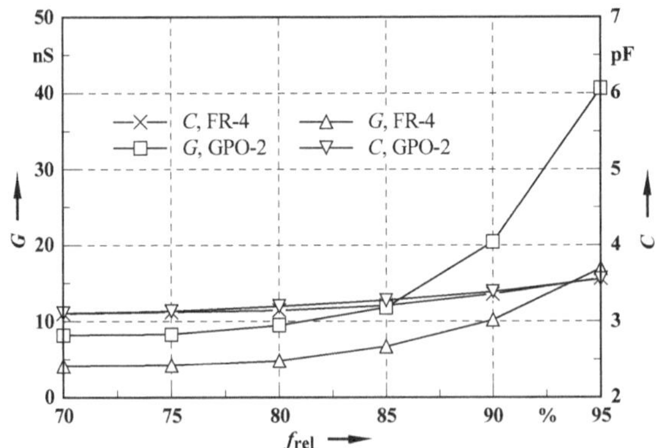

Bild 5.40: Einfluss der relativen Luftfeuchte f_{rel} auf die Oberflächenkapazität C und den Oberflächenleitwert G beim Polyesterharz GPO-2 und beim Epoxidharz FR-4, $d = 2{,}5$ mm, Auslagerung 2 Monate an der Hauptverkehrsstraße, $\vartheta = 25$ °C

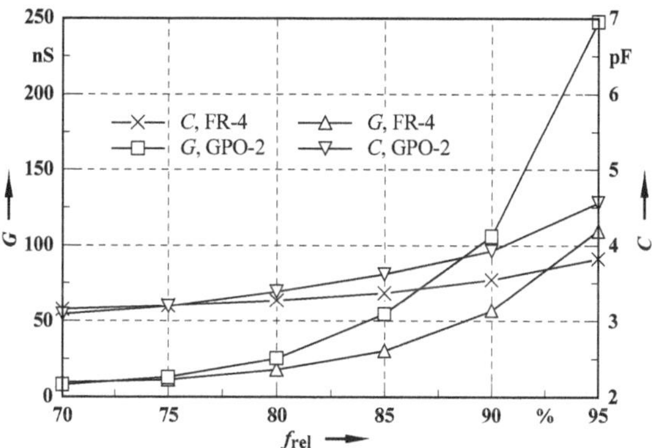

Bild 5.41: Einfluss der relativen Luftfeuchte f_{rel} auf die Oberflächenkapazität C und den Oberflächenleitwert G beim Polyesterharz GPO-2 und beim Epoxidharz FR-4, $d = 2{,}5$ mm, Auslagerung 12 Monate an der Hauptverkehrsstraße, $\vartheta = 25$ °C

Im Vergleich zum Auslagerungsort Kellergang ist in den Bildern 5.40 und 5.41 eine stärkere Auswirkung des Auslagerungszeitraums auf die Feuchteabhängigkeit des Oberflächenleitwerts und der Oberflächenkapazität deutlich zu erkennen, wobei das Polyesterharz GPO-2 aufgrund seiner Werkstoffstruktur einen stärkeren Feuchteeinfluss aufweist. Für diesen Effekt kommen in erster Linie zwei Ursachen in Frage. Zum Einen ist bei den an der Hauptverkehrsstraße ausgelagerten Prüflingen eine stärkere partikelförmige Verschmutzung (Staub, Ruß) festzustellen, wodurch das Adsorptionsvermögen von Wassermolekülen gesteigert wird. Der zweite Grund bezieht sich auf die bereits mehrfach angesprochene Bildung von Elektrolyten und Säuren infolge angelagerter Schadgase. Die Bildung der Säuren soll daher im Folgenden anhand einiger chemischer Reaktionsgleichungen veranschaulicht werden. Hier stehen in erster Linie angelagerte Stickoxide (NO und NO_2) im Vordergrund, die mit Feuchte zu salpetriger Säure (HNO_2) und Salpetersäure (HNO_3) wie folgt reagieren [Holleman76]:

$$2NO + O_2 \rightarrow 2NO_2 \quad (5\text{-}17)$$

$$4NO_2 + O_2 + 2H_2O \rightarrow 4HNO_3 \quad (5\text{-}18)$$

$$2NO_2 + H_2O \rightarrow HNO_3 + HNO_2 \quad (5\text{-}19)$$

Die nach der Reaktionsgleichung (5-19) entstandene salpetrige Säure kann sich nach [Holleman76] zu Salpetersäure und Stickstoffmonoxid zersetzen, das sich dann wiederum gemäß (5-17) und (5-18) zu Salpetersäure umwandelt:

$$3HNO_2 \rightarrow HNO_3 + 2NO + H_2O \quad (5\text{-}20)$$

Die Salpetersäure bildet in Verbindung mit Wasser H_3O^+ - und NO_3^- - Ionen, wobei das Gleichgewicht aufgrund des pK_s - Wertes*) der Salpetersäure von pK_s = -1,3 fast vollständig auf der rechten Seite liegt [Holleman76, Schröter01]:

$$HNO_3 + H_2O \leftrightarrow NO_3^- + H_3O^+ \tag{5-21}$$

Im Vergleich dazu ist die salpetrige Säure eine schwächere Säure (pK_s = 3,3) [Schröter01], wodurch das Reaktionsgleichgewicht bei der Reaktion mit Wasser (Gleichung (5-22)) mehr auf der linken Seite liegt.

$$HNO_2 + H_2O \leftrightarrow NO_2^- + H_3O^+ \tag{5-22}$$

Aufgrund der freien Beweglichkeit der hauptsächlich nach Gleichung (5-21) gebildeten Ionen tragen diese in der Wasserschicht zu einer Ionenleitung bei und führen zum signifikanten Anstieg des Oberflächenleitwerts bei zunehmender Feuchte.

Eine Reaktion des Schwefeldioxids mit Wasser zur schwefligen Säure gemäß Gleichung (5-23) ist zu vernachlässigen, da das Gleichgewicht dieser Reaktion fast vollständig auf der linken Seite liegt [Holleman76]:

$$SO_2 + H_2O \leftrightarrow H_2SO_3 \tag{5-23}$$

Schwefeldioxid liegt demnach in Wasser überwiegend als ungelöstes SO_2 vor.

Wegen der Wasserunlöslichkeit von Ozon und Kohlenmonoxid werden auf chemische Reaktionen dieser Stoffe mit Wasser an dieser Stelle verzichtet. Jedoch können Wechselwirkungen sämtlicher Schadgase mit den hier untersuchten Isoliermaterialien nicht ausgeschlossen werden.

Tabelle 5.11 und Tabelle 5.12 geben einen Überblick über die absolute Zunahme der Oberflächenkapazität und des Oberflächenleitwerts bei Steigerung der relativen Luftfeuchte von f_{rel} = 70 % auf f_{rel} = 95 % in Abhängigkeit des Auslagerungszeitraums im Kellergang. Hierbei sind die Mittelwerte aus zwei verschiedenen Messstellen (vgl. Kapitel 5.2.1) angegeben. Zur besseren Vergleichbarkeit sind die Werte bei unverschmutzten Isolierstoffen (entspricht dem Auslagerungszeitraum 0 Monate) aufgeführt. Da die Oberflächenkapazität und der Oberflächenleitwert dieser Prüflinge nicht explizit bei ϑ = 25 °C gemessen wurden (vgl. Tabelle 5.5), wurden diese Größen vereinfachend durch lineare Interpolation der bei ϑ = 20 °C und ϑ = 30 °C ermittelten Messwerte bestimmt.

*) Der K_s – Wert einer Säure gibt über die Stärke einer Säure Auskunft und errechnet sich aus dem Quotienten der Ionenkonzentration und der Konzentration der undissoziierten Säure. Üblicherweise wird jedoch der pK_s – Wert angegeben. Dieser berechnet sich zu $pK_s = -\log K_s$.

Tabelle 5.11: Absolute Zunahme des Oberflächenleitwerts ΔG bei Steigerung der relativen Feuchte von 70 % auf 95 % in Abhängigkeit des Auslagerungszeitraums, d = 2,5 mm, Kellergang, ϑ = 25 °C

Isolierstoff	0 mon	2 mon	6 mon	12 mon	18 mon
Trivolton H40100	75 nS	87,2 nS	95,8 nS	124,6 nS	203,4 nS
Evitherm 0,45	7,2 nS	10,0 nS	13,7 nS	23,8 nS	35,7 nS
Trivoltherm N130	9,1 nS	8,7 nS	15,8 nS	31,5 nS	42,1 nS
Steatit	8,7 nS	11,5 nS	13,6 nS	27,1 nS	38,2 nS
Melaminharz MF 2500	10,6 nS	17,7 nS	22,7 nS	34,5 nS	48,7 nS
Melaminharz MF 1206	11,9 nS	11,5 nS	14,0 nS	24,9 nS	32,1 nS
Phenolharz PF 31	14,3 nS	43,1 nS	68,8 nS	116,2 nS	177,4 nS
Polyesterharz UP 3620	7,8 nS	7,7 nS	9,2 nS	20,1 nS	30,7 nS
Polyesterharz GPO-3 (Typ UPM 71/S)	8,8 nS	11,0 nS	13,2 nS	21,5 nS	31,4 nS
Epoxidharz EPF 2-W/B	8,3 nS	9,5 nS	11,8 nS	22,5 nS	30,8 nS
Epoxidharz FR-5	8,9 nS	12,2 nS	15,4 nS	20,2 nS	28,0 nS
Epoxidharz FR-4	5,6 nS	8,5 nS	10,2 nS	20,7 nS	28,8 nS
Polyimidharz 64.160	6,4 nS	7,1 nS	9,2 nS	17,7 nS	25,6 nS
Polyesterharz GPO-3 (Typ 68.020)	30,7 nS	33,5 nS	35,1 nS	43,5 nS	55,4 nS
Polyesterharz GPO-2	20,2 nS	22,1 nS	25,7 nS	36,4 nS	48,7 nS

Tabelle 5.12: Absolute Zunahme der Oberflächenkapazität ΔC bei Steigerung der relativen Feuchte von 70 % auf 95 % in Abhängigkeit des Auslagerungszeitraums, d = 2,5 mm, Kellergang, ϑ = 25 °C

Isolierstoff	0 mon	2 mon	6 mon	12 mon	18 mon
Trivolton H40100	0,52 pF	0,61 pF	0,70 pF	0,86 pF	1,03 pF
Evitherm 0,45	0,31 pF	0,31 pF	0,31 pF	0,34 pF	0,40 pF
Trivoltherm N130	0,15 pF	0,21 pF	0,24 pF	0,31 pF	0,36 pF
Steatit	0,17 pF	0,23 pF	0,22 pF	0,30 pF	0,36 pF
Melaminharz MF 2500	0,18 pF	0,28 pF	0,34 pF	0,45 pF	0,60 pF
Melaminharz MF 1206	0,26 pF	0,25 pF	0,32 pF	0,48 pF	0,61 pF
Phenolharz PF 31	0,16 pF	0,36 pF	0,48 pF	0,70 pF	0,96 pF
Polyesterharz UP 3620	0,1 pF	0,19 pF	0,18 pF	0,26 pF	0,32 pF
Polyesterharz GPO-3 (Typ UPM 71/S)	0,13 pF	0,27 pF	0,35 pF	0,40 pF	0,46 pF
Epoxidharz EPF 2-W/B	0,15 pF	0,25 pF	0,31 pF	0,38 pF	0,44 pF
Epoxidharz FR-5	0,19 pF	0,30 pF	0,37 pF	0,43 pF	0,51 pF
Epoxidharz FR-4	0,13 pF	0,31 pF	0,39 pF	0,46 pF	0,52 pF
Polyimidharz 64.160	0,24 pF	0,33 pF	0,35 pF	0,42 pF	0,47 pF
Polyesterharz GPO-3 (Typ 68.020)	0,36 pF	0,44 pF	0,48 pF	0,55 pF	0,65 pF
Polyesterharz GPO-2	0,32 pF	0,41 pF	0,47 pF	0,55 pF	0,66 pF

In den beiden Tabellen ist zu erkennen, dass sich die Feuchteabhängigkeit der beiden Größen mit zunehmender Auslagerungsdauer im Allgemeinen verstärkt. Neben dem Dreischichtmaterial Trivolton H40100, das aufgrund seiner porösen Werkstoffstruktur eine starke Feuchteabhängigkeit des Oberflächenleitwerts und der Oberflächenkapazität zeigt, ist beim verschmutzten Phenolharz ebenso eine starke Feuchteabhängigkeit festzustellen. Eine mögliche Ursache hierfür könnte sein, dass während des Auslagerungszeitraums eine Verdrängungsadsorption bzw. -absorption in abgeschwächter Form stattfindet. Hierbei wird flüchtiges Formaldehyd durch ad- und absorbierte Wassermoleküle verdrängt (eine Verdrängungsadsorption und -absorption wurde in starkem Maße bei den Untersuchungen hinsichtlich der Wasseraufnahme (Kapitel 8) beobachtet). Dies hat zur Folge, dass mehr Plätze für anlagernde und in den Werkstoff eindringende Feuchtemoleküle zur Verfügung gestellt werden. Weitere Betrachtungen zur Verdrängungsadsorption sollen an dieser Stelle noch nicht erfolgen; vielmehr wird in Kapitel 8 genauer darauf eingegangen.

Tabelle 5.13: Absolute Zunahme des Oberflächenleitwerts ΔG bei Steigerung der relativen Feuchte von 70 % auf 95 % in Abhängigkeit des Auslagerungszeitraums, d = 2,5 mm, Hauptverkehrsstraße, ϑ = 25 °C

Isolierstoff	0 mon	2 mon	6 mon	12 mon	18 mon
Trivolton H40100	75 nS	101,3 nS	122,4 nS	176,7 nS	239,2 nS
Evitherm 0,45	7,2 nS	33,2 nS	78,4 nS	137,5 nS	226,1 nS
Trivoltherm N130	9,1 nS	15,4 nS	92,4 nS	197,5 nS	293,8 nS
Steatit	8,7 nS	12,2 nS	24,7 nS	51,2 nS	105,7 nS
Melaminharz MF 2500	10,6 nS	19,2 nS	96,0 nS	223,4 nS	362,6 nS
Melaminharz MF 1206	11,9 nS	12,4 nS	18,1 nS	32,0 nS	92,6 nS
Phenolharz PF 31	14,3 nS	110,9 nS	205,2 nS	470 nS	907 nS
Polyesterharz UP 3620	7,8 nS	7,6 nS	9,4 nS	20,5 nS	35,8 nS
Polyesterharz GPO-3 (Typ UPM 71/S)	8,8 nS	13,0 nS	92,1 nS	215,0 nS	337,5 nS
Epoxidharz EPF 2-W/B	8,3 nS	11,3 nS	22,7 nS	52,8 nS	77,4 nS
Epoxidharz FR-5	8,9 nS	30,2 nS	48,7 nS	83,6 nS	109,4 nS
Epoxidharz FR-4	5,6 nS	10,8 nS	28,4 nS	71,4 nS	109,1 nS
Polyimidharz 64.160	6,4 nS	18,5 nS	40,8 nS	112,3 nS	202,8 nS
Polyesterharz GPO-3 (Typ 68.020)	30,7 nS	33,1 nS	95,1 nS	205,8 nS	425,7 nS
Polyesterharz GPO-2	20,2 nS	64,0 nS	89,1 nS	170,5 nS	238,4 nS

In den Tabellen 5.13 und 5.14 ist die Zunahme der Oberflächenkapazität C und des Oberflächenleitwerts G beim Auslagerungsort Hauptverkehrsstraße aufgeführt. Im Vergleich zu den Tabellen 5.11 und 5.12 ist hier bei allen Prüflingen ein stärkerer Feuchteeinfluss aufgrund der stärkeren Verschmutzung festzustellen. Anhand der Tabellen 5.13 und 5.14 ist zu vermuten, dass angelagerte Schadgase die Struktur der Isoliermaterialien an der Oberfläche unterschiedlich verändern. Es wäre nämlich zu erwarten, dass das Dreischichmaterial Trivolton H40100 aufgrund seiner Oberflächenstruktur (vgl. Kapitel 6) die stärkste Feuchteabhängigkeit bezüglich der Oberflächenkapazität und des Oberflächenleitwerts aufweist. Offenbar wird jedoch die Oberflächenstruktur einiger Prüflinge infolge angelagerter Schadgase so stark verändert, dass diese einen signifikanteren Feuchteeinfluss als das Dreischichtmaterial Trivolton H40100 zeigen. Als Beispiel ist hier das Melaminharz MF 2500 und das Phenolharz zu nennen; beim Letzteren ist auch an diesem Auslagerungsort mit der oben erwähnten Verdrängungsadsorption bzw. -absorption zu rechnen.

Tabelle 5.14: Absolute Zunahme der Oberflächenkapazität ΔC bei Steigerung der relativen Feuchte von 70 % auf 95 % in Abhängigkeit des Auslagerungszeitraums, d = 2,5 mm, Hauptverkehrsstraße, ϑ = 25 °C

Isolierstoff	0 mon	2 mon	6 mon	12 mon	18 mon
Trivolton H40100	0,52 pF	0,9 pF	0,95 pF	1,02 pF	1,12 pF
Evitherm 0,45	0,31 pF	0,37 pF	0,55 pF	0,78 pF	1,21 pF
Trivoltherm N130	0,15 pF	0,31 pF	0,74 pF	1,63 pF	2,57 pF
Steatit	0,17 pF	0,25 pF	0,28 pF	0,43 pF	0,68 pF
Melaminharz MF 2500	0,18 pF	0,45 pF	0,61 pF	1,21 pF	1,79 pF
Melaminharz MF 1206	0,26 pF	0,26 pF	0,35 pF	0,61 pF	1,04 pF
Phenolharz PF 31	0,16 pF	0,51 pF	0,60 pF	0,72 pF	2,04 pF
Polyesterharz UP 3620	0,1 pF	0,23 pF	0,27 pF	0,38 pF	0,5 pF
Polyesterharz GPO-3 (Typ UPM 71/S)	0,13 pF	0,39 pF	0,58 pF	1,02 pF	1,50 pF
Epoxidharz EPF 2-W/B	0,15 pF	0,33 pF	0,43 pF	0,74 pF	0,96 pF
Epoxidharz FR-5	0,19 pF	0,35 pF	0,46 pF	0,61 pF	0,72 pF
Epoxidharz FR-4	0,13 pF	0,38 pF	0,51 pF	0,68 pF	0,88 pF
Polyimidharz 64.160	0,24 pF	0,61 pF	0,80 pF	1,13 pF	1,77 pF
Polyesterharz GPO-3 (Typ 68.020)	0,36 pF	0,43 pF	0,69 pF	1,26 pF	1,93 pF
Polyesterharz GPO-2	0,32 pF	0,59 pF	0,77 pF	1,29 pF	1,75 pF

Um einen optischen Eindruck der natürlichen Verschmutzung zu gewinnen, zeigt Bild 5.42 abschließend die visuelle Veränderung der Oberfläche des Polyesterharzes GPO-2 nach der 18-monatigen Auslagerung an der Hauptverkehrsstraße. In diesem Bild sind hauptsächlich die angelagerten Rußpartikel sehr deutlich zu erkennen. Bei dem im Kellergang ausgelagerten Prüfling war nach 18 Monaten eine optische Veränderung vergleichsweise kaum erkennbar. Daher wird auf eine Kamera-Aufnahme dieses Prüflings verzichtet.

Bild 5.42: Aufnahme der Oberfläche des Polyesterharzes GPO-2 im unverschmutzten Zustand (links) und nach der 18-monatigen Auslagerung an der Hauptverkehrsstraße (rechts)

Für die Bemessung von Kriechstrecken sieht das Prüfverfahren die Vermessung von Isolierstoffen im Neuzustand hinsichtlich ihrer Spannungsfestigkeit unter Feuchtebedingungen vor. In diesem Abschnitt sowie in Kapitel 5.2.4 wurde überprüft, ob die Anwendung des Prüfverfahrens auch dafür geeignet ist, den Einfluss von Feuchte auf die Spannungsfestigkeit natürlich verschmutzter Isolierstoffoberflächen sowie UV-bestrahlter Isoliermaterialien zu bestimmen, ohne dabei eine Bemessung vorzunehmen. Es stellte sich heraus, dass die Anwendung des Prüfverfahrens bei den bestrahlten Prüflingen zu sinnvollen Ergebnissen geführt hat und daher in diesem Fall zur Bestimmung des Feuchteeinflusses geeignet scheint. Im Gegensatz dazu ist die Anwendung des Prüfverfahrens bei natürlich verschmutzten Isolierstoffoberflächen ungeeignet, da sich hier die Schmutzschicht nach erfolgtem Überschlag dauerhaft verändert (Wegblasen von Schmutzpartikeln) [Ermeler03]. Zur Bestimmung des Feuchteeinflusses bei natürlich verschmutzten Isolierstoffen ist demnach ein anderes Messverfahren zu entwickeln.

6 Ergebnisse zur Charakterisierung der chemisch-physikalischen Oberflächenstruktur

Die folgenden Abschnitte dienen zur Gewinnung von Erkenntnissen hinsichtlich des Einflusses der Oberflächenbeschaffenheit der untersuchten Isoliermaterialien auf deren Isoliervermögen unter Feuchtebedingungen. Hierzu werden Messverfahren aus der Materialwissenschaft – wie beispielsweise HREM-Aufnahmen, EDX-Spektroskopie, BET-Analyse, etc. – angewandt und Vor- bzw. Nachteile dieser Messverfahren erläutert.

6.1 Aufnahmen mit dem hochauflösenden Rasterelektronenmikroskop (HREM)

Wie bereits zahlreiche Forschungsarbeiten zeigten, ist das hochauflösende Rasterelektronenmikroskop (HREM) zur optischen Charakterisierung der mikroskopischen Oberflächenstruktur bestens geeignet. Gegenüber einem Lichtmikroskop zeichnet es sich neben der höher erzielbaren Vergrößerung durch eine hervorragende Tiefenschärfe aus. Die Funktionsweise des hochauflösenden Rasterelektronenmikroskops soll an dieser Stelle nicht wiedergegeben werden. Hierzu finden sich in der einschlägigen Literatur detaillierte Ausführungen.

Das HREM erzeugt Aufnahmen einer Probenoberfläche, in denen je nach Oberflächenbeschaffenheit der Probe unterschiedliche Graustufen erkennbar sind. Diese Graustufen sind mit den Höhenlinien der aufgenommenen Oberfläche nahezu identisch. In den folgend dargestellten HREM-Aufnahmen stellt eine helle Fläche eine Erhöhung, eine dunkle Fläche eine Vertiefung (Pore, Hohlraum) dar. Ein geringer Helligkeitskontrast bedeutet demnach, dass die Probenoberfläche als homogen und eben anzusehen ist.

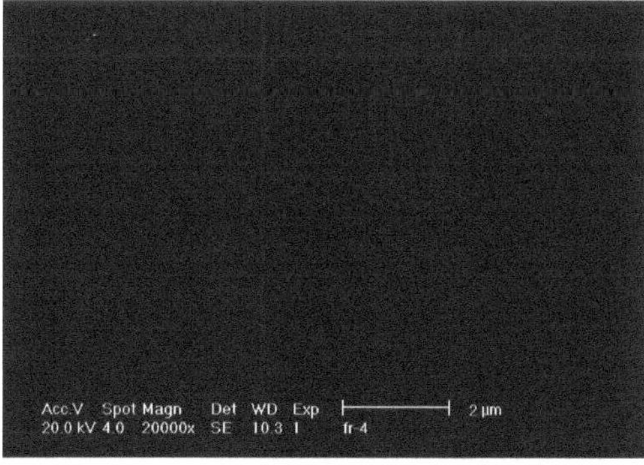

Bild 6.1: HREM-Aufnahme der Oberfläche des Epoxidharzes FR-4

Die HREM-Aufnahme der Oberfläche des Epoxidharzes FR-4 ist in Bild 6.1 wiedergegeben. Zum besseren Vergleich der Oberflächenstruktur ist in Bild 6.2 die Oberflächenaufnahme vom Polyesterharz GPO-2 dargestellt.

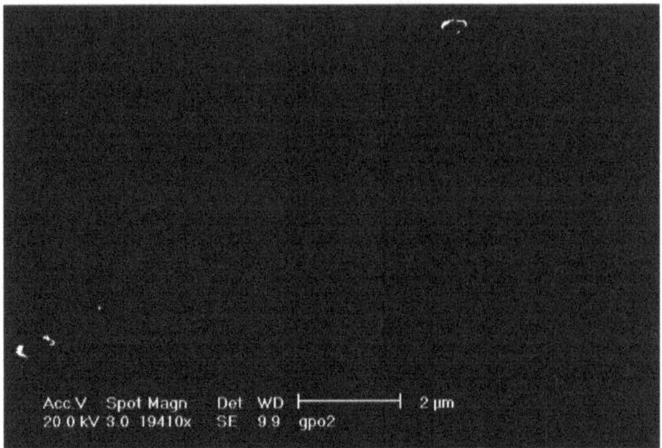

Bild 6.2: HREM-Aufnahme der Oberfläche des Polyesterharzes GPO-2

Ein Vergleich von Bild 6.1 mit Bild 6.2 zeigt, dass die mikroskopische Oberflächenstruktur des Epoxidharzes FR-4 als relativ eben und homogen anzusehen ist. Daher ist die Anlagerung von Wassermolekülen erschwert, was zu einem relativ guten Isoliervermögen dieses Materials unter Feuchtebedingungen führt (s. Abschnitt 5.2). Die Mikrostruktur des Polyesterharzes GPO-2 hingegen ist sehr irregulär (Bild 6.2). Hier erkennt man deutlich, dass Poren und Hohlräume verschiedener Größe vorhanden sind, in denen der Kapillareffekt stattfinden kann. Des weiteren sind in Bild 6.2 einige weiße Flächen erkennbar, die auf an der Isolierstoffoberfläche erscheinende Füllstoffe zurückzuführen sind. Wie in Abschnitt 6.2.2 der vorliegenden Arbeit gezeigt werden wird, handelt es sich bei diesen Additiven vermutlich um Antimonoxid, das in Verbindung mit einem Halogen als Flammschutzmittel wirkt, und Aluminiumoxid bzw. Aluminiumhydroxid, das zur Verbesserung der Durchschlag- und Kriechstromfestigkeit zugegeben wird [Gächter89, Beisele01]. Der Einsatz von Aluminiumhydroxid bewirkt jedoch nicht nur eine Verbesserung der elektrischen Eigenschaften des Isolierstoffs sondern – wie der Einsatz von Antimonoxid in Verbindung mit einem Halogen – ebenfalls einen Flammschutz. Die flammhemmende Wirkung des Aluminiumhydroxids ist jedoch erheblich einfacher zu beschreiben als die des Antimonoxids in Verbindung mit einem Halogen und soll daher kurz erläutert werden. Aluminiumhydroxid ($Al(OH)_3$) besitzt die Eigenschaft, unter Zufuhr von Wärmeenergie Δh in einer chemischen Reaktion zu Aluminiumoxid und Wasserdampf (Aluminiumoxid-Trihydrat) zu zerfallen:

$$2Al(OH)_3 + \Delta h \rightarrow Al_2O_3 \cdot 3H_2O$$

Dieser Wasserdampf absorbiert die Wärmeenergie und verhindert somit die thermische Zerstörung bzw. Verbrennung des Isoliermaterials [Gächter89, Koshino98].

Neben der Wasseradsorption durch den Kapillareffekt ist aufgrund des chemischen Aufbaus der oben genannten Sauerstoffverbindungen auch ein Anlagern von Feuchte durch die Ausbildung von Wasserstoffbrücken zwischen den Füllstoffen und den Wassermolekülen möglich [Ermeler00]. Daher weist das Polyesterharz GPO-2 ein vergleichsweise schlechtes Isoliervermögen unter Feuchtebedingungen auf.

Bild 6.3 zeigt eine HREM-Aufnahme der Oberfläche des Dreischichtmaterials aus Pressspan und Polyesterfolie (Trivolton H40100). In diesem Bild ist nur die Struktur des Pressspans dargestellt, da die Polyesterfolie im Innern des Isolierstoffs liegt und somit nicht sichtbar gemacht werden kann. Wie klar ersichtlich ist, besteht der Pressspan aus übereinander angeordneten Zellulosefasern, wodurch relativ große, offene Hohlräume im Isoliermaterial entstehen. Daher ist ein Anlagern und ein Eindringen von Feuchtemolekülen leicht möglich, wobei eindringende Feuchte zu der bereits erwähnten Volumen- und Oberflächenvergrößerung des Werkstoffs führt.

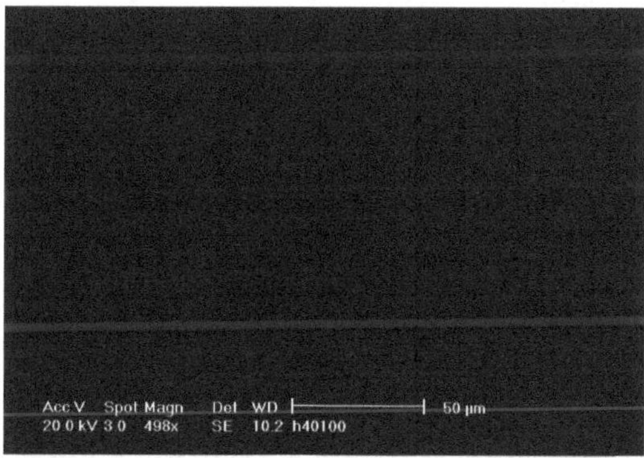

Bild 6.3: HREM-Aufnahme der Oberfläche des Dreischichtmaterials aus Pressspan und Polyesterfolie (Trivolton H40100)

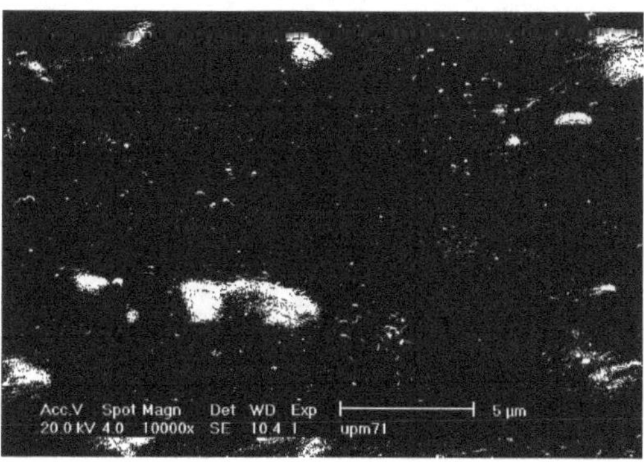

Bild 6.4: HREM-Aufnahme der Oberfläche des Polyesterharzes GPO-3 (Typ UPM 71/S)

Wie in Abschnitt 5.2.1 geschildert wurde, ist sowohl das Dreischichtmaterial Trivolton H40100 als auch das Polyesterharz GPO-3 vom Typ UPM 71/S bei einer Umgebungstemperatur von ϑ = 20 °C in die Wasseranlagerungsgruppe 1A einzuordnen. Aus der im Bild 6.4 dargestellten HREM-Aufnahme ließe sich jedoch vermuten, dass das Polyesterharz GPO-3 vom Typ UPM 71/S in eine höhere Wasseranlagerungsgruppe zu klassifizieren ist, da die Isolierstoffoberfläche ebenfalls eine sehr inhomogene Struktur aufweist. Wie man anhand von Bild 6.4 erkennen kann, weist der Prüfling eine Vielzahl von weißen Flächen auf, die sich auf oben erwähnte Füllstoffe zurückführen lassen. Demnach müsste eine Wasseranlagerung durch Ausbildung von Wasserstoffbrücken möglich sein, was einen starken Einfluss der relativen Feuchte auf das Isolierverhalten dieses Prüflings verursachen würde. Bei der Betrachtung der HREM-Aufnahme fällt jedoch auf, dass auf der Oberfläche des Prüflings Spuren vorhanden sind, die auf eine Oberflächenbehandlung (z.B. Polieren) des Werkstoffs schließen lassen. Bei einer solchen Oberflächenbehandlung werden im Rahmen des Herstellungsprozesses meist Glanzwachse aufgetragen, um eine gleichmäßige und glatte Oberfläche zu erhalten. Diese Wachse erfüllen weiterhin den Zweck, der Isolierstoffoberfläche eine hydrophobe Wirkung zu verleihen [Burkart85]. Dies ist vermutlich auch der Grund dafür, dass nahezu keine Hohlräume an der Isolierstoffoberfläche dieses Polyesterharzes vorhanden sind. Das Polieren eines Werkstoffs erschwert demnach die Anlagerung von Wassermolekülen, was zu einem relativ guten Isoliervermögen des Werkstoffs unter Feuchtebedingungen führt.

Neben dem Dreischichtmaterial vom Typ Trivolton H40100 weist das Laminat aus Polyestervlies und Polyesterfolie (Evitherm 0,45) eine äußerst poröse Oberflächenstruktur auf, wie es das folgende Bild 6.5 zeigt. In diesem Bild ist nur die Struktur des Polyestervlieses dargestellt, da die darunter liegende Polyesterfolie nicht sichtbar gemacht werden kann.

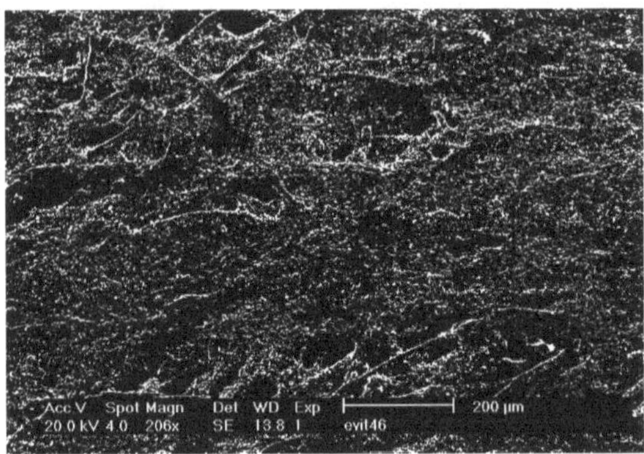

Bild 6.5: HREM-Aufnahme der Oberfläche des Laminats aus Polyestervlies und Polyesterfolie (Evitherm 0,45)

Analog zum Dreischichtmaterial aus Presspan und Polyesterfolie könnte man aufgrund der Oberflächenstruktur des Laminats aus Polyestervlies und Polyesterfolie annehmen, dass die Wasseradsorption und -absorption bei diesem Werkstoff ebenfalls erleichtert wird, so dass auch hier eine Volumenvergrößerung des Materials bei anwachsender Luftfeuchte auftritt. Vergleicht man jedoch die Dicke des Polyestervlieses mit der des Pressspans, so lässt sich ein gravierender Unterschied feststellen: Während die Dicke des Pressspans 2 x 480 µm beträgt (dies entspricht 96 % der Gesamtdicke), weist das Polyestervlies eine Dicke von 2 x 50 µm auf (vgl. Tabelle 4.2). Geht man von einer nur geringen Wasseraufnahme der hydrophoben Polyesterfolie aus, so ist beim Laminat Evitherm 0,45 aufgrund des geringen Anteils an porösem Polyestervlies von 22 % zwar eine erleichterte Wasseradsorption möglich, das Eindringen von Wassermolekülen in den Isolierstoff ist jedoch erschwert (vgl. auch Kapitel 8 – Ergebnisse zur Bestimmung der Wasseraufnahme). Aus diesem Grunde kann ein Aufquellen dieses Materials und eine damit einhergehende Oberflächenvergrößerung sowie Verlängerung der Kriechstrecke mit zunehmender Feuchte ausgeschlossen werden. Daher zeigt das Isoliermaterial Evitherm 0,45 einen starken Feuchteeinfluss auf die Spannungsfestigkeit (s. z.B. Tabellen 5.1 und 5.4). Das erschwerte Eindringen von Wassermolekülen hat weiterhin zur Folge, dass sich bei diesem Werkstoff eine Feuchteschicht ausbildet, die im Vergleich zum Isolierstoff Trivolton H40100 dünner ist; folglich weist die Oberflächenkapazität und der Oberflächenleitwert des Materials Evitherm 0,45 geringere Werte auf (s. Tabellen 5.2 und 5.5) [Ermeler 02-4].

Die Bilder 6.6 und 6.7 zeigen die HREM-Aufnahme an der unglasierten Keramik (Steatit), wobei Bild 6.7 eine Detailaufnahme darstellt. Das Steatit gehört zur Gruppe der Magnesiumsilikate und zeichnet sich vor allem durch sehr hohe mechanische Festigkeit und geringe dielektrische Verluste aus [Brinkmann75]. Formelmäßig lässt sich das Steatit als $Mg_3Si_4O_{10}(OH)_2$ aufschreiben. Auch die unglasierte Keramik weist eine höchst unregelmäßige Oberflächenstruktur auf, wodurch eine äußerst rauhe Oberfläche entsteht und aufgrund dessen lokale Feldanhebungen an der Werkstoffoberfläche erzeugt werden. Sehr deutlich lassen sich in Bild 6.7 die einzelnen Keramik-Körner und eine Vielzahl von Hohlräumen erkennen.

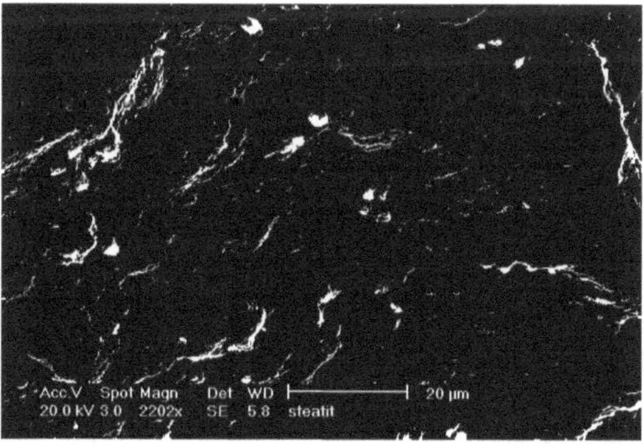

Bild 6.6: HREM-Aufnahme der Oberfläche der unglasierten Keramik (Steatit)

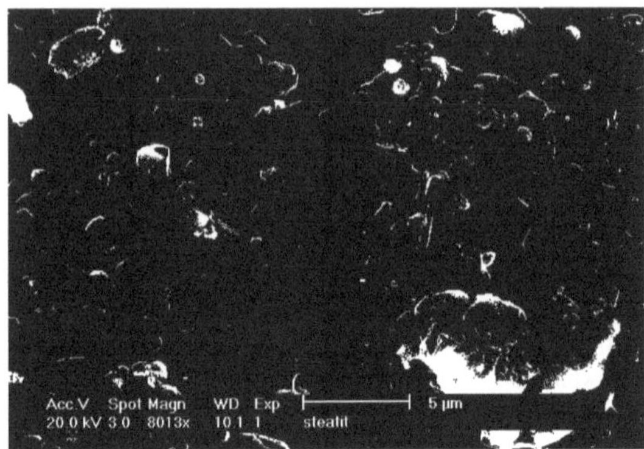

Bild 6.7: Detailaufnahme der Steatit-Oberfläche

Aufgrund der Hohlräume und der Hydroxyl(OH)-Gruppen ist zu vermuten, dass sich Wassermoleküle durch den Kapillareffekt sowie durch die Ausbildung von Wasserstoffbrücken leicht an die Oberfläche des Steatits anlagern können, was zu einem relativ schlechten Isoliervermögen unter Feuchtebedingungen bereits bei 20 °C führen müsste. Die in Abschnitt 5.2.1 aufgeführten Tabellen 5.1 und 5.2 liefern jedoch ein anderes Ergebnis. Die relativ gute Spannungsfestigkeit des Steatits unter Feuchtebedingungen lässt sich wie folgt erklären: Für Elektrodenabstände $d \geq 1{,}0$ mm ist das elektrische Feld aufgrund der rauhen Oberfläche offenbar schon beim Klima 20 °C / 70 % r.F. so stark verzerrt, dass bei f_{rel} = 95 % noch zu wenige Wassermoleküle verfügbar sind, um die elektrische Feldverteilung maßgeblich zu verändern. Wie Tabelle 5.4 zeigt, sind für eine signifikante Veränderung der elektrischen Feldverteilung offensichtlich höhere Feuchtemengen erforderlich.

Die Ursache für die relativ geringe Zunahme der Oberflächenkapazität und des Oberflächenleitwerts beim Steatit liegt vermutlich darin, dass aufgrund der erschwerten Wasseraufnahme (s. Kapitel 8) eine teilweise sehr dünne Wasserschicht an der Werkstoffoberfläche vorhanden ist, was die Ionendrift in der Wasserschicht über den gesamten Elektrodenabstand erheblich beeinträchtigt und darüber hinaus zu einer geringen relativen Dielektrizitätszahl der Wasserschicht führt.

Die in den Bildern 6.8 und 6.9 wiedergegebenen Oberflächenaufnahmen des Melaminharzes MF 2500 und des Melaminharzes MF 1206 zeigen ebenfalls unregelmäßige Oberflächenstrukturen, die sich auf die Oberflächenbehandlung (z.B. Schleifen, Polieren) der Isoliermaterialien und auf Füllstoffe zurückführen lassen. Auch hier sind Risse und Poren zu erkennen, in denen der Kapillareffekt stattfinden kann. Vergleicht man Bild 6.8 und Bild 6.9 miteinander, so lässt sich außer der in Bild 6.9 zu erkennenden Vertiefung keine signifikante Abweichung in der physikalischen Oberflächenbeschaffenheit zwischen dem Melaminharz MF 2500 und dem Melaminharz MF 1206 feststellen. Aufgrund der unterschiedlichen chemischen Oberflächenstruktur (s. Abschnitt 6.2.2) weicht das Isoliervermögen der beiden

Isoliermaterialien jedoch deutlich voneinander ab, was anhand der Tabelle 5.4 klar erkennbar ist.

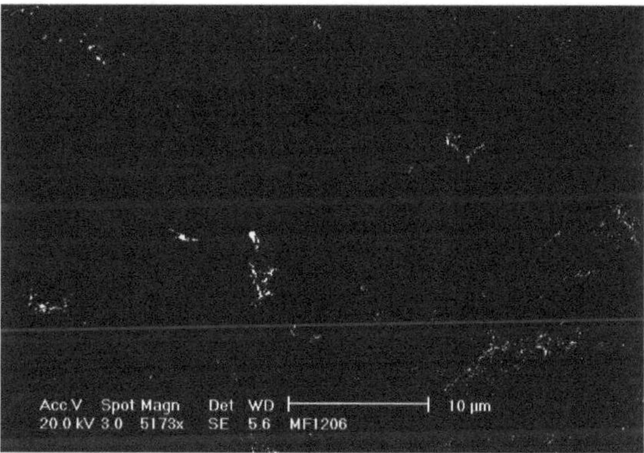

Bild 6.8: HREM-Aufnahme der Oberfläche des Melaminharzes MF 1206

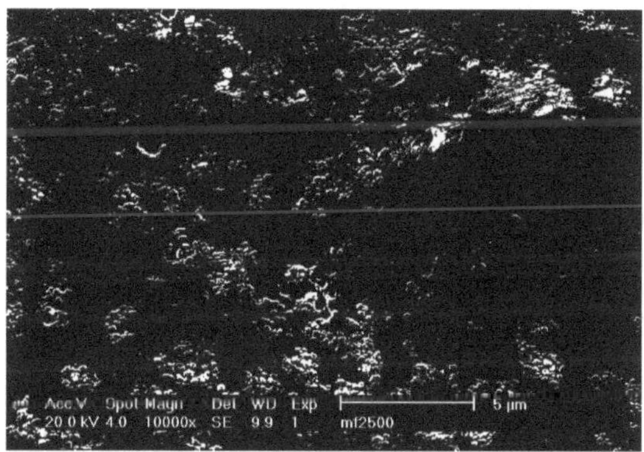

Bild 6.9: HREM-Aufnahme der Oberfläche des Melaminharzes MF 2500

Die zuvor geschilderten Untersuchungsergebnisse demonstrieren, dass sich mit dem hochauflösenden Rasterelektronenmikroskop wesentliche Ergebnisse hinsichtlich der Beschreibung der physikalischen Oberflächenstruktur von Isoliermaterialien erzielen lassen. Diese Messmethode erlaubt es, Unebenheiten und Hohlräume zu detektieren, so dass Rückschlüsse auf das Wasseranlagerungsverhalten geschlossen werden können. Eine chemische Analyse der Isolierstoffoberfläche kann mit diesem Verfahren allerdings nicht durchgeführt werden. Dazu existieren jedoch andere Messverfahren, die in den folgenden Abschnitten behandelt werden. Des weiteren lassen sich Hohlräume bezüglich Ihres Volumens mit dem hochauflösenden Rasterelektronenmikroskop quantitativ nicht erfassen. Zur Vermessung des Volumens von Hohlräumen existiert jedoch die sogenannte *BET-* bzw. *BJH-Analyse*, auf die in Abschnitt 6.3 dieser Arbeit eingegangen wird.

Anhand des Beispiels am Steatit lässt sich schlussfolgern, dass die Kenntnis der Oberflächenstruktur eines Isolierstoffs offensichtlich allein nicht ausreicht, um die Klassifizierung des Matrerials in eine bestimmte Wasseranlagerungsgruppe vorhersagen zu können. Es müssen vielmehr auch genaue Informationen über die elektrische Feldverteilung bei bestimmten Umgebungsbedingungen und auch über den Umfang der Elektronenanlagerung an Sauerstoffmoleküle (vgl. Abschnitt 3.1.1) vorliegen.

6.2 Energiedispersive Röntgenspektroskopie (EDX-Spektroskopie)

6.2.1 Einleitung

Die energiedispersive Röntgenspektroskopie ist ein unentbehrliches Verfahren, um im Isoliermaterial vorhandene Atome zu detektieren; aus dieser Kenntnis kann dann auf im Werkstoff enthaltene chemische Verbindungen geschlossen werden [Ermeler00]. Aufgrund des Funktionsprinzips der EDX-Spektroskopie ergibt sich jedoch der Nachteil, dass beispielsweise zwischen Füllstoff-Atomen an der Isolierstoffoberfläche und solchen im Innern des Isolierstoffs nicht unterschieden werden kann. Zur Beschreibung der chemischen Oberflächenstruktur eines Isolierstoffs ist die alleinige Anwendung der EDX-Spektroskopie demnach ungeeignet, da die Lage der Füllstoffe im Isolierstoff unbekannt ist und die Füllstoffe demzufolge ausschließlich im Innern des Isolierstoffs liegen könnten; solche Füllstoffe sind für die Charakterisierung der Oberflächenstruktur allerdings nicht relevant. Unter Zuhilfenahme der HREM-Aufnahme des Isolierstoffs können jedoch an der Isolierstoffoberfläche liegende Füllstoffe detektiert und mit der EDX-Spektroskopie hinsichtlich ihrer Atome untersucht werden. Zur Beschreibung der chemischen Oberflächenstruktur eines Isoliermaterials ist demnach eine Kombination der HREM-Aufnahme mit der EDX-Spektroskopie unerlässlich [Ermeler00].

Zum besseren Verständnis der im Abschnitt 6.2.2 geschilderten Ergebnisse der EDX-Spektroskopie wird im Folgenden dieses Messverfahren kurz beschrieben. Bei der energiedispersiven Röntgenspektroskopie wird ein Strahl aus Elektronen, die mit einer Spannung im Kilovolt-Bereich beschleunigt werden, auf die Probe gelenkt. Dadurch werden zwei Effekte verursacht: Zum Einen werden die in das Material eindringenden Elektronen (e^-) durch das elektrische Feld der positiv geladenen Atomkerne (Q^+) abgelenkt und abgebremst (Bild 6.10) [Hering89]. Die Abbremsung der Elektronen führt zur Aussendung elektromagnetischer Strahlung, die als sogenannte *Röntgenbremsstrahlung* bezeichnet wird.

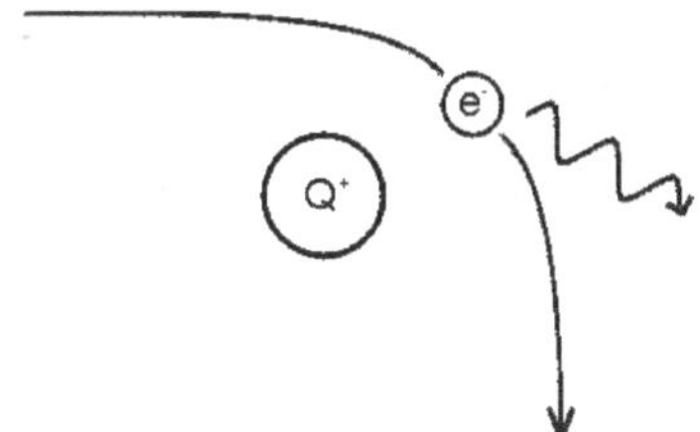

Bild 6.10: Ablenkung und Abbremsung eines Elektrons durch die positive Kernladung

Das Spektrum der Röntgenbremsstrahlung ist ein kontinuierliches Spektrum, da es sich um freie Elektronen handelt, deren Energie nicht gequantelt ist [Hering89]. Bild 6.11 zeigt beispielhaft das Röntgenbremsspektrum für drei verschiedene Beschleunigungsspannungen U. Dabei wird die Strahlungsintensität I*) über der Strahlungsenergie W aufgetragen [Hering89].

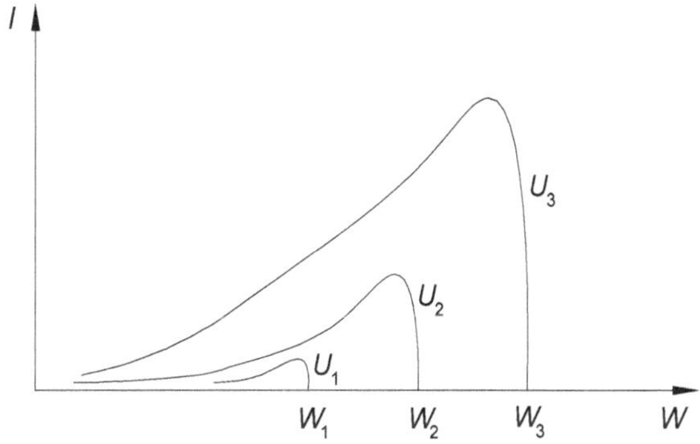

Bild 6.11: Vereinfachte Darstellung des Röntgenbremsspektrums für drei verschiedene Beschleunigungsspannungen U, $U_1 < U_2 < U_3$

Die obere Grenze des Röntgenbremsspektrums ergibt sich aus der vollständigen Abbremsung des Elektrons mit der Energie $W = e \cdot U$ in <u>einem</u> Vorgang. Wie aus Bild 6.11 ersichtlich ist, steigt diese Grenze mit wachsender Beschleunigungsspannung an.

Ein weiterer Effekt des auftreffenden Elektronenstrahls ist das Ablösen von Elektronen aus den inneren Schalen der Atome des Prüflings, so dass eine Ionisation stattfindet. Bild 6.12 zeigt hierzu das Schalenmodell eines Atoms. Von innen nach außen werden die Elektronenschalen des Atoms mit K-, L-, M-, ...- Schalen bezeichnet. Wird ein Elektron aus einer dieser Schalen entfernt, so füllt ein Elektron aus einer äußeren Schale die entstandene Elektronenlücke unter Aussendung der sogenannten

*) Die Strahlungsintensität I ist in der Röntgenanalyse vereinfachend der Quotient aus der Menge detektierter Photonen und der Zeit und wird in counts per seconds (Impulse pro Sekunde) angegeben.

charakteristischen Röntgenstrahlung wieder auf. Im Gegensatz zum Röntgenbremsspektrum handelt es sich bei dem Spektrum der charakteristischen Röntgenstrahlung um ein diskretes Spektrum (Linienspektrum), da die Energie der lückenfüllenden Schalenelektronen gequantelt ist.

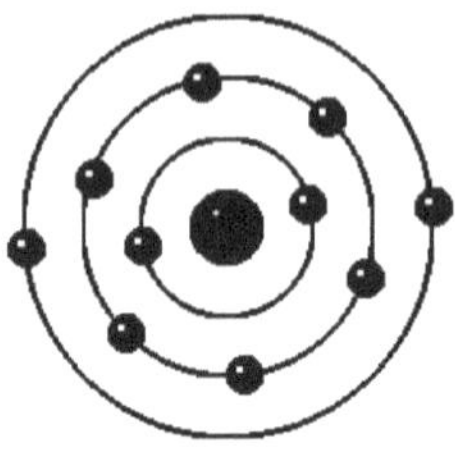

Bild 6.12: Schalenmodell eines Atoms

Die Bezeichnung der Linien im Spektrum der charakteristischen Röntgenstrahlung erfolgt in der Regel durch drei Terme (z.B. Al K_α). Der erste Term (Al) gibt das chemische Element – in diesem Beispiel Aluminium – an. Der zweite Ausdruck (hier: K) repräsentiert die Schale, aus der ein Elektron durch den Elektronenstrahl entfernt wurde. Der dritte Term als Index gibt an, von welcher Schale das lückenfüllende Elektron geliefert wird. Zur Veranschaulichung dieser Terminologie zeigt das folgende Bild 6.13 die verschiedenen Energieniveaus eines beliebigen Atoms mit fünf Elektronenschalen. Die Pfeile geben dabei Elektronenübergänge zwischen den äußeren und inneren Elektronenschalen zur Füllung der in den inneren Schalen entstandenen Elektronenlücken an.

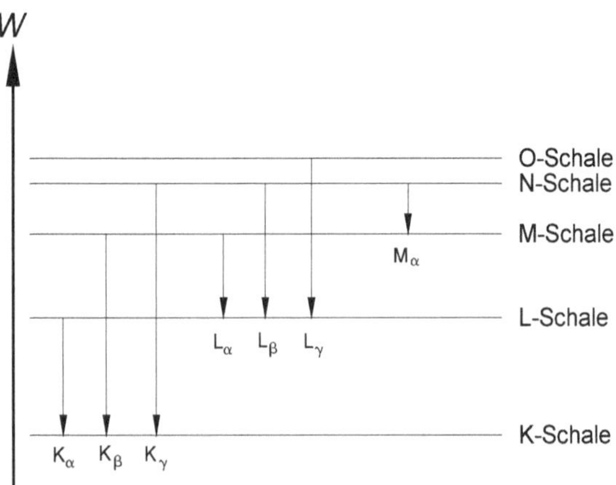

Bild 6.13: Energieniveaus und Elektronenübergänge bei einem Atom mit fünf Elektronenschalen

Nach diesem Bild kann ein Elektron, das durch den Elektronenstrahl in der K-Schale entfernt wurde, durch ein anderes Elektron beispielsweise aus der L-, M- und N-Schale ersetzt werden. Die dabei ausgesandte Strahlung mit drei verschiedenen Wellenlängen findet sich im Spektrum der charakteristischen Röntgenstrahlung als K_α-, K_β- und K_γ-Linien wieder. Gemäß Bild 6.13 können analog dazu in dem Spektrum auch L_α-, L_β- und L_γ- Linien auftreten. Bei chemischen Elementen, die nur aus der K-Schale bestehen, kann folglich keine der in Bild 6.13 dargestellten Elektronenübergänge stattfinden. Daher können in einer Probe enthaltene Wasserstoff- und Helium-Atome aufgrund deren Stellung im Periodensystem mit Hilfe der EDX-Spektroskopie nicht detektiert werden.

Die beiden zuvor beschriebenen Spektren (Spektrum der charakteristischen Röntgenstrahlung und Röntgenbremsspektrum) überlagern sich zum sogenannten *Röntgenspektrum* der Probe. Ein solches Spektrum, in dem in der Regel die Strahlungsintensität *I* über der Strahlungsenergie *W* aufgetragen wird, ist im folgenden Bild 6.14 für verschiedene Beschleunigungsspannungen *U* wiedergegeben. Hier ist zu erkennen, dass diese Spannung so gewählt werden muss, damit die maximal zu erwartende Frequenz ν_{max} der charakteristischen Röntgenstrahlung erfasst werden kann. Anhand dieses Spektrums können dann die in einer Probe enthaltenen Atome identifiziert werden.

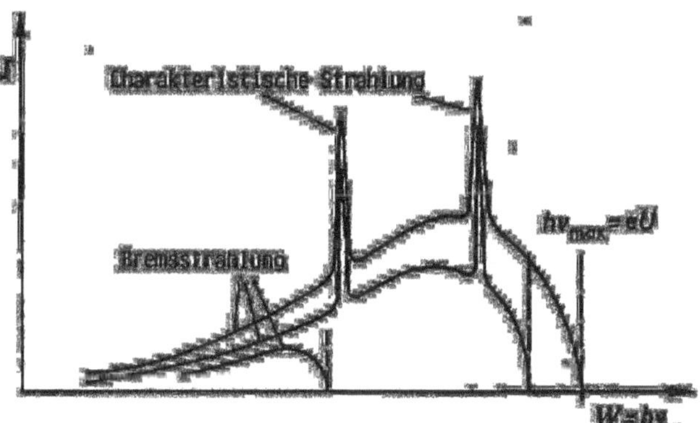

Bild 6.14: Resultierendes Röntgenspektrum einer beliebigen Probe

6.2.2 Ergebnisse der EDX-Spektroskopie

In diesem Abschnitt werden die Ergebnisse der energiedispersiven Röntgenspektroskopie (EDX-Spektroskopie) vorgestellt, die an den in Tabelle 4.2 aufgeführten Prüflingen durchgeführt wurde. In den folgenden Bildern wurde bereits vorab das kontinuierliche Röntgenbremsspektrum herausgerechnet, so dass hier nur noch das Spektrum der charakteristischen Röntgenstrahlung dargestellt ist. Analog zu Bild 6.14 wird dabei die Strahlungsintensität *I* über der Strahlungsenergie *W* aufgetragen. Auf eine quantitative Darstellung der Strahlungsintensität wird dabei verzichtet, da bei der Anwendung der EDX-Spektroskopie sowohl Atome an der Probenoberfläche als auch solche im Basismaterial detektiert werden. Für die Beschreibung der chemischen Oberflächenstruktur sind jedoch nur die Atome an der Oberfläche relevant; dieser Anteil konnte hier nicht quantifiziert werden. Aus diesem Grunde ist ein quantitativer Vergleich der an der Oberfläche vorhandenen Atome zwischen den verschiedenen Prüflingen nicht möglich. Es kommt vielmehr auf die Identifikation der in einer Probe enthaltenen Atome an.

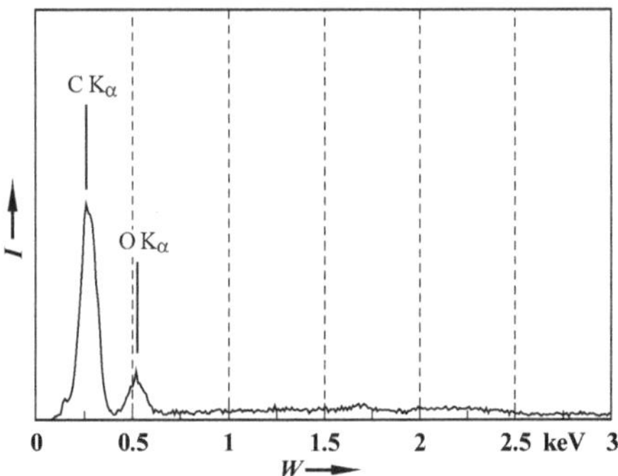

Bild 6.15: Spektrum der charakteristischen Röntgenstrahlung beim Evitherm 0,45

Zunächst zeigt Bild 6.15 das Spektrum der charakteristischen Röntgenstrahlung beim Dreischichtmaterial aus Polyestervlies und Polyesterfolie (Evitherm 0,45). In diesem Bild tauchen zwei ausgeprägte Peaks bei den Strahlungsenergien $W = 280$ eV und $W = 520$ eV auf, die die K_α - Linie des Kohlenstoffs (C K_α) und des Sauerstoffs (O K_α) repräsentieren. Da das Polyestervlies und die Polyesterfolie aus Kohlenwasserstoffverbindungen besteht [Brinkmann75], ist stark davon auszugehen, dass weiterhin nicht detektierbare Wasserstoffatome in der Probe vorhanden sind. Linien, die auf anorganische Füllstoffe schließen lassen könnten, treten hier nicht auf.

Um die Reproduzierbarkeit des in Bild 6.15 dargestellten Spektrums zu überprüfen, wurde die EDX-Spektroskopie an einer anderen Messstelle des Prüflings durchgeführt. Das Ergebnis hierzu zeigt Bild 6.16. Anhand dieses Bildes ist ersichtlich, dass sich an unterschiedlichen Messstellen eine unterschiedliche chemische Zusammensetzung des Materials ergibt. Dies lässt sich vermutlich auf die Porösität des Materials zurückzuführen, was im Folgenden erläutert wird. In Bild 6.16 ist zu erkennen, dass in dem Material neben den bereits festgestellten Kohlenstoff-, Sauerstoff-, und Wasserstoff-Atomen weiterhin Magnesium-, Aluminium- und Silizium-Atome vorhanden sind. Diese drei anorganischen Elemente sind ein Indiz dafür, dass in diesem Isoliermaterial Füllstoffe wie z.B. Glasfasern zur Verbesserung der mechanischen Festigkeit des Isoliermaterials eingebettet sind. Hierbei ist zu vermuten, dass sich diese Verstärkungsstoffe nicht im Polyestervlies sondern in der darunter liegenden Polyesterfolie befinden, da diese Additive in den HREM-Aufnahmen nicht erkennbar sind (s. Bild 6.5). Andererseits dürfte der auf die Probe auftreffende

Elektronenstrahl aufgrund dessen geringer Eindringtiefe von ungefähr 2 µm die Polyesterfolie nicht erreichen, da das Polyestervlies nach Herstellerangaben 50 µm dick ist. Aufgrund der Porösität des Polyestervlieses (s. Bild 6.5) weist dieses jedoch mikroskopisch gesehen eine stark unterschiedliche Dicke auf, so dass der Elektronenstrahl das Polyestervlies offenbar örtlich vollständig durchdringt und auf die Polyesterfolie trifft.

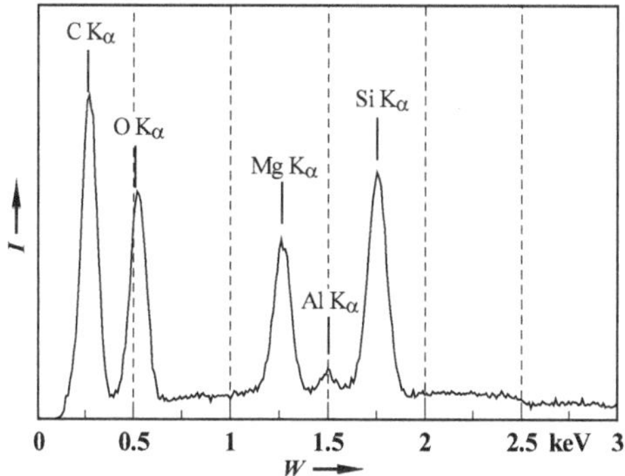

Bild 6.16: Spektrum der charakteristischen Röntgenstrahlung beim Evitherm 0,45 (Messung an einer anderen Messstelle)

In Bild 6.16 sind nur die K_α–Linien der drei anorganischen Elemente vorhanden, obwohl diese Stoffe aus jeweils drei Elektronenschalen (K-, L- und M-Schale) aufgebaut sind und demnach nach Bild 6.13 noch die jeweilige K_β-Linie sowie die L_α-Linie auftauchen müsste. Für das „Fehlen" dieser Linien kommen im Wesentlichen zwei Gründe in Betracht: Zum Einen ist es denkbar, dass diese Linien eine so geringe Intensität besitzen, dass sie vom Rauschen bzw. von den Schultern der in Bild 6.16 erkennbaren Peaks überdeckt werden. Darüber hinaus könnte die Energie der L_α-Strahlung so gering sein, dass sie von dem hier verwendeten EDX-Detektor nicht mehr wahrgenommen wird; diese Annahme gilt jedoch nicht für die K_β-Linie, da gemäß Bild 6.13 die Energie der K_β-Strahlung höher ist als die der K_α-Strahlung. Die oben geschilderten Messergebnisse zeigen, dass eine Anlagerung von Wassermolekülen an die anorganischen Verbindungen aufgrund der mikroskopisch unterschiedlichen Dicke des Polyestervlieses nicht ausgeschlossen kann. Anhand der Bilder 6.15 und 6.16 wird deutlich, dass auch zur chemischen Analyse der Probe mehrere Messstellen in Betracht gezogen werden müssen.

Bild 6.17 zeigt das Spektrum der charakteristischen Röntgenstrahlung beim Steatit. Wie man diesem Spektrum entnehmen kann, ist das Steatit ausschließlich aus anorganischen Verbindungen aufgebaut. Neben dem bereits erwähnten Magnesiumsilikat sind in diesem Prüfling offenbar Füllstoffe wie Aluminiumoxid bzw. Aluminiumhydroxid vorhanden, an die sich Wassermoleküle durch Ausbildung von Wasserstoffbrücken anlagern können.

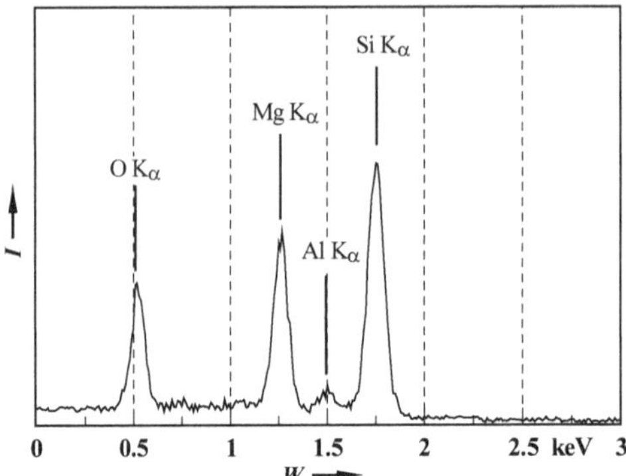

Bild 6.17: Spektrum der charakteristischen Röntgenstrahlung beim Steatit

Die EDX-Spektroskopie beim Epoxidharz FR-4 lieferte das Ergebnis, dass dieses Isoliermaterial aus Kohlenstoff- und Sauerstoff-Atomen sowie aus Brom-, Magnesium- und Aluminium-Atomen aufgebaut ist. Es ist zu vermuten, dass die Magnesium- und teilweise die Aluminium-Atome aus dem Glasgewebe stammen, das sich im Substrat des Isoliermaterials befindet und nicht an der Isolierstoffoberfläche erscheint (Bild 6.1). Des weiteren ist anzunehmen, dass die Füllstoffe Aluminiumoxid bzw. Aluminiumhydroxid vorhanden sind, die sich jedoch ebenfalls im Innern des Isolierstoffs und nicht an der Isolierstoffoberfläche befinden. Bei diesem Prüfling handelt es sich offenbar um das bromierte Harz TBBA (Tetrabromid-Bisphenol A), welches selbstlöschende Eigenschaften aufweist [Roll96]. Wie die in Kapitel 5 geschilderten Ergebnisse zeigten, wirkt sich die Zugabe von Brom offenbar nicht negativ auf das Isoliervermögen des Materials unter Feuchtebedingungen aus.

Anhand der EDX-Spektroskopie beim Polyesterharz GPO-2 wurde festgestellt, dass in diesem Werkstoff die chemischen Elemente Kohlenstoff, Sauerstoff, Aluminium, Silizium, Antimon und Brom vorhanden sind. Hierbei stammt Kohlenstoff, Brom und teilweise der Sauerstoff offenbar aus dem Polymer; das Silizium sowie zum Teil das Aluminium ist auf das eingebettete Glasgewebe zurückzuführen. Des weiteren lassen sich anhand der detektierten Atome die zum Basismaterial zugegebenen Füllstoffe Aluminiumoxid bzw. Aluminiumhydroxid sowie Antimonoxid identifizieren. Im Gegensatz zum Epoxidharz FR-4 liegen diese Füllstoffe beim Polyesterharz an der Isolierstoffoberfläche (Bild 6.2), so dass die erwähnte Wasseranlagerung durch Ausbildung von Wasserstoffbrücken möglich ist.

Beim Dreischichtmaterial aus Pressspan und Polyesterfolie wurde ausschließlich Kohlen- und Sauerstoff festgestellt. Es ist stark anzunehmen, dass die Polyesterfolie aufgrund ihrer Lage innerhalb des Dreischichtmaterials vom Elektronenstrahl nicht erfasst wurde. Daher stammen die beiden detektierten Elemente ausschließlich aus dem Pressspan.

In den beiden folgenden Bildern sind die Spektren der charakteristischen Röntgenstrahlung der beiden Melaminharze MF 2500 und MF 1206 dargestellt. Ein Vergleich der Spektren zeigt, dass sich die beiden Harze insbesondere in der chemischen Zusammensetzung der Füllstoffe erheblich unterscheiden.

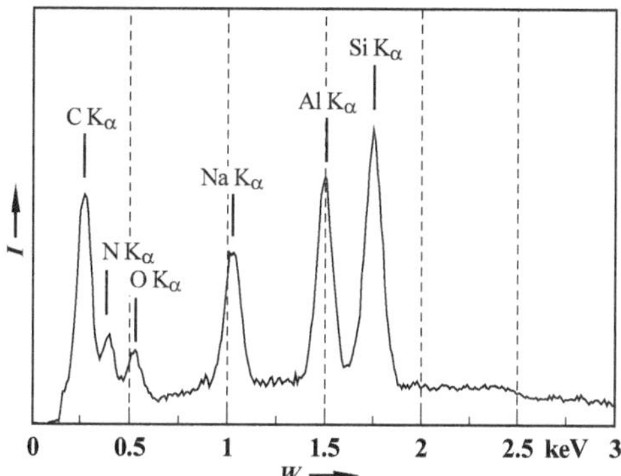

Bild 6.18: Spektrum der charakteristischen Röntgenstrahlung beim Melaminharz MF 2500

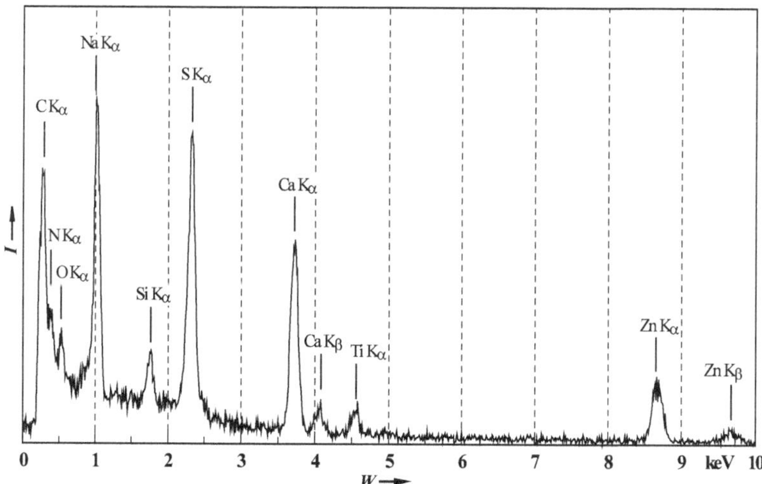

Bild 6.19: Spektrum der charakteristischen Röntgenstrahlung beim Melaminharz MF 1206

So deuten die chemischen Elemente Kalzium und Titan beim Melaminharz MF 1206 entweder auf eine andere Zusammensetzung der verwendeten Glasfaser oder auf zusätzliche Füllstoffe wie z.B. Titandioxid (TiO_2) oder Kalziumcarbonat ($CaCO_3$) hin.

Des weiteren ist in diesem Material Zinksulfid (ZnS) enthalten, das aus einem Zink- und Schwefelionengitter aufgebaut ist [Holleman76]. Die HREM-Aufnahme beim Melaminharz MF 1206 (Bild 6.8) zeigt, dass die Füllstoffe an der Feststoffoberfläche erscheinen und sich somit durch elektrostatische Anziehung zwischen dem Ionengitter und den polaren Wassermolekülen auf die Wasseradsorption auswirken.

Zum Abschluss zeigt das folgende Bild 6.20 das Spektrum der charakteristischen Röntgenstrahlung beim Steatit, das für einen Zeitraum von 18 Monaten an der Hauptverkehrsstraße auslagerte. In diesem Bild sind angelagerte Schmutzpartikel anhand des Kohlenstoffs und der intensiveren Sauerstoff-Linie deutlich zu identifizieren.

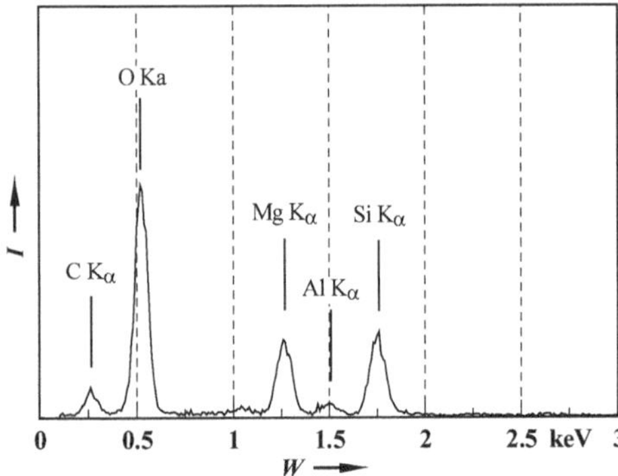

Bild 6.20: Spektrum der charakteristischen Röntgenstrahlung beim Steatit nach Auslagerung an der Hauptverkehrsstraße

Angelagerte Schadgase wie Stickoxide und Schwefeldioxid lassen sich in obigem Bild nicht entdecken. Ursachen hierfür könnten sein, dass zum Einen die Konzentration der angelagerten Gase so gering ist, dass sie vom Messgerät nicht detektiert werden; andererseits ist ein Entfernen der angelagerten Schadgase während der Aufnahme der EDX-Spektroskopie aufgrund des in der Probenkammer vorherrschenden Vakuums nicht auszuschließen.

Die obigen Ausführungen zeigen, dass das Verfahren der EDX-Spektroskopie in Kombination mit den HREM-Aufnahmen geeignet ist, um die chemische Oberflächenstruktur eines Isolierstoffs zu beschreiben. Somit können beispielsweise an der Oberfläche erscheinende Füllstoffe erfasst werden, die die Feuchteanlagerung durch Bildung von Wasserstoffbrücken und elektrostatischen Anziehungskräften entscheidend beeinflussen. Mit der EDX-Spektroskopie allein lässt sich zwischen Atomen an der Probenoberfläche und solchen im Substrat der Probe aufgrund der Eindringtiefe des Elektronenstrahls nicht unterscheiden [Ermeler00]. Ein Nachteil der EDX-Spektroskopie bei den hier untersuchten Prüflingen ist außerdem, dass die chemischen Verbindungen der Isoliermaterialien nicht eindeutig identifiziert werden können. Es ist mit Hilfe der EDX-Spektroskopie beispielsweise nicht möglich, bei einem Isolierstoff zwischen polaren Carbonyl-Gruppen und unpolaren Ether-Gruppen [Schröter01] zu unterscheiden. Ein hierfür geeigneteres Verfahren stellt die sogenannte *Infrarotspektroskopie* dar, die im Abschnitt 6.4 behandelt wird.

6.3 Gasadsorptionsmessungen (BET-Analyse)

6.3.1 Einführung

Wie die in Abschnitt 6.1 geschilderten Messergebnisse zeigten, ermöglichen Aufnahmen mit dem hochauflösenden Rasterelektronenmikroskop eine qualitative Beschreibung der an der Isolierstoffoberfläche vorhandenen Poren und Hohlräume. Um diese quantitativ zu erfassen, wurden innerhalb der vorliegenden Arbeit Gasadsorptionsmessungen (genauer: BET-Analysen) an den Prüflingen durchgeführt. Mit der BET-Analyse ist es möglich, Aussagen hinsichtlich der Größe der Adsorptionsoberfläche (auch *BET-Oberfläche* genannt) und des Porenvolumens einer Probe zu treffen [Brunauer38]. Zur Bestimmung der Adsorptionsoberfläche und des Porenvolumens einer Probe ist es zwingend erforderlich, chemische Reaktionen zwischen dem Werkstoff (Adsorbens) und dem Gas bzw. Dampf (Adsorptiv) auszuschließen, da diese das Messergebnis maßgeblich verfälschen würden. Aus diesem Grunde wird bei der BET-Analyse als Adsorptiv meist Stickstoff verwendet, da dieser Stoff inerte Eigenschaften aufweist. Aus der Kenntnis der BET-Oberfläche und des Porenvolumens lassen sich dann genauere Aussagen bezüglich des Adsorptionsverhaltens der Prüflinge gegenüber Feuchte treffen [Gräf97].

Die folgenden Betrachtungen zu den bei der Adsorption von inertem Gas ablaufenden Vorgängen dienen zum besseren Verständnis der in Abschnitt 6.3.2 geschilderten Messergebnisse und sind für die Wasseradsorption von grundlegender Bedeutung. Ausgangspunkt der Betrachtungen soll eine Isolierstoffprobe sein, die beispielsweise durch flüssigen Stickstoff auf eine konstante Temperatur abgekühlt wird. Dosiert man eine genau definierte Menge gasförmigen Stickstoffs im Probenraum, dann lässt sich feststellen, dass eine bestimmte Gasmenge adsorbiert wird. Ein exaktes Messen des adsorbierten Gasvolumens V bei stufenweiser Steigerung des Gasdrucks p liefert eine für die Probe typischen Verlauf der sogenannten *Adsorptionsisotherme*. Wird der Gasdruck daraufhin wieder schrittweise reduziert, lösen sich die an der Probenoberfläche adsorbierten Stickstoffmoleküle und man erhält die *Desorptionsisotherme*, deren Verlauf in der Regel von der Adsorptionsisotherme abweicht (Hysterese). Bei einer späteren Auswertung der erhaltenen Kurven lässt sich aus der Adsorptionsisotherme die Adsorptionsoberfläche quantitativ bestimmen; die Hysterese gibt dabei über die Form der an der Probenoberfläche vorhandenen Poren Auskunft [Brunauer38, Boer58, Lowell91].

In Bild 6.21 werden die oben geschilderten Zusammenhänge anhand einer beispielhaften Adsorptions- und Desorptionsisotherme verdeutlicht. In diesem Bild repräsentiert der Druck p_0 den Sättigungsdruck des Adsorptivs und der Ausdruck p/p_0 den relativen Druck. Die in Bild 6.21 dargestellte Adsorptionsisotherme lässt sich in vier Stufen einteilen [Gräf97, Ermeler00]. Da es sich hier um eine Physisorption handelt, können diese Stufen der Stickstoffadsorption als nahezu identisch mit den in Bild 3.5 dargestellten Stadien der physikalischen Feuchteadsorption angenommen werden. Bei geringem relativen Druck p/p_0 adsorbieren Stickstoffmoleküle zunächst an einigen Vorzugsstellen der Probe (I). Bei Steigerung des relativen Drucks entwickelt sich auf der Feststoffoberfläche eine Monoschicht (II), die bei weiterem Anstieg von p/p_0 zu einer Mehrfachschicht von Stickstoffmolekülen anwächst, wobei zunächst kleinere Poren (III) und schließlich alle Poren vollständig mit Gasmolekülen gefüllt sind (IV). Wie bei der Feuchteadsorption muss bei der Stickstoffadsorption mit Kapillarkondensation in denjenigen Poren gerechnet werden, die den nach Gleichung (3-17) erforderlichen Radius aufweisen.

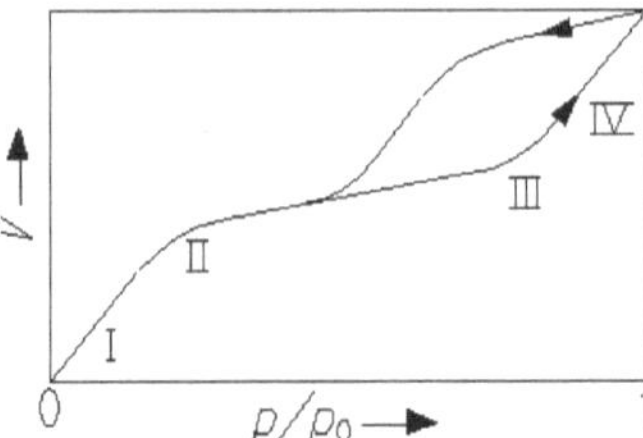

Bild 6.21: Beispielhafte Adsorptions- und Desorptionsisotherme bei der Gasadsorption [Ermeler00, Gräf97]

Wie in [Brdička76] erläutert wird, macht sich der Unterschied zwischen einem Adsorbens glatter Oberfläche und einem Adsorbens poröser Struktur in Adsorptionsisothermen deutlich bemerkbar: Bei kleinem relativen Druck haben die Isothermen der beiden Stoffe zunächst gleichen Verlauf; mit zunehmendem Druck wächst die an dem porösen Adsorbens adsorbierte Menge des Adsorptivs vergleichsweise stark an. Dies basiert auf der Füllung der Poren, wobei – wie oben erwähnt – mit steigendem relativen Druck zuerst kleinere Poren vollständig gefüllt werden.

Zur Beschreibung der mehrmolekularen Adsorption, die der Feuchte- und Stickstoffanlagerung zugrunde gelegt wird (vgl. Bild 3.5), leiten die Wissenschaftler S. Brunauer, P. Emmet und E. Teller die nach ihnen benannte BET-Isotherme ab. Bei dieser Isothermen wird bis zum Erreichen der monomolekularen Schicht angenommen, dass im thermodynamischen Gleichgewicht die Ad- und Desorptionsgeschwindigkeit gleich groß ist und die Adsorptionswärme H_{ads} unabhängig von dem Bedeckungsgrad des Adsorbens ist [Genger00]. Für alle weiteren Schichten wird davon ausgegangen, dass als Adsorptionswärme lediglich die geringere Kondensationswärme H_{kon} des Adsorptivs frei wird [Wedler70, Genger00]. Mit diesen Annahmen lässt sich die BET-Isotherme mathematisch folgendermaßen formulieren [Brunauer38, Wedler70]:

$$\frac{p}{G_{ads} \cdot (p_0 - p)} = \frac{1}{G_{mono} \cdot C} + \frac{C-1}{G_{mono} \cdot C} \cdot \frac{p}{p_0} \qquad (6\text{-}1)$$

In Gleichung (6-1) ist G_{mono} das Gewicht der adsorbierten monomolekularen Schicht, und die Größe G_{ads} repräsentiert das Gewicht der beim relativen Druck p/p_0 adsorbierten Stickstoffmoleküle. In der Konstanten C ist neben der Adsorptionswärme H_{ads} der adsorbierten Monoschicht die Kondensationswärme H_{kon} des Adsorptivs sowie die umgebende Temperatur enthalten. Nach [Wedler70, Genger00] ist diese Gleichung im Bereich $0{,}05 \le p/p_0 \le 0{,}35$ gültig. Eine gemessene Adsorptionsisotherme $V = f(p/p_0)$ nach Bild 6.21 kann also für den gültigen Bereich nach Gleichung (6-1) in eine BET-Isotherme überführt werden. Aus der somit erhaltenen Geraden lassen sich die Steigung $(C-1)/(G_{mono}\cdot C)$ und der Ordinatenabschnitt $(G_{mono}\cdot C)^{-1}$ ermitteln. Mit Hilfe dieser Geradenparameter können dann die unbekannten Konstanten C und G_{mono} bestimmt werden. Aus Kenntnis von G_{mono} wird die sogenannte *totale Adsorptionsoberfläche* S_t des Prüflings berechnet [Brunauer38]:

$$S_t = \frac{G_{mono} \cdot N_A \cdot A_q}{M} \tag{6-2}$$

mit N_A: Avogadro´sche Konstante ($6{,}023 \cdot 10^{23}$ mol^{-1})
A_q: Querschnittsfläche eines N_2-Moleküls (16,2 Å^2, 1 Å = 10^{-10} m)
M: Molekulargewicht des Stickstoffs (28,013 g/mol)

Um eine bessere Vergleichbarkeit zwischen verschiedenen Prüflingen zu erzielen, wird in den meisten Fällen die *spezifische Adsorptionsoberfläche* S_{sp} der Probe angegeben. Dabei wird die totale Adsorptionsoberfläche auf das Gewicht des Prüflings bezogen. Die spezifische Adsorptionsberfläche hat demnach die Einheit m^2/g.

6.3.2 Bestimmung der Adsorptions- und Desorptionsisotherme verschiedener Isolierstoffe

In diesem Abschnitt werden die Messergebnisse vorgestellt, die bei der Adsorption von Stickstoff an Feststoffoberflächen erzielt wurden. Vor jeder Messung wurden die Prüflinge bei einer Temperatur von 120 °C für einen Zeitraum von 100 h gelagert, um den Prüfling „auszugasen". Durch diesen Prozess wurden Fremdgase und -dämpfe, die die Gasadsorptionsmessung erheblich beeinflussen können, aus der Probe entfernt. Nach dem Ausgasungsvorgang wurden die Prüflinge mit einer Analysewaage gewogen und anschließend in den Probenraum gebracht. Daraufhin wurde das adsorbierte Gasvolumen in Abhängigkeit des relativen Drucks p/p_0 aufgenommen, wobei sowohl die Adsorptions- als auch die Desorptionsisotherme aufgezeichnet wurden.

Das folgende Bild 6.22 zeigt den Verlauf dieser Isothermen beim Dreischichtmaterial aus Pressspan und Polyesterfolie (Trivolton H40100). Die Größe V_s repräsentiert dabei das auf das Probengewicht bezogene adsorbierte Stickstoffvolumen. In diesem Bild ist die Hysterese zwischen der Adsorptions- und Desorptionsisothermen deutlich erkennbar. Der steile Anstieg der Kurven bei einem relativen Druck von $p/p_0 = 1$ wird vermutlich durch Wechselwirkungen zwischen den Stickstoffmolekülen untereinander verursacht und soll daher in die Betrachtungen nicht mit einbezogen werden

[Ermeler00]. Aufgrund von Vergleichsisothermen in [Boer58] deutet die Form der Hysterese auf zylinderförmige Poren im Isolierstoff hin.

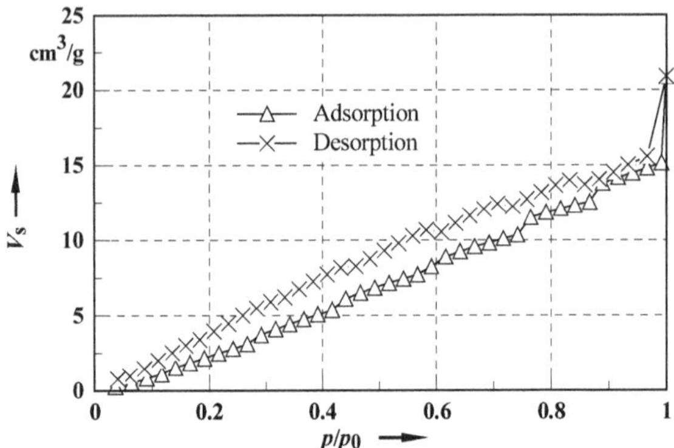

Bild 6.22: Verlauf der Adsorptions- und Desorptionsisotherme beim Dreischichtmaterial Trivolton H40100

Ausgehend von der in Bild 6.22 dargestellten Adsorptionsisotherme lässt sich die BET-Isotherme für das Dreischichtmaterial ableiten. Die hierbei erhaltene Kurve stimmt mit einer Geraden gut überein. Um die Steigung und den Ordinatenabschnitt dieser Geraden zu ermitteln, wurde eine Ausgleichsgerade berechnet, die ebenfalls eingezeichnet ist. Beide Kurven sind in Bild 6.23 dargestellt.

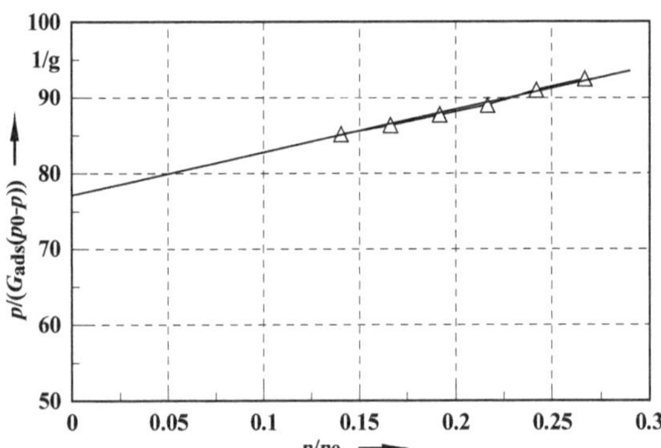

Bild 6.23: Verlauf der BET-Isotherme beim Dreischichtmaterial Trivolton H40100

Aus den Parametern der Ausgleichsgeraden wurde die spezifische Adsorptionsoberfläche zu S_{sp} = 29,6 m²/g berechnet. Die vom Fachgebiet „Dünne Schichten“ der TU Darmstadt durchgeführten Vorabuntersuchungen hinsichtlich der

Genauigkeit der Stickstoffadsorptionsmessungen haben ergeben, dass die spezifische Adsorptionsoberfläche bei einem Wert von ungefähr 61 m^2/g mit einem relativen Fehler von ungefähr $f = 2$ % behaftet ist und dieser umgekehrt proportional mit der spezifischen Adsorptionsoberfläche S_{sp} abnimmt ($f \sim 1/S_{sp}$) Unter Berücksichtigung des relativen Fehlers der spezifischen Adsorptionsoberfläche lässt sich beim Dreischichtmaterial demnach ein Wert von $S_{sp} = 29{,}6\ m^2/g \pm 4$ % angeben.

Im Vergleich zum Dreischichtmaterial Trivolton H40100 weist das Polyesterharz GPO-2 ein deutlich anderes Verhalten auf, wie im Folgenden dargestellt wird.

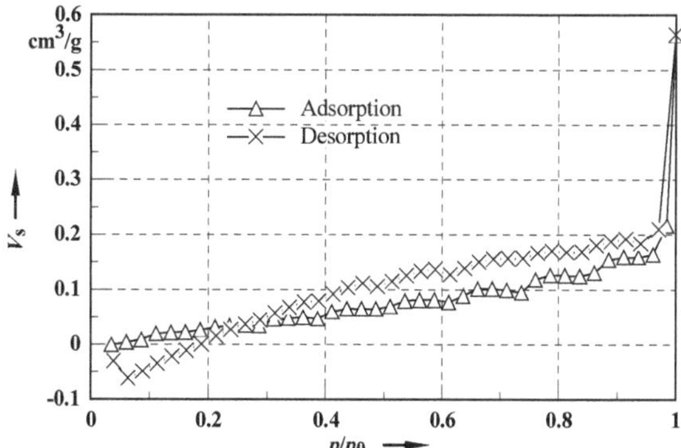

Bild 6.24: Verlauf der Adsorptions- und Desorptionsisotherme beim Polyesterharz GPO-2

Wie Bild 6.24 zeigt, nimmt das spezifische adsorbierte Volumen V_s beim Polyesterharz GPO-2 viel geringere Werte an als beim Dreischichtmaterial Trivolton H40100, so dass auf eine kleinere spezifische Adsorptionsoberfläche geschlossen werden kann. Auch hier ist bei $p/p_0 = 1$ ein steiler Anstieg der Isothermen zu erkennen, der – wie bereits erwähnt wurde – auf Wechselwirkungen zwischen den Stickstoffmolekülen untereinander zurückzuführen ist. Darüber hinaus fällt auf, dass die Desorptionsisotherme negative Werte aufweist. Da aufgrund der geringen Adsorptionsoberfläche des Prüflings ein weitaus höherer Messfehler vorliegt, ist dieses Phänomen vermutlich mit Messungenauigkeiten zu begründen. Nach [Boer58] deutet auch hier die Form der Hysterese auf zylinderförmige Poren im Isolierstoff hin. Die Überführung der Adsorptionsisotherme in die BET-Isotherme liefert das Ergebnis, dass die spezifische Adsorptionsoberfläche des Polyesterharzes GPO-2 $S_{sp} = 1{,}4\ m^2/g \pm 88$ % beträgt [Ermeler00]. Aufgrund des hohen Messfehlers ist dieses Resultat für eine quantitative Aussage hinsichtlich des Wasseranlagerungsvermögens nicht verwertbar.

Die Aufnahme der Adsorptions- und Desorptionsisotherme beim Epoxidharz FR-4 lieferte ein noch geringeres spezifisches adsorbiertes Volumen V_s. Die daraus erhaltene BET-Funktion ist in Bild 6.25 dargestellt. Vergleicht man die BET-Isotherme mit Bild 6.23, stellt man fest, dass die BET-Funktion beim Epoxidharz FR-4 aufgrund des geringeren spezifischen adsorbierten Volumens V_s einen größeren Ordinatenabschnitt und eine größere Steigung aufweist. Eine Auswertung dieser BET-Isotherme liefert eine spezifische Adsorptionsoberfläche von 0,3 m^2/g, die mit einem noch höheren Fehler als die spezifische Adsorptionsoberfläche des Polyesterharzes GPO-2 behaftet ist.

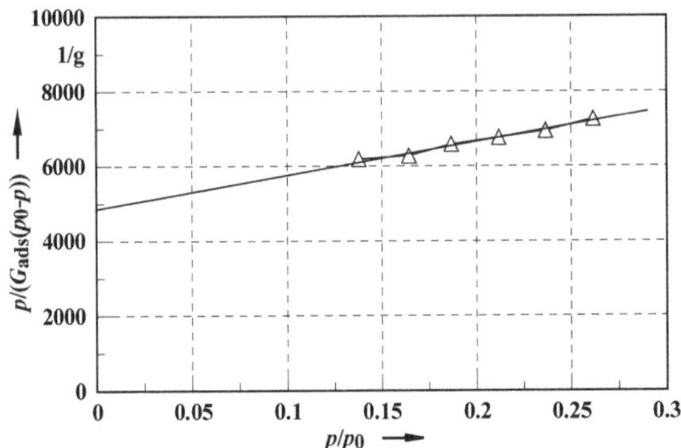

Bild 6.25: Verlauf der BET-Isotherme beim Epoxidharz FR-4

Es stellt sich nun die Frage, welche Porendurchmesser und Porenvolumen bei den Prüflingen auftreten. Hierzu haben E. Barrett, L. Joyner und P. Halenda die nach ihnen benannte *BJH-Methode* entwickelt, die die Bestimmung der Porenvolumen in Abhängigkeit des Porendurchmessers zulässt. Bei dieser Methode werden zylinderförmige Poren, die bei den hier untersuchten Prüflingen aufgrund des Verlaufs der Adsorptions- und Desorptionsisothermen offenbar vorhanden sind, vorausgesetzt. Des weiteren lässt sich mit der BJH-Methode die Porengrößenverteilung berechnen. Auf die theoretischen Grundlagen dieser Berechnungen soll an dieser Stelle nicht eingegangen werden; diese sind vielmehr in [Barrett51] ausführlich geschildert. Grundlage hierfür ist die in Abschnitt 3.2 aufgeführte *Kelvin-Gleichung*. Die Anwendung der BJH-Methode auf die oben dargestellten Isothermen wird im Folgenden betrachtet. Hierzu zeigt zunächst Bild 6.26 das spezifische Porenvolumen V_p in Abhängigkeit des Porendurchmessers d_p beim Dreischichtmaterial Trivolton H40100. Anhand dieses Bildes ist erkennbar, dass Poren mit einem Durchmesser bis zu 145 nm in dem Prüfling vorhanden sind. Mit zunehmendem Porendurchmesser nimmt das Porenvolumen zu, d.h. es kumuliert. Eine Darstellung des Porenvolumens nach Bild 6.26 wird daher als „kumuliertes Porenvolumen" bezeichnet. Wie in diesem Bild ersichtlich ist, umfasst die Gesamtheit aller Poren ein auf das Gewicht der Probe bezogenes Porenvolumen von $3{,}15 \cdot 10^{-2}$ cm^3/g.

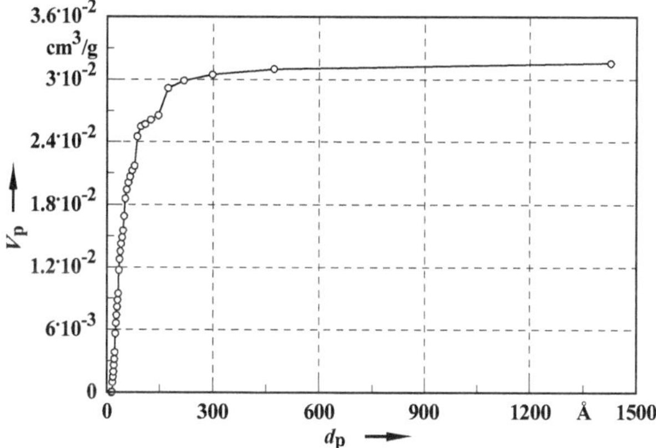

Bild 6.26: Spezifisches Porenvolumen V_p in Abhängigkeit des Porendurchmessers d_p beim Dreischichtmaterial Trivolton H40100

Aus der Kenntnis des kumulierten Porenvolumens lässt sich bestimmen, welchen Anteil ein bestimmter Porendurchmesser zum gesamten Porenvolumen liefert (Porengrößenverteilung D_v). Diese Größe $D_v = f(d_p)$ wird nach der BJH-Methode ermittelt, indem die Ableitung $D_v(d_p) = \partial V_p / \partial d_p$ des kumulierten Porenvolumens berechnet wird. Bild 6.27 zeigt diese Funktion beim Dreischichtmaterial Trivolton H40100.

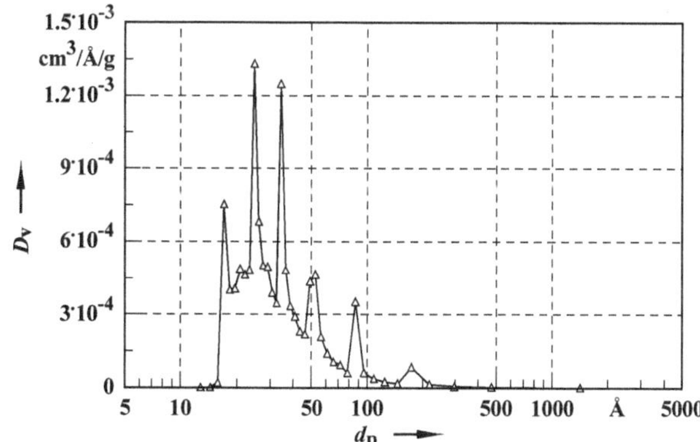

Bild 6.27: D_v in Abhängigkeit des Porendurchmessers d_p beim Dreischichtmaterial Trivolton H40100

Aus dieser Kurve lässt sich entnehmen, dass die *Mesoporen* (Poren mit einem Durchmesser zwischen 20 Å und 500 Å) den größten Beitrag zum kumulierten

Porenvolumen leisten. Einen deutlich geringeren Anteil liefern Poren mit einem Durchmesser bis zu 20 Å (sogenannte *Mikroporen*). *Makroporen*, die einen Durchmesser von mehr als 500 Å haben, sind beim Dreischichtmaterial in einem zu vernachlässigenden Umfang vorhanden.

Ein wesentlich geringeres kumuliertes Porenvolumen wurde beim Polyesterharz GPO-2 festgestellt, wie Bild 6.28 zeigt. Hier ist ersichtlich, dass dieses Material Poren bis zu einem Durchmesser von $d_p = 410$ Å enthält und die Gesamtheit aller Poren ein auf das Probengewicht bezogenes Volumen von $1{,}42 \cdot 10^{-3}$ cm^3/g umfasst.

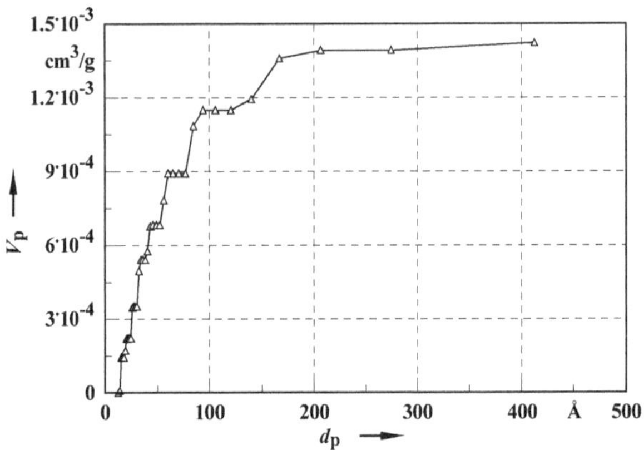

Bild 6.28: Spezifisches Porenvolumen V_p in Abhängigkeit des Porendurchmessers d_p beim Polyesterharz GPO-2

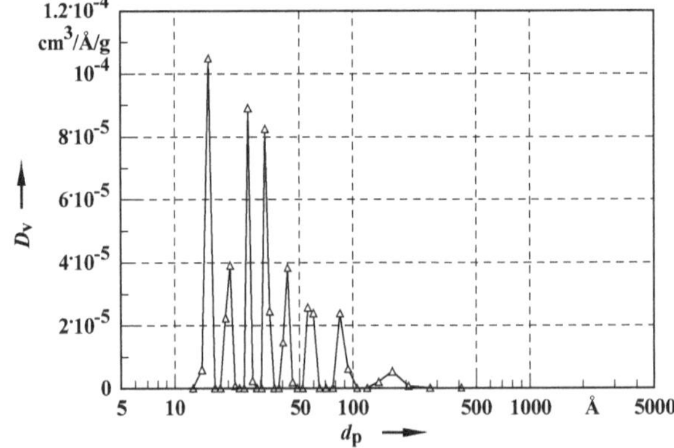

Bild 6.29: D_v in Abhängigkeit des Porendurchmessers d_p beim Polyesterharz GPO-2

Auch beim Polyesterharz leisten überwiegend die Mesoporen einen Beitrag zum Porenvolumen (Bild 6.29); im Vergleich zum Dreischichtmaterial Trivolton H40100 besteht das Polyesterharz jedoch aus deutlich weniger Poren.

Die Anwendung der BJH-Methode beim Epoxidharz FR-4 lieferte ein noch geringeres Porenvolumen. Aufgrund der kleinen Adsorptionsoberfläche dieses Materials und der damit verbundenen hohen Messungenauigkeit wird auf eine quantitative Darstellung an dieser Stelle verzichtet.

Die Porentiefe kann aus den oben dargestellten Bildern nicht ermittelt werden. Typische Porentiefen liegen jedoch in der Größenordnung von 25 - 250 nm [Gräf99].

Die im Rahmen dieser Arbeit durchgeführte BET- bzw. BJH-Analyse mit gasförmigem Stickstoff hat gezeigt, dass eine quantitative Beschreibung von Isolierstoffen hinsichtlich des Wasseranlagerungsverhaltens nicht sinnvoll ist. Dies liegt darin begründet, dass Isoliermaterialien überwiegend eine kleine Adsorptionsoberfläche für inerte Gase besitzen, die eine hohe Messungenauigkeit hervorruft. Daher sind die in Abschnitt 6.1 gezeigten Aufnahmen mit dem hochauflösenden Rasterelektronenmikroskop im Vergleich zu den geschilderten Ergebnissen der Gasadsorptionsmessungen als aussagekräftiger anzusehen.

Zur Quantifizierung des „echten" Wasseranlagerungsverhaltens eines Werkstoffs ist die Verwendung von Wasserdampf besser geeignet, da hier chemische Wechselwirkungen zwischen dem Wasser und polaren Gruppen der Isolierstoffoberfläche – z.B. die Bildung von Wasserstoffbrücken – einfließen. Aus diesem Grunde ist zu erwarten, dass bei Messungen mit Wasserdampf größere Adsorptionsoberflächen gemessen und somit geringere Messfehler erzielt werden. Die Verwendung von Wasserdampf war jedoch innerhalb der in dieser Arbeit durchgeführten Adsorptionsmessungen nicht möglich und sollte daher in Folgearbeiten erfolgen.

6.4 Anwendung der Infrarotspektroskopie

Die Infrarotspektroskopie (IR-Spektroskopie) dient – wie die in Kapitel 6.2 beschriebene EDX-Spektroskopie – zur chemischen Analyse der innerhalb dieser Arbeit untersuchten Prüflinge. Wie bereits erwähnt wurde, besteht ein wesentlicher Unterschied zwischen diesen beiden Verfahren darin, dass mit der IR-Spektroskopie Strukturelemente (beispielswiese polare Carbonyl- oder unpolare Ether-Gruppen) einer Probe detektiert werden können. Die Identifikation solcher Elemente erlaubt es, weiterreichende Aussagen hinsichtlich des Wasseranlagerungsvermögens des Prüflings zu treffen. Aus diesem Grunde ist die IR-Spektroskopie zum Verständnis der in Abschnitt 5.2 beschriebenen Ergebnisse und Effekte ein unabdingbares Analyseverfahren und soll innerhalb der vorliegenden Arbeit angewendet werden.

Zum besseren Verständnis der in Abschnitt 6.4.2 geschilderten Messergebnisse wird zunächst auf die theoretischen Grundlagen der IR-Spektroskopie näher eingegangen.

6.4.1 Grundlegende Betrachtungen

Zahlreiche Untersuchungen an Polymeren haben gezeigt, dass Moleküle bei einer für sie typischen Frequenz ν Strahlung absorbieren. Diese sogenannten *charakteristischen Absorptionsfrequenzen* können dann zur Strukturaufklärung der Probe herangezogen werden. Im infraroten Bereich ist die Absorption von Strahlung mit der Anregung von Molekülschwingungen, die in einem Wellenzahlbereich*) $1/\lambda = 400 \ldots 4000\ cm^{-1}$ ($\nu = 1{,}2 \cdot 10^{13} \ldots 1{,}2 \cdot 10^{15}$ Hz) liegen, verbunden. Eine Molekülgruppe kann nur dann infrarote Strahlung aus einem elektromagnetischen Wechselfeld aufnehmen, wenn der damit verbundene Übergang in ein höheres Schwingungsniveau mit der Änderung des elektrischen Dipolmoments der Molekülgruppe verbunden ist. Gruppierungen, die solche Eigenschaften zeigen, werden als *IR-spektroskopisch aktiv* bezeichnet. Die Molekülschwingungen werden hauptsächlich in *Streckschwingungen (Valenzschwingungen)* und verschiedene Arten sogenannter *Deformationsschwingungen* unterteilt. Bei der Streckschwingung ändern sich die Abstände der Atome in Bindungsrichtung, und die Schwingung erfolgt in Richtung der Verbindungslinie der Atome. Bei den verschiedenen Deformationsschwingungen beruht die Schwingung auf Änderung des Bindungswinkels. Da bei vergleichbaren Massen der schwingenden Atome die Anregungsenergien für Bindungswinkeldeformationen wesentlich kleiner sind als für Abstandsänderungen in Bindungsrichtung, liegen die Streckschwingungen allgemein im höheren Frequenzbereich als die Deformationsschwingungen. Die folgenden Bilder 6.30 bis 6.32 veranschaulichen die oben geschilderten Zusammenhänge. Bei der in Bild 6.30 dargestellten Schwingungsform bewegen sich die beiden äußeren Atome des Moleküls symmetrisch in Bindungsrichtung zum Zentralatom hin. Ist die Masse der äußeren Atome gleich, fällt der Massenschwerpunkt mit dem Zentralatom zusammen; dieses führt daher bei dieser Schwingungsform keine Bewegung aus.

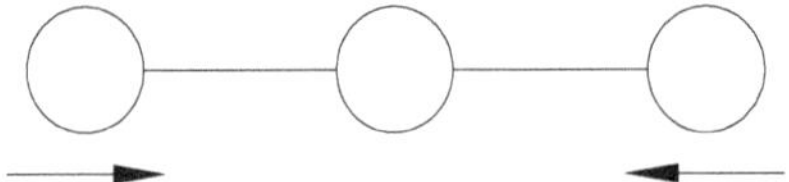

Bild 6.30: Symmetrische Streckschwingung eines dreiatomigen Moleküls

Da mit dieser symmetrischen Streckschwingung keine Änderung des Dipolmoments verbunden ist, kann sie durch die elektromagnetische Strahlung nicht angeregt werden. Die Schwingung ist demnach IR-spektroskopisch inaktiv [Günzler96].

Im Gegensatz dazu bewegen sich bei der in Bild 6.31 gezeigten Schwingungsform die beiden äußeren Atome gleichsinnig und damit asymmetrisch in Bezug auf das Zentralatom. Letzteres führt eine Gegenbewegung aus, womit der Massenschwerpunkt erhalten bleibt. Diese asymmetrische Streckschwingung ist daher infrarotspektroskopisch aktiv.

---

*) Die Wellenzahl gibt die Anzahl der Wellen pro Längeneinheit an und ist zur Beschreibung von Infrarotspektren allgemein üblich [Günzler96].

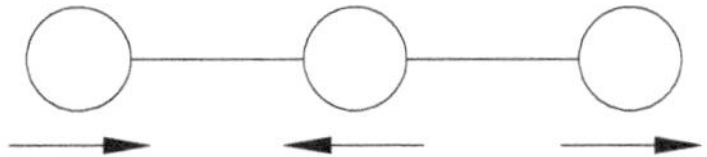

Bild 6.31: Asymmetrische Streckschwingung eines dreiatomigen Moleküls

Bei der in Bild 6.32 dargestellten Schwingungsform führen die Atome Bewegungen senkrecht zur Bindungsrichtung aus, wobei sich die äußeren Atome gleichsinnig und das Zentralatom in die Gegenrichtung bewegen. Diese Schwingung hat eine Veränderung des hier 180° betragenden Bindungswinkels zur Folge, weshalb dieser Schwingungstyp als Deformationsschwingung bezeichnet wird. Auch hier wird ein Dipolmoment induziert; die Schwingung ist deshalb ebenfalls IR-spektroskopisch aktiv [Günzler96].

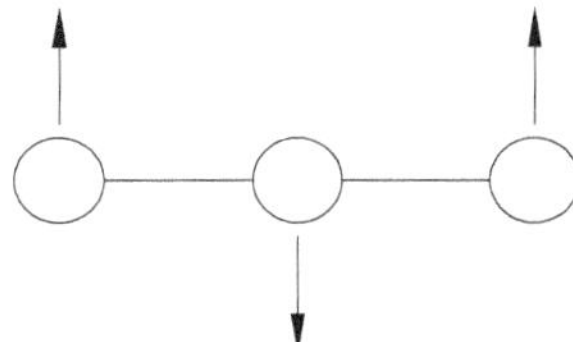

Bild 6.32: Deformationsschwingung eines dreiatomigen Moleküls

Tabelle 6.1: Charakteristische Wellenzahlen einiger chemischer Gruppen [Christen70, Hediger71, Günzler96]

Wellenzahl [cm^{-1}]	Schwingungstyp	Verbindungsklasse
3600 - 3200	Streckschwingung O–H - Gruppe	Alkohole, Phenole
3100 - 3000	Streckschwingung =C–H - Gruppe	Aromate, Olefine
3000 - 2800	Streckschwingung –C–H - Gruppe	gesättigte Kohlenwasserstoffe
2960, 2870	Streckschwingung –C–H_3 - Gruppe	gesättigte Kohlenwasserstoffe
2925, 2850	Streckschwingung –C–H_2 - Gruppe	gesättigte Kohlenwasserstoffe
1800 - 1650	Streckschwingung –C=O - Gruppe	Carbonyle
1675 - 1630	Streckschwingung –C=C - Gruppe	Olefine
1470 - 1400	Deformationsschwingung –C–H – Gruppe	gesättigte Kohlenwasserstoffe
1390 - 1370	Deformationsschwingung –C–H_3 - Gruppe	gesättigte Kohlenwasserstoffe
1300 - 1020	Streckschwingung –C–O - Gruppe	Ether, Ester, Anhydride
970 - 960	Deformationssschwingung =C–H - Gruppe	Olefine

Tabelle 6.1 gibt einen Überblick über charakteristische Wellenzahlen einiger Schwingungstypen und die dazugehörige Verbindungsklasse. Eine weitaus

detailliertere Darstellung charakteristischer Wellenzahlen findet sich in einschlägiger Literatur (z. B. [Christen70]). Mit Hilfe solcher Tabellen können anhand eines gemessenen IR-Spektrums chemische Verbindungen detektiert werden, die Rückschlüsse auf das Wasseradsorptionsverhalten eines Prüflings erlauben.

Aufgrund der relativ großen Dicke der hier untersuchten Prüflinge wurde für die innerhalb dieser Arbeit durchgeführte IR-Spektroskopie das Verfahren der abgeschwächten Totalreflexion (ATR-Verfahren), das im Folgenden erläutert wird, angewandt. Bei dem ATR-Verfahren wird die zu untersuchende Probe an einen Kristall gepresst, durch den ein Infrarotstrahl läuft (Bild 6.33).

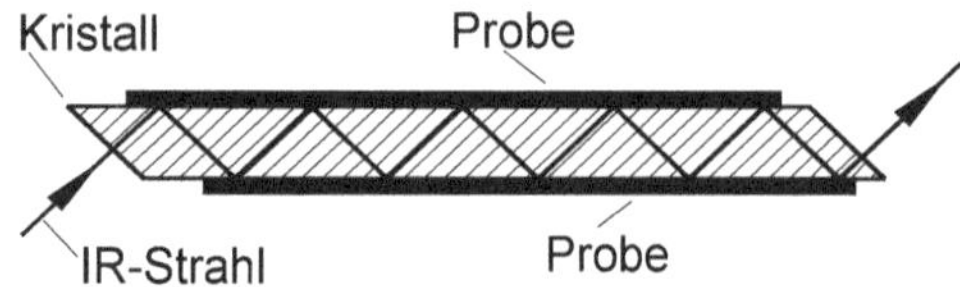

Bild 6.33: Zur Erläuterung des ATR-Verfahrens

Wie in Bild 6.33 zu erkennen ist, wird der Infrarotstrahl beim Durchgang durch den Kristall mehrfach an der Grenzfläche Kristall/Probe gebrochen, so dass der Infrarotstrahl den Kristall zickzackförmig durchwandert. Bei jeder Brechung an der Grenzfläche tritt der Strahl zu einem geringen Anteil aus und wird von der angrenzenden Probe zu einem gewissen Anteil absorbiert. Aus dieser Absorption wird das Absorptions- bzw. Infrarotspektrum der Probe berechnet. Wie Bild 6.33 zu entnehmen ist, wird beim ATR-Verfahren nur die Oberfläche erfasst. Um ein zu starkes Rauschen im Messsignal zu vermeiden, werden bei der ATR-Spektroskopie flexible Proben benötigt, die einen guten Kontakt mit dem Kristall herstellen. Auf diese Problematik wird im folgenden Abschnitt anhand der dargestellten Messergebnisse eingegangen.

6.4.2 Messergebnisse

In diesem Abschnitt werden die Infrarotspektren verschiedener Isolierstoffe angegeben, die mit Hilfe der im Kapitel 6.4.1 erläuterten abgeschwächten Totalreflexion aufgenommen wurden. Hierbei wurden sowohl neue als auch gealterte Prüflinge vermessen. Bei den im Folgenden dargestellten Bildern wird der Transmissionsgrad über der Wellenzahl $1/\lambda$ aufgetragen; man erhält somit sogenannte *Banden*, die die charakteristischen Absorptionsfrequenzen chemischer Gruppen repräsentieren. Bei den Messungen an den hier untersuchten Prüflingen ergab sich, dass sich der interessierende Wellenzahlbereich von 900 cm^{-1} bis 3900 cm^{-1} erstreckt; daher wird in den folgenden Bildern nur dieser Bereich dargestellt. Dabei wird die Abszisse in den Spektren üblicherweise mit fallender Wellenzahl aufgetragen [Christen70].

Bild 6.34 zeigt zunächst das gemessene Infrarotspektrum des ungealterten Dreischichtmaterials aus Aramidpapier und Polyesterfolie (Trivoltherm N130 0,63). Da sich die Polyesterfolie im Innern des Prüflings befindet, ist davon auszugehen, dass bei der Messung des Spektrums nur das Aramidpapier erfasst wurde. Wie man Bild 6.34 entnehmen kann, ist das Messsignal aufgrund der Flexibilität des Werkstoffs nur gering verrauscht. Hier ist eine Vielzahl von Banden erkennbar, die die charakteristischen Wellenzahlen einiger in Tabelle 6.1 aufgeführten chemischen Gruppen darstellen. Um die gemessenen IR-Spektren hinsichtlich der Molekülstruktur des Prüflings zu analysieren, wurden Vergleichsspektren, die in [Hummel85] zu finden sind, herangezogen. Hierbei wurde festgestellt, dass es sich bei dem Prüfling um ein aromatisches Polyamid handelt. Das Vergleichsspektrum ist in Bild 6.35 dargestellt.

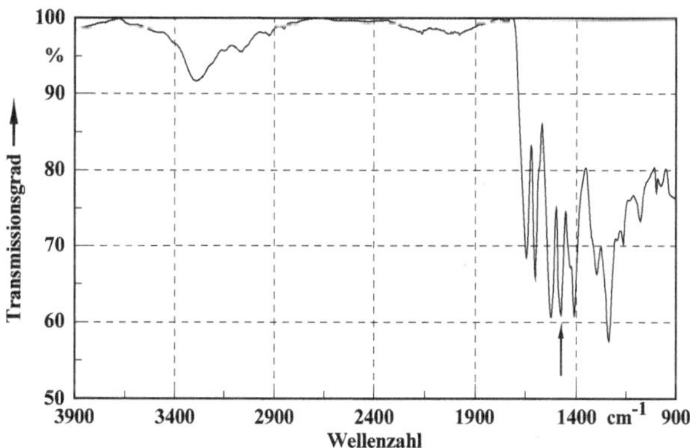

Bild 6.34: Gemessenes IR-Spektrum des ungealterten Prüflings Trivoltherm N130 0,63

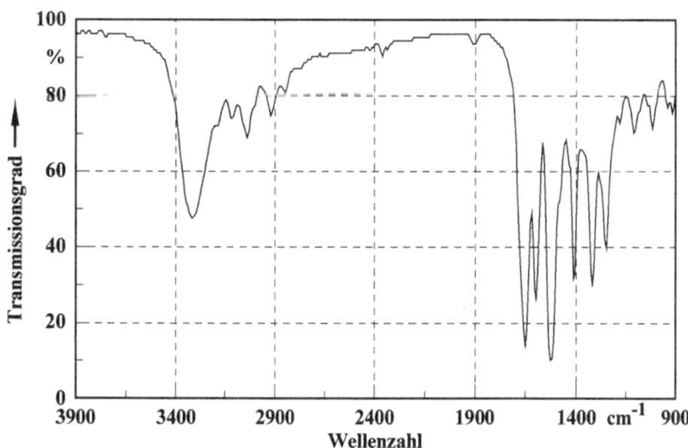

Bild 6.35: IR-Spektrum des aromatischen Polyamids [Hummel85]

Ein Vergleich der beiden Bilder zeigt, dass die IR-Spektren nahezu identisch sind. Der geringere Transmissionsgrad der absorbierten Wellenzahlen in Bild 6.35 lässt sich damit begründen, dass hier die flüssige Form des aromatischen Polyamids vorliegt, so dass ein besserer Kontakt zum Kristall hergestellt ist (vgl. Bild 6.33). Des weiteren fällt auf, dass Bild 6.35 im Wellenzahlbereich von 1400 cm^{-1} bis 1700 cm^{-1} vier Banden zeigt, jedoch in Bild 6.34 innerhalb desselben Bereichs fünf Banden vorhanden sind. Es ist stark anzunehmen, dass die in Bild 6.34 bei $1/\lambda$ = 1475 cm^{-1} ausgeprägte Bande (Pfeil) in der Schulter der in Bild 6.35 bei $1/\lambda$ = 1525 cm^{-1} gezeigten Bande enthalten ist. Nach [Christen70, Brinkmann75] deutet in den Spektren die Bande bei $1/\lambda$ = 1650 cm^{-1} auf polare Carbonylgruppen im Prüfling hin, an die sich Feuchtemoleküle durch Ausbildung von Wasserstoffbrücken anlagern können. Es ist zu vermuten, dass der Prüfling Trivoltherm N130 0,63 aus diesem Grund ein relativ schlechtes Isoliervermögen unter Feuchtebedingungen aufweist (s. Tabelle 5.1 und Tabelle 5.4). In den beiden Bildern ist deutlich eine relativ breite Bande bei $1/\lambda$ = 3290 cm^{-1} zu erkennen, die ein Indiz für hydrophile Hydroxylgruppen ist. In Bild 6.35 rühren diese von der flüssigen bzw. wässerigen Form des aromatischen Polyamids her. Diese Form liegt beim Prüfling Trivoltherm N130 0,63 nicht vor. Dennoch sind hier Hydroxylgruppen vorhanden, die sich auf während der Aufnahme des Infrarotspektrums angelagerte Wassermoleküle zurückzuführen lassen.

Das Infrarotspektrum des flexiblen Dreischichtmaterials aus Polyestervlies und Polyesterfolie (Evitherm 0,45) zeigt Bild 6.36. Auch hier sind polare Carbonyl-Gruppen vorhanden, die anhand der Bande bei einer Wellenzahl von $1/\lambda$ = 1720 cm^{-1} zu identifizieren sind (gemäß Tabelle 6.1 können die Banden der Caronylgruppe im Wellenzahlbereich von 1650 cm^{-1} bis 1850 cm^{-1} auftreten).

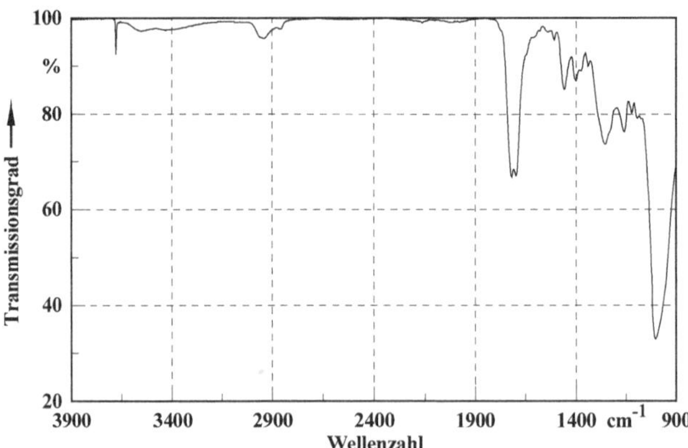

Bild 6.36: IR-Spektrum des ungealterten Prüflings Evitherm 0,45

Offensichtlich ist neben der porösen Struktur des Prüflings auch das Vorhandensein der polaren Carbonylgruppen für die leichte Wasseranlagerung und somit für das relativ schlechte Isoliervermögen unter Feuchtebedingungen verantwortlich.

In Bild 6.37 ist das IR-Spektrum des Epoxidharzes FR-5 wiedergegeben. Aufgrund der starren Form des Isoliermaterials konnte nur ein relativ schlechter Kontakt der Probe mit dem Kristall hergestellt werden (s. Bild 6.33), was zu einem vergleichsweise stärkeren Rauschen und sehr viel schwächer ausgeprägten Banden im Messsignal führt. Eine umfassende Analyse dieses Infrarotspektrums hinsichtlich vorhandener chemischer Gruppen ist daher schwierig. Eine weitere Schwierigkeit besteht darin, dass es sich bei diesem Isolierstoff um eine Zusammensetzung aus mehreren Komponenten (Harz, Härter, Füllstoffe, Trennmittel, etc.) handelt und sich die Molekülschwingungen der einzelnen Komponenten gegenseitig beeinflussen. Daher ist es nicht möglich, zur Auswertung der in Bild 6.37 dargestellten Kurve ein Vergleichsspektrum aus [Hummel85] heranzuziehen. Im Gegensatz dazu besteht beispielsweise das Aramidpapier des Prüflings Trivoltherm N130 0,63 nur aus aromatischem Polyamid, was die Analyse des Spektrums nach Bild 6.34 erleichtert.

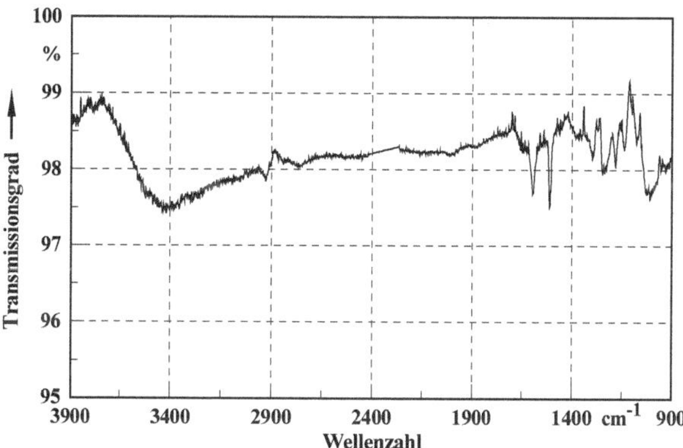

Bild 6.37: IR-Spektrum des ungealterten Epoxidharzes FR-5

Aus den genannten Gründen gestaltet sich die Identifikation einzelner Komponenten somit als problematisch. Daher soll das in Bild 6.37 dargestellte Signal nur dazu dienen, Unterschiede zwischen dem Infrarotspektrum des ungealterten Prüflings und dem Infrarotspektrum der durch ultraviolette Strahlung gealterten Probe (vgl. Abschnitt 5.2.4) feststellen zu können. Das IR-Spektrum des auf diese Weise gealterten Epoxidharzes FR-5 ist in Bild 6.38 dargestellt.

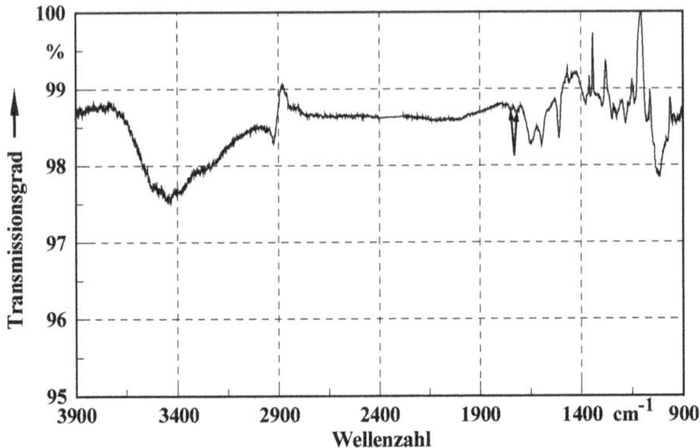

Bild 6.38: Infrarotspektrum des photodegradierten Epoxidharzes FR-5

Betrachtet man in Bild 6.37 und Bild 6.38 den Wellenzahlbereich von 1400 cm^{-1} bis 1650 cm^{-1}, so lässt sich in Bild 6.38 bei $1/\lambda$ = 1650 cm^{-1} eine zusätzliche Bande feststellen. Dies ist auf eine chemische Reaktion des Aromaten, der eine charakteristische chemische Gruppe bei ungealterten Epoxidharzen darstellt [Brinkmann75], mit Ozon (O_3) zu einem Olefin und einem Ozonid zurückzuführen (das Ozon wurde dabei aus Sauerstoffmolekülen in der Luft während der UV-Bestrahlung der Prüflinge gebildet) [Rischbieter00, Müller86]. Bild 6.39 veranschaulicht diese Reaktion. Aus Darstellungsgründen ist das Olefin hier nicht explizit bezeichnet. Das Olefin stellt jedoch die im rechten Teil des Bildes erkennbare Kette aus Kohlenstoff-Atomen dar, von der zwei Atome nicht direkt miteinander verbunden sind. Diese beiden Atome sind auch Bestandteil des Ozonids.

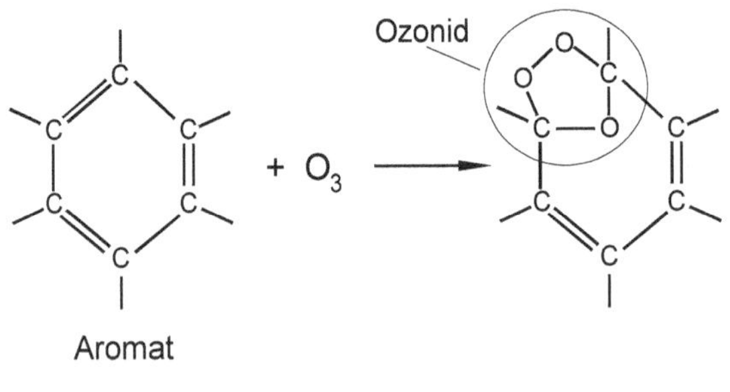

Ozonid

Aromat + O_3 →

Bild 6.39: Chemische Reaktion des Aromaten mit Ozon (O_3) zum Olefin und Ozonid

Als Reaktionsmechanismus der in Bild 6.39 dargestellten Reaktion ist der sogenannte *Criegee-Mechanismus* denkbar, der in [Rischbieter00, Müller86] ausführlich beschrieben wird. Ausgangspunkt ist hierbei der Angriff des Ozons an eine C=C-Doppelbindung des Aromaten. Wie bereits erwähnt wurde, erzeugt das nach dieser Reaktion erzeugte Olefin in Bild 6.38 eine Bande bei $1/\lambda$ = 1650 cm^{-1}; die

Molekülschwingung des gebildeten Ozonids ist jedoch schwer auszumachen, da sich der Wellenzahlbereich der charakterisierenden C-O-Streckschwingung von 1300 cm^{-1} bis 1020 cm^{-1} erstreckt und diese von den Banden der Epoxid-Gruppe, die ebenfalls in diesem Bereich liegen, vermutlich überdeckt werden. Konkurrierend zu der in Bild 6.39 dargestellten Reaktion steht nach [Rischbieter00, Müller86] eine Reaktion des Aromaten mit Ozon zu einem Ester. In dem Ester sind polare Carbonyl-Gruppen enthalten, die sich in Bild 6.38 anhand der beiden Banden geringer Intensität bei den Wellenzahlen $1/\lambda = 1715\ cm^{-1}$ und $1/\lambda = 1745\ cm^{-1}$ (Pfeile) identifizieren lassen. Es ist demnach nicht auszuschließen, dass beide Reaktionen während der UV-Bestrahlung ablaufen.

Radikale, die bei ultravioletter Strahlung gemäß der Gleichungen (5-9) bis (5-14) entstehen, konnten mit der IR-Spektroskopie beim photodegradierten Epoxidharz nicht detektiert werden. Der Grund hierfür ist, dass der Prüfling für die Infrarotspektroskopie präpariert werden musste. Dieser Vorgang nahm einen Zeitraum von 2-3 Stunden in Anspruch, so dass die kurzlebigen und äußerst reaktiven Radikale innerhalb dieser Zeit zu stabilen Verbindungen (Gleichungen (5-15) und (5-16)) reagieren konnten.

Die Banden der nach den Gleichungen (5-12), (5-14) bis (5-16) entstehenden Moleküle ROOH, ROH, ROOR und R–R sind im IR-Spektrum des photodegradierten Epoxidharzes nicht von den Banden des ungealterten Prüflings eindeutig zu unterscheiden, da diese offensichtlich in demselben Wellenzahlbereich liegen. So befindet sich beispielsweise die Streckschwingung der O–H - Gruppe nach Tabelle 6.1 im Bereich von $1/\lambda = 3600\ cm^{-1}$ bis $1/\lambda = 3200\ cm^{-1}$, so dass die durch UV-Bestrahlung entstandene Hydroxylgruppe nicht von der beim ungealterten Prüfling festgestellte O–H - Gruppe differenziert werden kann (die beim ungealterten Prüfling detektierte Hydroxylgruppe ist auf Wassermoleküle zurückzuführen, die sich während der Aufnahme des Infrarotspektrums an die Probenoberfläche angelagert haben). Folglich können die durch UV-Bestrahlung hervorgerufenen chemischen Reaktionen gemäß der Gleichungen (5-9) bis (5-16) nicht ausgeschlossen werden [Ermeler02-3].

Bei der Infrarotspektroskopie am Dreischichtmaterial Trivolton H40100 ergab sich, dass der photodegradierte Prüfling im Gegensatz zur ungealterten Probe polare Carbonylgruppen aufwies. Da bei der ungealterten Probe keine Aromaten sondern Olefine detektiert wurden, sind die Carbonylgruppen offensichtlich aus der Reaktion von C=C - Bindungen der Olefine mit dem während der UV-Bestrahlung in Luft gebildeten Ozon nach einem in [Rischbieter00, Müller86] beschriebenen Mechanismus entstanden. Wie beim Epoxidharz FR-5 konnten auch hier die durch die UV-Bestrahlung gemäß der Gleichungen (5-12), (5-14) bis (5-16) gebildeten Moleküle ROOH, ROH, ROOR und R–R im IR-Spektrum des photodegradierten Dreischichtmaterials von den Banden des ungealterten Prüflings nicht eindeutig unterschieden werden. Demnach ist bei diesem Prüfling der Photooxidationsprozess ebenfalls nicht auszuschließen; dieser Prozess führt jedoch aufgrund der ohnehin hydrophilen Oberflächenstruktur des ungealterten Dreischichtmaterials nicht mehr zu einem signifikanten Hydrophobieverlust.

Die Unterschiede in der Infrarotspektroskopie zwischen dem Neuzustand des Polyesterharzes GPO-2 und dem bei hoher Feuchte bis zum Erreichen der Sättigungsmenge M_s ausgelagerten Werkstoff (vgl. Abschnitt 5.2.2 und Kapitel 8) sind in den Bildern 6.40 und 6.41 dargestellt. Zur Feststellung der Unterschiede zwischen den beiden Spektren ist hier der Wellenzahlbereich von $1/\lambda$ = 2000 cm^{-1} bis $1/\lambda$ = 1000 cm^{-1} relevant.

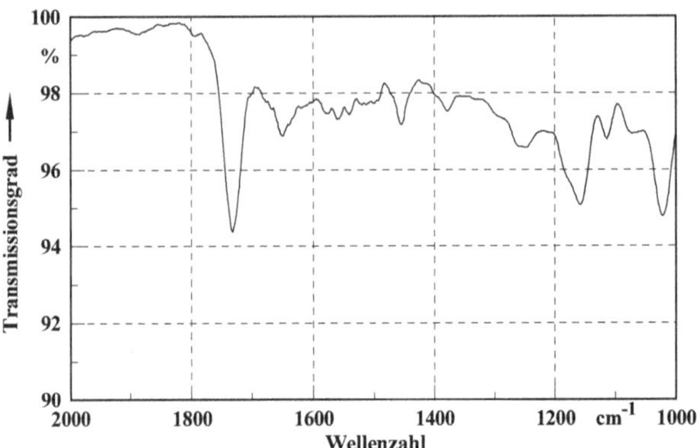

Bild 6.40: IR-Spektrum des Polyesterharzes GPO-2 im Neuzustand

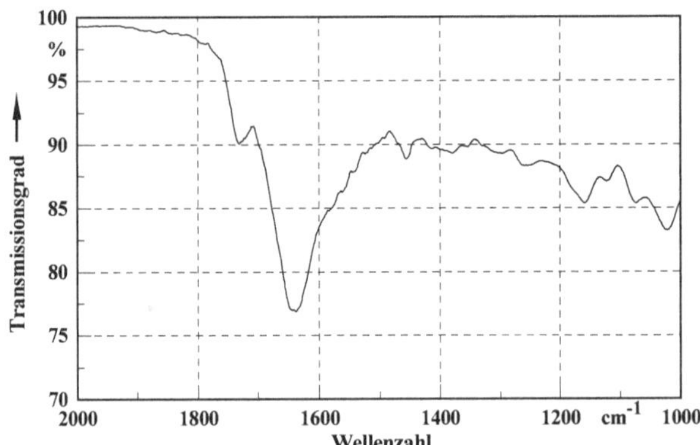

Bild 6.41: IR-Spektrum des Polyesterharzes GPO-2 nach der Auslagerung bei einem Klima von 20 °C / 95 % r.F. bis zum Erreichen der Sättigungsmenge M_s

Das in Bild 6.40 dargestellte IR-Spektrum zeigt, dass die Intensität der Bande bei einer Wellenzahl von $1/\lambda$ = 1650 cm^{-1}, die der Streckschwingung der C=C-Bindung im Olefin zuzuordnen ist, viel geringer ist als die Intensität der Bande bei $1/\lambda$ = 1730 cm^{-1}, die sich auf die Schwingung der Carbonylgruppe zurückführen lässt. An dieser Stelle sei angemerkt, dass bei einem Polyesterharz im Neuzustand in der Regel keine Olefine vorkommen [Brinkmann75]; in dem vorliegenden Fall stammen die Olefine vermutlich aus Additiven. Vergleicht man die Intensitäten dieser Banden mit denen in Bild 6.41, so ist in Bild 6.41 eine Umkehrung des beschriebenen Sachverhalts zu erkennen. Es lässt sich also schlussfolgern, dass sich Carbonylgruppen während der langen Lagerung bei hoher Feuchte in Olefine umgewandelt haben. Der zugrunde liegende Reaktionsmechanismus, der aufgrund der geringen Acidität des Wasser sehr langsam abläuft, ist in Bild 6.42 dargestellt [Christen70, Sykes01]. Ausgangspunkt ist hierbei der Angriff des Hydronium-Ions auf die polare Carbonylgruppe. In diesem Bild bezeichnen R und R_1 die Molekülreste des Polyesters. Das Hydronium (H_3O^+) - Ion, das aus der Autoprotolyse des Wasser entstanden ist, wirkt dabei als Katalysator.

$$R-\overset{|}{\underset{|}{C}}-\overset{O}{\overset{\|}{C}}-R_1 + H_3O^+ \longrightarrow R-\overset{|}{C}=\overset{O-H}{\overset{|}{C}}-R_1 + H_3O^+$$

Bild 6.42: Reaktion der Carbonylgruppe mit dem Hydronium-Ion des Wassers zu einem Olefin [Christen70, Sykes01]

Das Olefin stellt im rechten Teil des Bildes die C=C-Bindung mit den direkt damit verbundenen Kohlenstoffketten der Molekülreste R bzw. R_1 dar. Es zeigt sich, dass bei der Reaktion neben dem Olefin noch eine COH-Gruppe entstanden ist, die aufgrund der stärkeren Polarität der Hydroxylgruppe wesentlich hydrophiler ist als die C=O-Bindung. Die Zunahme von C-O-Bindungen durch die in Bild 6.42 wiedergegebene Reaktion spiegelt sich vermutlich in der Veränderung der Bandenintensitäten zwischen $1/\lambda = 1020\ cm^{-1}$ und $1/\lambda = 1200\ cm^{-1}$ wieder. Eine wesentliche Veränderung der die Hydroxylgruppe charakterisierende Bande wurde nicht festgestellt. Wie bereits vorher erwähnt wurde, ist dies auf die Verfälschung dieser Bande durch Wassermoleküle, die sich während der Messung des IR-Spektrums an den Prüfling angelagert haben, zurückzuführen. Die in Abschnitt 5.2 geschilderten Messergebnisse haben deutlich gezeigt, dass sich die oben beschriebenen chemischen Strukturveränderungen durch UV-Strahlung und längerem Einwirken von Feuchte auf das Isoliervermögen der Werkstoffoberflächen erheblich auswirken.

Dieser Abschnitt hat gezeigt, dass die IR-Spektroskopie zur Detektion von chemischen Strukturveränderungen – hervorgerufen z.B. durch Photodegradation des Prüflings oder durch längere Aufbewahrung des Prüflings bei hoher Feuchte – geeignet ist. Mit diesem Verfahren konnten insbesondere die in Kapitel 5.2.2 und 5.2.4 beschriebenen Messergebnisse erklärt werden. Das Verfahren erlaubt es, polare Gruppen zu detektieren und somit Rückschlüsse bezüglich des Wasseradsorptionsverhaltens des Prüflings zu ziehen. Zur Beschreibung der chemischen Zusammensetzung von Werkstoffen, die aus mehreren Komponenten zusammengesetzt sind, ist die Anwendung der IR-Spektroskopie allerdings nicht sinnvoll.

6.5 Kontaktwinkelmessungen

Dieser Abschnitt soll in erster Linie einen Aufschluss über einen eventuellen Zusammenhang zwischen den Steh-Stoßspannungsmessungen und der Hydrophobie einer Isolierstoffoberfläche geben. Es ist nämlich zu vermuten, dass die Hydrophobie die Spannungsfestigkeit von Isolierstoffen unter Feuchtebedingungen und somit die Klassifizierung in die Wasseranlagerungsgruppen maßgeblich beeinflusst. Dies würde letztendlich bedeuten, dass ein Werkstoff aus der Kenntnis von dessen Hydrophobie in die betreffende Wasseranlagerungsgruppe klassifiziert werden könnte, ohne das in Kapitel 5.1 beschriebene Testverfahren anzuwenden. Um Isoliermaterialien hinsichtlich ihrer Hydrophobie zu untersuchen, existieren in erster Linie zwei Verfahren. Die erste Möglichkeit ist die visuelle Erscheinung von Wassertropfen, die unter Anwendung einer in [STRI92] beschriebenen Methode auf die Oberfläche des Prüflings aufgebracht werden [Klös98, Berg01, Gubanski95]. Anhand des somit erhaltenen Erscheinungsbilds wird der Prüfling in sogenannte *Hydrophobieklassen (HC)* eingeteilt. Tabelle 6.2 stellt die nach [STRI92] definierten Hydrophobieklassen HC 1 bis HC 7 dar. Auf den darin auftauchenden Rückzugswinkel θ_r wird später ausführlich eingegangen. Die Klassifizierung der Isolierstoffe in die angegebenen Hydrophobieklassen hat allerdings den Nachteil, dass eine eindeutige Klassifizierung in manchen Fällen nicht möglich ist. Darüber hinaus ist die Erfassung von Hydrophobieveränderungen des Prüflings aufgrund chemisch-physikalischer Wechselwirkungen zwischen Wassertropfen und Prüfling während der Messung mit dieser Methode nicht möglich.

Tabelle 6.2: Auszug aus den nach [STRI92] definierten Hydrophobieklassen (HC)

HC	Beschreibung
1	Ausschließlich Bildung von diskreten Tropfen; $\theta_r \geq 80°$ für die Mehrzahl der Tropfen
2	Ausschließlich Bildung von diskreten Tropfen; $50° < \theta_r < 80°$ für die Mehrzahl der Tropfen
3	Ausschließlich Bildung von diskreten Tropfen; $20° < \theta_r < 50°$ für die Mehrzahl der Tropfen; gewöhnlich sind die Tropfen nicht mehr kreisrund
4	Sowohl diskrete Tropfen als auch Wasserspuren von verlaufenden Tropfen sind vorhanden. Das Erscheinungsbild weist vollständig benetzte Flächen jeweils kleiner als 2 cm^2 auf. Insgesamt bedecken diese weniger als 90 % der untersuchten Fläche.
5	Einige vollständig benetzte Flächen, die insgesamt weniger als 90 % der untersuchten Fläche bedecken, weisen eine Größe von mehr als 2 cm^2 auf.
6	Die vollständig benetzten Flächen bedecken mehr als 90 % der untersuchten Gesamtfläche. Einige trockene Stellen sind vorhanden.
7	Die untersuchte Gesamtfläche weist einen kontinuierlichen Wasserfilm auf.

Die zweite Möglichkeit ist die Messung des Kontaktwinkels eines Wassertropfens auf der Oberfläche eines Isolierstoffs. Dieses Messverfahren hat den entscheidenden Vorteil, dass es sehr einfach ist und eine bessere Quantifizerung der Hydrophobie des Isolierstoffs erlaubt; aus diesem Grunde wird es am häufigsten angewandt [Sirait99].

Bei der Kontaktwinkelmessung wird zwischen dem statischen Kontaktwinkel und dem dynamischen Kontaktwinkel unterschieden. Bei der Messung des dynamischen Kontaktwinkels wird dem Wassertropfen nach Aufsetzen des Tropfens auf die Isolierstoffoberfläche Wasser zu- bzw. abgeführt. Hierbei unterscheidet man zwischen dem Fortschreitewinkel θ_a und dem bereits erwähnten Rückzugswinkel θ_r (Bild 6.43).

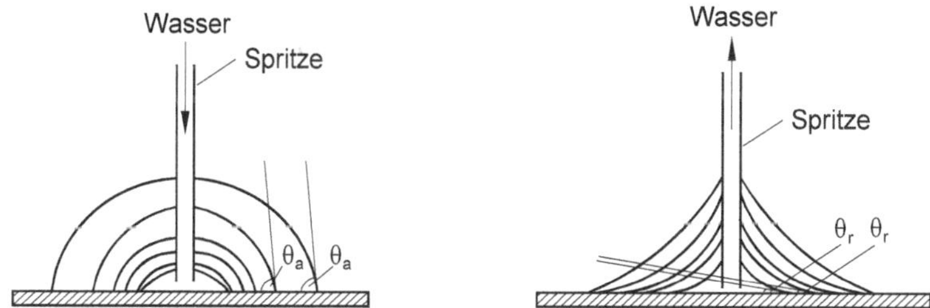

Bild 6.43: Zur Erläuterung des Fortschreitewinkels θ_a und des Rückzugswinkels θ_r

Wie im linken Teilbild zu erkennen ist, wird zur Bestimmung des Fortschreitewinkels Wasser solange nachgeführt, bis der Winkel zwischen dem Rand des größer werdenden Wassertropfens und der Werkstoffoberfläche annähernd konstant ist. Dieser konstante Winkel ist der Fortschreitewinkel θ_a. Daraufhin wird zur Messung des Rückzugswinkels das Wasser aus dem Tropfen herausgesaugt, bis der Winkel zwischen dem kleiner werdenden Tropfen und der Isolierstoffoberfläche nahezu unverändert bleibt. In Forschungsarbeiten wird häufig der Fortschreitewinkel θ_a und Rückzugswinkel θ_r bestimmt, um eine Aussage über die Hydrophobie des Isolierstoffs sowie über die Beweglichkeit und Rotationsfähigkeit von Polymerketten treffen zu können [Yasuda81].

Im Gegensatz zum dynamischen Kontaktwinkel (Fortschreitewinkel bzw. Rückzugswinkel) wird bei der Messung des statischen Kontaktwinkels dem Wassertropfen nach Aufsetzen des Tropfens auf die Isolierstoffoberfläche von außen kein Wasser zu- oder abgeführt (ausgenommen: Verdunstung des Tropfens) und der Kontaktwinkel über einen gewissen Zeitraum betrachtet (Bild 6.44).

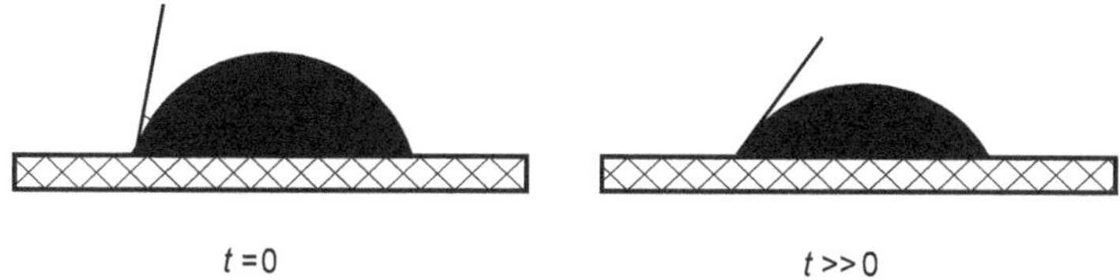

Bild 6.44: Zur Erläuterung des statischen Kontaktwinkels θ_s

Wie in Bild 6.44 zu erkennen ist, ist der statische Kontaktwinkel θ_s aufgrund Verdunstung und chemisch-physikalischer Wechselwirkungen des Wassers mit dem

Isolierstoff zeitabhängig*) und daher geeignet, die zuvor erwähnten Hydrophobieveränderungen des Isolierstoffs während der Messung zu erfassen.

Im Vergleich zum dynamischen Kontaktwinkel ist die Messung des statischen Kontaktwinkels erheblich einfacher. Daher wurde in der vorliegenden Arbeit hauptsächlich die Messung des statischen Kontaktwinkels durchgeführt. Die Ergebnisse sind im Folgenden beschrieben. Die Messungen des statischen Kontaktwinkels wurden bei Raumbedingungen (20 °C / 55 - 65 % r.F.) durchgeführt. Es wurde ausschließlich destilliertes Wasser mit einer Leitfähigkeit von γ_w = 2-3 µS/cm verwendet. In den Bildern 6.45 und 6.46 ist der zeitliche Verlauf des statischen Kontaktwinkels an einigen der in Tabelle 4.2 aufgeführten Isoliermaterialien wiedergegeben. Zum Zeitpunkt t = 0 wurde der Wassertropfen, dessen Volumen zunächst jeweils V_T = 5 µl betrug, auf die Werkstoffoberfläche gebracht. Um die Reproduzierbarkeit der Messergebnisse zu prüfen, wurden die Kontaktwinkelmessungen an zwei unterschiedlichen Messstellen des jeweiligen Prüflings durchgeführt und der Mittelwert sowie die Minima und Maxima ermittelt. Diese Werte sind in den folgenden Bildern dargestellt.

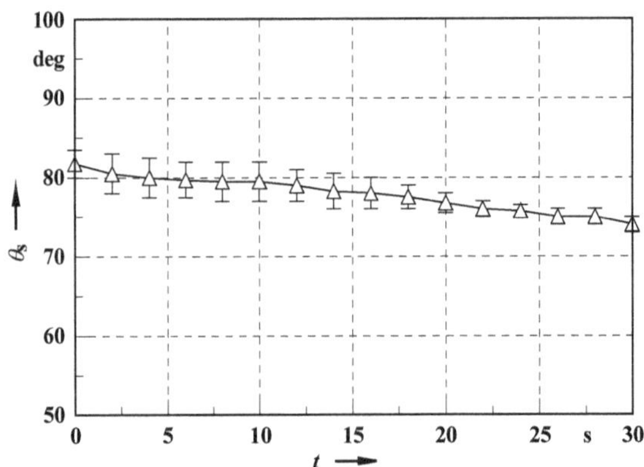

Bild 6.45: Zeitlicher Verlauf des statischen Kontaktwinkels θ_s beim Epoxidharz FR-4, V_T = 5 µl

Bild 6.45 zeigt zunächst die Zeitabhängigkeit des statischen Kontaktwinkels beim Epoxidharz FR-4. Wie in diesem Bild zu erkennen ist, findet direkt nach dem Aufsetzen des Wassertropfens auf die Isolierstoffoberfläche (t = 0) offensichtlich zunächst ein thermodynamischer Ausgleichsvorgang zwischen dem Wassertropfen und dem Prüfling statt. Dieser Effekt lässt sich anhand des anfänglichen Abfalls des statischen Kontaktwinkels und des daran anschließenden Plateaus von t = 5 s bis t = 10 s feststellen. Nach Beendigung dieses Ausgleichsvorgangs sinkt der Kontaktwinkel

*) Trotz der Zeitabhängigkeit wird dieser Kontaktwinkel als statisch bezeichnet, da der Wassertropfen auf der Feststoffoberfläche ruht und dem Tropfen von außen kein Wasser zu- oder abgeführt wird (ausgenommen Verdunstung) [Sirait99, Mizuno95].

kontinuierlich von θ_s (t = 10 s) = 79,5° auf θ_s (t = 30 s) = 75°. Diese geringe Veränderung ist in erster Linie auf das Verdunsten des Wassertropfens und die damit einhergehende Verringerung des Tropfenvolumens zurückzuführen; demnach ist der Einfluss von chemisch-physikalischen Wechselwirkungen zwischen dem Wassertropfen und der Werkstoffoberfläche zu vernachlässigen [Ermeler01-2]. Wie Bild 6.45 zeigt, streut der statische Kontaktwinkel nur gering, was im Einklang mit der homogenen Oberflächenstruktur des Prüflings steht (vgl. Abschnitt 6.1).

In Bild 6.46 ist der zeitliche Verlauf des statischen Kontaktwinkels beim Polyesterharz GPO-2 und beim Dreischichtmaterial bestehend aus Pressspan und Polyesterfolie (Trivolton H40100) wiedergegeben. Analog zu Bild 6.45 sind auch hier die Mittelwerte sowie die Minima und Maxima dargestellt. In Bild 6.46 ist ein signifikanter Unterschied zwischen dem statischen Kontaktwinkel beim Dreischichtmaterial und dem statischen Kontaktwinkel beim Polyesterharz GPO-2 erkennbar. Während der statische Kontaktwinkel beim Polyesterharz einen geringen Abfall von θ_s (t = 0) = 78,5° auf θ_s (t = 30 s) = 75° zeigt, nimmt er beim Dreischichtmaterial rapide von θ_s (t = 0) = 53,5° auf θ_s (t = 30 s) = 0 ab.

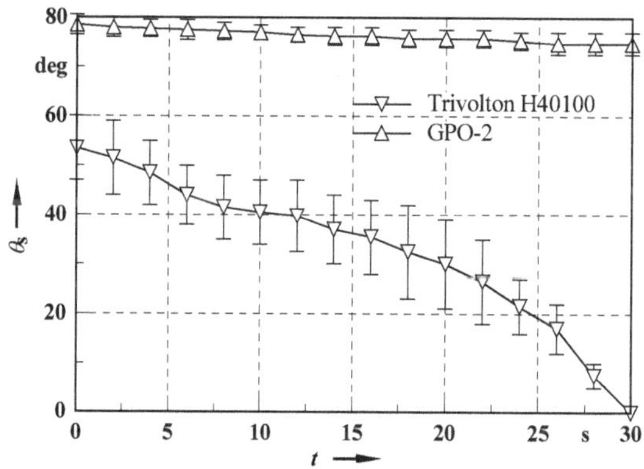

Bild 6.46: Zeitlicher Verlauf des statischen Kontaktwinkels θ_s beim Polyesterharz GPO-2 und beim Dreischichtmaterial Trivolton H40100, V_T = 5 µl

Die geringe Abnahme des statischen Kontaktwinkels beim Polyesterharz GPO-2 ist auf die Verdunstung des Wassertropfens und die daraus resultierende Abnahme des Tropfenvolumens zurückzuführen; aus diesem Grunde sind auch hier chemisch-physikalische Wechselwirkungen zwischen dem Wasser und dem Werkstoff vernachlässigbar [Ermeler01-2]. Im Vergleich zum Epoxidharz FR-4 liefern die Kontaktwinkelmessungen beim Polyesterharz ähnliche Ergebnisse. Wie bereits erwähnt wurde, sind die Unterschiede zwischen Minima und Maxima des statischen Kontaktwinkels beim Polyesterharz sehr gering. Jedoch wurde in den Aufnahmen mit dem hochauflösenden Rasterelektronenmikroskop eine mikroskopisch inhomogene Oberflächenstruktur festgestellt (s. Abschnitt 6.1), so dass eine größere Streuung des statischen Kontaktwinkels zu erwarten wäre. Es ist daher stark anzunehmen, dass die makroskopische Oberflächenstruktur des Polyesterharzes als homogen anzusehen ist und somit die Streuung des statischen Kontaktwinkels gering ausfällt [Ermeler01-2]. Im Gegensatz zum Epoxidharz FR-4 und zum Polyesterharz GPO-2 weist das Dreischichtmaterial Trivolton H40100 aufgrund seiner hydrophilen Oberflächenstruktur, die makroskopisch zudem als sehr irregulär anzusehen ist, neben dem steilen Abfall des statischen Kontaktwinkels eine starke Streuung der Messwerte auf (Bild 6.46). Bei den Aufnahmen des Tropfenbildes mit der CCD-Kamera wurde festgestellt, dass der Wassertropfen zum Zeitpunkt t = 30 s vollständig in das Isoliermaterial eingedrungen ist. An dieser Stelle war ein Aufquellen des Werkstoffs deutlich zu erkennen. Im Vergleich zum Dreischichtmaterial Trivolton H40100 lieferten die Kontaktwinkelmessungen beim Dreischichtmaterial aus Polyestervlies und Polyesterfolie (Evitherm 0,45), das wie der Isolierstoff Trivolton H40100 ebenfalls eine poröse Oberflächenstruktur aufweist (vgl. Abschnitt 6.1), ein anderes Ergebnis. Hier wurde eine Abnahme des Kontaktwinkels von θ_s (t = 0) = 80° auf θ_s (t = 30 s) = 65° gemessen; das abweichende Verhalten der beiden Isoliermaterialien ist – wie bereits in Kapitel 6.1 erwähnt wurde – auf die Dicke des porösen Pressspans und des porösen Polyestervlieses zurückzuführen.

Neben dem Tropfenvolumen V_T = 5 µl wurden die Messungen des statischen Kontaktwinkels in dieser Arbeit auch mit V_T = 10 µl und V_T = 20 µl durchgeführt. Diese Ergebnisse weichen jedoch nicht wesentlich von den oben geschilderten Messergebnissen ab und sollen daher an dieser Stelle nicht detailliert dargestellt werden.

Vergleicht man die in diesem Abschnitt bisher geschilderten Messergebnisse mit den Ergebnissen der Steh-Stoßspannungsmessungen aus Abschnitt 5.2, so lassen sich Widersprüche feststellen. Nach den Ergebnissen der Kontaktwinkelmessung müsste das Dreischichtmaterial Trivolton H40100 die schlechteste Spannungsfestigkeit unter Feuchtebedingungen aufweisen. Wie in Abschnitt 5.2.1 erläutert wurde, ist dies wegen des Aufquellens des Isolierstoffs und der damit verbundenen Vergrößerung der Kriechstrecke nicht der Fall. Weiterhin ließen die sich ähnelnden Kontaktwinkel des Epoxidharzes FR-4 und des Polyesterharzes GPO-2 eine Klassifizierung in die gleiche Wasseranlagerungsgruppe vermuten, was durch die in Abschnitt 5.2 beschriebenen Steh-Stoßspannungsmessungen jedoch nicht bestätigt wurde. Dieses widersprüchliche Ergebnis wird im Folgenden erörtert. Es ist anzunehmen, dass die durch Füllstoffe und Poren hervorgerufene unregelmäßige Oberflächenstruktur einen maßgeblichen Unterschied zwischen der Hydrophobie der Mikrostruktur und der Hydrophobie der Makrostruktur verursacht. Demnach ähnelt sich die makroskopische und die mikroskopische Hydrophobie nur dann, wenn eine äußerst homogene Mikrostruktur vorliegt [Ermeler01-2]. Dies bedeutet, dass Kontaktwinkelmessungen mit einem Tropfenvolumen von $V_T \geq 5$ µl nur Aussagen über die Hydrophobie der Makrostruktur des Prüflings zulässt. Wie bereits erwähnt wurde, wird jedoch die Spannungsfestigkeit von Isolierstoffoberflächen unter Feuchtebedingungen bei den hier untersuchten Elektrodenabständen hauptsächlich von der mikroskopischen Struktur des Werkstoffs bestimmt. Verwertbare Informationen über die Hydrophobie der Mikrostruktur erhält man allerdings nur mit Wassertropfen viel kleinerer Größe ($V_T \leq 0{,}05$ µl) [Ermeler01-

2], wobei die Realisierung solch kleiner Wassertropfen schwierig ist. Aus den oben genannten Gründen ist ein Zusammenhang zwischen der Hydrophobie und der Spannungsfestigkeit der untersuchten Prüflinge nicht festzustellen.

Neben den Kontaktwinkelmessungen an ungealterten Isolierstoffen wurden Untersuchungen hinsichtlich der Hydrophobieeigenschaften photodegradierter Prüflinge durchgeführt, um den durch Photodegradation verursachten Hydrophobieverlust nachzuweisen. Im Gegensatz zu den ungealterten Prüflingen, bei denen die Grenzfläche zwischen dem aufgesetzten Wassertropfen und dem Isolierstoff nahezu kreisrund war, hatte die Grenzfläche bei den durch ultraviolette Bestrahlung gealterten Isoliermaterialien eine stark unregelmäßige Form. Dies hat zur Folge, dass in sämtlichen Tripelpunkten unterschiedliche Kontaktwinkel zu beobachten sind. Das folgende Bild 6.47 veranschaulicht die Problematik beispielhaft anhand des Tropfenbildes beim Polyesterharz GPO-2. Wie man im linken Teilbild erkennt, breitet sich der aufgesetzte Wassertropfen gleichmäßig auf der Werkstoffoberfläche aus, so dass sich eine regelmäßige Kontur der Grenzfläche Isolierstoff/Wasser ergibt. In diesem Falle ist der Kontaktwinkel in den jeweiligen Tripelpunkten nahezu identisch. Demgegenüber ist im rechten Teilbild aufgrund der ungleichmäßigen Grenzflächenkontur mit einem voneinander abweichenden Kontaktwinkel in den Tripelpunkten zu rechnen, so dass bei dem photodegradierten Polyesterharz GPO-2 eine Messung des statischen Kontaktwinkels nicht sinnvoll erscheint.

Bild 6.47: Tropfenbild des ungealterten (links) und photodegradierten (rechts) Polyesterharzes GPO-2, $V_T = 5\ \mu l$, $t = 30$ s

In Bild 6.47 ist allerdings zu erkennen, dass der Prüfling einen deutlichen Verlust der Hydrophobie aufweist, der eine Folge der Alterung durch ultraviolette Bestrahlung ist. Dieser Prüfling ist demnach als nicht UV-beständig zu bezeichnen. Anhand des in Bild 6.47 dargestellten Hydrophobieverlustes des photodegradierten Polyesterharzes GPO-2 ist eine deutliche Verschlechterung des Isoliervermögens unter Feuchtebedingungen bei diesem Werkstoff zu erwarten; dies ist jedoch gemäß Tabelle 5.8 nicht der Fall. Offensichtlich muss auch bei der Degradation von Isolierstoffen zwischen dem

Hydrophobieverlust der makroskopischen Struktur und dem der Mikrostruktur unterschieden werden. Demnach liegt beim Polyesterharz GPO-2 vermutlich ein makroskopischer Hydrophobieverlust (Bild 6.47) vor; die Mikrostruktur dieses Werkstoffs hingegen weist offensichtlich Bereiche ohne Hydrophobieverlust auf. Im Gegensatz dazu zeigt beispielsweise das photodegradierte Epoxidharz FR-5 einen signifikanten Hydrophobieverlust der mikroskopischen Struktur, da hier eine deutliche Veränderung des Isoliervermögens festgestellt wurde (Tabelle 5.8).

Bei den beiden Melaminharzen MF 2500 und MF 1206 war eine signifikante Veränderung des Tropfenbildes wie in Bild 6.47 nicht feststellbar. Dieses Ergebnis stimmt mit der in [Bakelite98] angegebenen UV-Beständigkeit dieser Isoliermaterialien, die vermutlich durch Zugabe von Antioxidantien hervorgerufen wird, überein.

Zur Überprüfung der in Abschnitt 5.2.4 erwähnten Wiedererlangung der Hydrophobie wurden die Prüflinge nach der UV-Bestrahlung etwa zwei Stunden bei Raumbedingungen aufbewahrt; anschließend wurde erneut das Tropfenbild aufgenommen, wobei auch hier das Volumen des Wassertropfens V_T = 5 µl betrug. Das beim Polyesterharz GPO-2 erhaltene Ergebnis ist in Bild 6.48 dargestellt. In diesem Bild ist klar zu erkennen, dass der aufgesetzte Tropfen zwar immer noch eine unregelmäßige Form besitzt, die Höhe des Tropfens jedoch größer und folglich der Kontaktwinkel größer ist als im rechten Teilbild von Bild 6.47.

Bild 6.48: Tropfenbild des Polyesterharzes GPO-2 bei der Wiedererlangung der Hydrophobie, V_T = 5 µl

Dies bedeutet, dass der Prüfling mit fortschreitender Zeit nach der UV-Bestrahlung wieder hydrophob wird, was häufig auch als sogenannte *Wiederkehrhydrophobie* bezeichnet wird. Die Ursachen für das Wiedererlangen der Hydrophobie wurde in früheren Forschungsarbeiten ausführlich diskutiert. So wird beispielsweise in [Gorur89, Gorur90] berichtet, dass die Wiederkehrhydrophobie bei Silikonelastomeren auf die Diffusion niedermolekularer Polymerketten aus dem Innern des Isolierstoffs an die Oberfläche zurückzuführen ist. Voraussetzung hierfür ist, dass diese Polymerketten in flüssiger Form vorliegen. In diesem Falle hängt die zeitliche Veränderung des Kontaktwinkels θ_s (t) mit dem Diffusionskoeffizienten D gemäß Gleichung (6-3) zusammen, wobei hier von einer Fick'schen Diffusion auszugehen ist [Berger97] (vgl. Abschnitt 3.3).

$$\frac{\partial \theta_s(t)}{\partial t} = J = -\mathrm{D} \cdot \frac{\partial c(x)}{\partial x} \tag{6-3}$$

In obiger Gleichung ist J die Stromdichte der niedermolekularen Ketten aus dem Innern des Materials an die Werkstoffoberfläche und $c(x)$ die Konzentration dieser Ketten in Abhängigkeit der Tiefe x. Das negative Vorzeichen rührt daher, dass die Polymerketten bei Zunahme des Kontakwinkels aus der Tiefe herausdiffundieren, $\partial c(x)/\partial x$ also negativ ist. Bei Silikonelastomeren beispielsweise stellt das darin enthaltene Silikonöl die niedermolekularen Polymere dar. Da die ursprüngliche Hydrophobie des Silikons bei einem alterungsbedingten Verlust nach einer bestimmten Erholungszeit wiederkehrt, ist dieser Werkstoff für den Einsatz in Freiluftanlagen besonders geeignet [Kärner97]. Außer bei Silikonelastomeren wurde der oben beschriebene Effekt auch bei Polyäthylen festgestellt [Khan98]. Als einen weiteren Grund für die wiederkehrende Hydrophobie ist nach [Berger97, Lee81] die Reorientierung polarer Gruppen zu nennen. Wie in Abschnitt 5.2.4 gezeigt wurde, erzeugt der durch UV-Bestrahlung verursachte Photooxidationsprozess an der Werkstoffoberfläche polare Gruppen, die die Wasseranlagerung begünstigen. Diese Gruppen besitzen jedoch eine höhere Oberflächenenergie als beispielsweise die umgebenden Methyl(CH_3)-Gruppen, so dass die potentielle Energie an der Oberfläche erhöht ist und daher dort kein stabiles Gleichgewicht vorhanden ist [Berger97]. Um den Gleichgewichtszustand wieder herzustellen, muss die potentielle Energie minimal werden. Dieser Fall tritt ein, wenn sich die polaren Gruppen durch Rotation der Polymerketten ins Innere des Werkstoffs orientieren und somit die Oberfläche wieder aus Methylgruppen besteht [Berger97]. Neben den oben genannten Ursachen für eine Wiedererlangung der Hydrophobie werden in der Literatur noch eine Vielzahl an weiteren Gründen genannt, die in [Kim99] zusammengetragen sind. Die Hydrophobiewiederkehr war im Rahmen der vorliegenden Arbeit bei den meisten Isoliermaterialien festzustellen.

Der Hydrophobieverlust wurde nicht nur bei den photodegradierten Werkstoffen sondern auch an Prüflingen, die mehrere Wochen bis einige Jahre hoher Feuchte ausgesetzt waren (vgl. Abschnitt 5.2.2), beobachtet. Grund hierfür ist die durch das absorbierte Wasser veränderte chemisch-physikalische Oberflächenstruktur wie beispielsweise die bereits erwähnte Umwandlung von Carbonylgruppen in stärker polare Hydroxylgruppen. Die hier erhaltenen Ergebnisse werden durch eine Reihe anderer Forschungsarbeiten bestätigt [Tokoro01, Jahn01, Kim92, Kim99].

Zum Abschluss dieses Kapitels soll im Folgenden auf die Ergebnisse des dynamischen Kontaktwinkels (vgl. Bild 6.43) kurz eingegangen werden. Sowohl eigens durchgeführte Messungen als auch diverse Veröffentlichungen haben gezeigt, dass sich der Fortschreitewinkel beträchtlich vom Rückzugswinkel unterscheidet (s. auch

Bild 6.43) [Homma00, Gustavsson98, Bärsch99]. Die Ursache hierfür wird im Folgenden erläutert. Ausgangspunkt ist dabei ein Wassertropfen, der bereits auf die Werkstoffoberfläche aufgesetzt wurde und dem zur Messung des Fortschreitewinkels Wasser nachgeführt wird. Durch die damit einhergehende Ausdehnung des Tropfens „sieht" der fortschreitende Tropfenrand die Grenzfläche Werkstoff/Luft, bei der die hydrophilen Gruppen im Isolierstoff „vergraben" sind und statt dessen unpolare Molekülteile des Polymers wie z.B. Methylgruppen an der Oberfläche auftauchen. Dieses Phänomen führt zu einem relativ hohen Wert des Fortschreitewinkels θ_a [Yasuda81, Boué89]. Die Zusammenhänge sind im linken Teilbild des Bildes 6.49 veranschaulicht. Hier ist weiterhin zu erkennen, dass sich die hydrophilen (polaren) Gruppen der Polymerketten aufgrund des Kontakts des Isoliermaterials mit Wasser an der Grenzschicht Feststoff/Wasser zur Oberfläche hin orientieren. Bei der darauf folgenden Messung des Rückzugswinkels „sieht" der sich zurückziehende Tropfenrand diese polaren Gruppen an der Werkstoffoberfläche. Dies bewirkt einen relativ geringen Winkel zwischen Oberfläche und Tropfenrand (Bild 6.49, rechts).

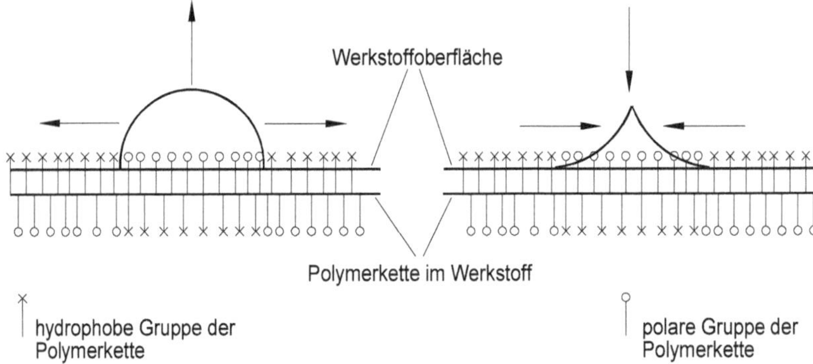

Bild 6.49: Orientierung polarer Gruppen beim Kontakt mit Wasser; die Pfeile deuten die Ausdehnung (Forschreitewinkel) bzw. Verkleinerung (Rückzugswinkel) des Wassertropfens bei der Messung des jeweiligen Winkels an

Problematisch bei der Messung des Fortschreitewinkels nach dem zuvor beschriebenen Messverfahren (s. Bild 6.43) ist jedoch, dass der Winkel zwischen dem Tropfenrand und der Werkstoffoberfläche zunächst stark vom Tropfenvolumen abhängt und erst bei größeren Tropfenvolumina (hier: V_T > 5-6 µl) konstant bleibt. Dieser konstante Winkel repräsentiert den Fortschreitewinkel und betrachtet aufgrund des Tropfenvolumens nicht die Mikrostruktur sondern ebenfalls die Makrostruktur der Isolierstoffoberfläche. Aus diesem Grunde wird auf eine Darstellung der einzelnen Ergebnisse des Fortschreite- und Rückzugswinkels an dieser Stelle verzichtet.

Der Vollständigkeit halber ist jedoch zu erwähnen, dass die Messung des Fortschreitewinkels bei der Bestimmung der Oberflächenspannungen von Werkstoffen eine wichtige Rolle spielt. Nach einer Methode von [Oss88] werden dabei drei unterschiedliche Flüssigkeiten (z.B. Wasser, Formamid und Dijodmethan) verwendet und jeweils der Fortschreitewinkel gemessen; anhand der Messergebnisse lässt sich dann sowohl der polare Lewis-Säure- und Lewis-Base-Anteil als auch der disperse Anteil der (makroskopischen) Oberflächenspannung eines Feststoffs ermitteln. Diese Größen sind für den Einsatz von Feststoffen in praktischen Anwendungen wie z.B. elektronischen Baugruppen von großem Interesse [Oss88].

7 Betrachtungen zur elektrischen Feldverteilung unter Feuchtebedingungen

Wie bereits mehrfach geschildert wurde, übt angelagerte und absorbierte Feuchte in bestimmten Fällen einen erheblichen Einfluss auf das elektrische Feld an der Werkstoffoberfläche aus. Aus diesem Grunde wurden innerhalb der vorliegenden Arbeit Feldberechnungen durchgeführt, um letztendlich die Auswirkungen von Feuchte auf die Spannungsfestigkeit erklären zu können. Die Feldberechnungen basieren auf den Maxwell'schen Gleichungen und erfolgten auf einer Workstation (500 MHz, 128 MB RAM) mit dem Programmpaket MAFIA (**MA**xwell Equation Solver with **F**inite **I**ntegration **A**lgorithm) V4.0 der Firma CST GmbH, Darmstadt. Dieses Programmpaket erlaubt die numerische Lösung der vier integralen Maxwell'schen Gleichungen in drei Dimensionen mit bestimmten Randbedingungen. Die integralen Maxwell'schen Gleichungen werden dabei mit Hilfe der Theorie der finiten Elemente durch Näherungsausdrücke ersetzt, und man erhält entsprechende diskrete Matrixgleichungen. Der zugrunde liegende Algorithmus der finiten Integration findet sich beispielsweise in [Weiland86]. Die Voraussetzung für diesen Algorithmus ist die Diskretisierung einer zu berechnenden Anordnung durch Gitternetzlinien und Gitterpunkte, was als sogenanntes *Mesh* bezeichnet wird. Bedingt durch die Rechenleistung der verwendeten Workstation wurde in den Feldberechnungen der vorliegenden Arbeit ein kleinstmöglicher Abstand zwischen den Gitternetzlinien von 0,01 mm eingestellt.

Problematisch bei den Feldberechnungen ist die hierfür notwendige Modellierung der Feuchteanlagerung und Feuchteabsorption sowie die exakte Nachbildung der hier verwendeten Elektrodenanordnung. Die Betrachtungen erfolgen daher an einer vereinfachten Anordnung aus halbzylinderförmigen Elektroden, wobei die Feuchteanlagerung zunächst durch angelagerte Wassertropfen angenähert wird. Die Länge der zylinderförmigen Elektroden entspricht dabei der Länge der bei den Messungen verwendeten Elektroden. Zur Veranschaulichung zeigt Bild 7.1 das den Berechnungen zugrunde liegende Modell.

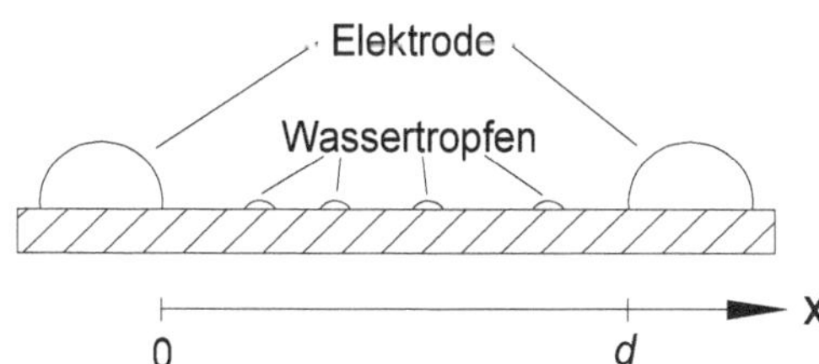

Bild 7.1: Vereinfachtes Modell zur Berücksichtigung der Anlagerung von Feuchte an der Isolierstoffoberfläche auf die Feldverteilung

Der interessierende Bereich liegt zwischen den beiden inneren Tripelpunkten des Systems Elektrode/Isolierstoff/Luft und entspricht dem Elektrodenabstand *d*. Das in Bild 7.1 gezeigte Modell wurde von [Klös98] übernommen und für die hier durchgeführten Berechnungen weiter optimiert*). Frühere Forschungsarbeiten fanden heraus, dass es in den Tripelpunkten des Systems Elektrode/Isolierstoff/Luft und Wassertropfen/Isolierstoff/Luft zu Feldüberhöhungen kommt, da hier drei stark verschiedene Dielektrika aufeinandertreffen [Klös98, Keim99]. Innerhalb der in dieser Arbeit durchgeführten Berechnungen wird daher untersucht, welche Werte diese Feldüberhöhungen für unterschiedliche Elektrodenabstände (d = 3 mm, d = 2 mm, d = 1 mm und d = 0,5 mm) annehmen können. Die Betrachtung kleinerer Elektrodenabstände als d = 0,5 mm war wegen der Rechenleistung der Workstation nicht möglich. Des weiteren lieferten die in diesem Abschnitt beschriebenen Simulationsergebnisse keinen gravierenden Unterschied zwischen der Feldverteilung bei d = 3 mm und dem Feldstärkeverlauf bei d = 2 mm; daher erfolgte keine explizite Berechnung bei d = 2,5 mm.

Sämtliche Berechnungen erfolgten im Bereich der Durchschlagfeldstärke. Obwohl die Durchschlagfeldstärke vom Elektrodenabstand jedoch stark abhängt (vgl. Abschnitt 5.2), wird zwecks Vergleichbarkeit der berechneten Feldstärkeverläufe bei allen Elektrodenabständen eine Durchschlagfeldstärke von E_{br} = 2 kV/mm gewählt. Dieser Wert entspricht ungefähr der Durchschlagfeldstärke bei dem in dieser Arbeit untersuchten maximalen Elektrodenabstand von d = 2,5 mm (s. Abschnitt 5.2). Die Simulationsrechnungen wurden demzufolge für Spannungen zwischen den beiden halbzylinderförmigen Elektroden in Höhe von U_s = 2 kV/mm · d durchgeführt.

Im Folgenden werden zunächst ideal glatte Isolierstoffoberflächen mit einer relativen Dielektrizitätszahl von ε_r = 4 ohne Wassertropfen betrachtet. Die Bilder 7.2 und 7.3 zeigen die für d = 3 mm und d = 0,5 mm berechnete Feldverteilung $E(x)$. Der Mittelwert E_{mittel} dieser Feldverteilung beträgt dabei jeweils $E_{mittel} = E_{br}$ = 2 kV/mm.

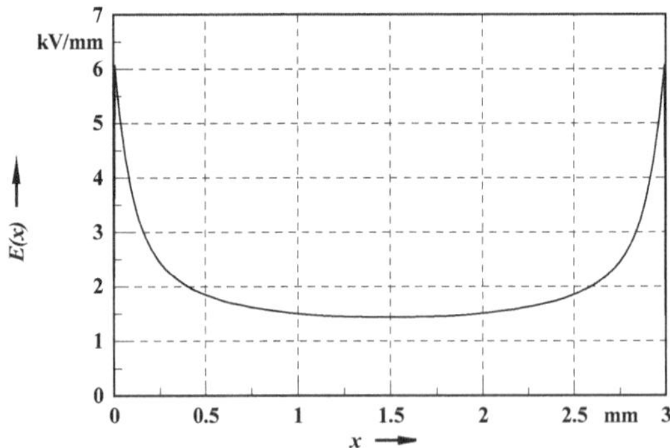

Bild 7.2: Berechnete Feldverteilung für d = 3 mm, keine Wassertropfen

*) An dieser Stelle sei Herrn Dr.-Ing. M. Hilgner (Fachgebiet „Theorie elektromagnetischer Felder“ der TU Darmstadt) für seine Unterstützung herzlich gedankt.

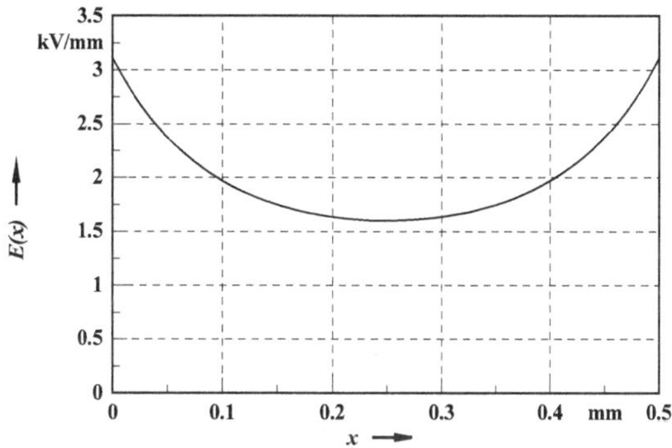

Bild 7.3: Berechnete Feldverteilung für d = 0,5 mm, keine Wassertropfen

In den Bildern 7.2 und 7.3 sind deutlich die Feldüberhöhungen im Bereich der Elektroden (x = 0 und x = 3 mm bzw. x = 0,5 mm) aufgrund des dortigen Aufeinandertreffens stark unterschiedlicher Dielektrika zu erkennen, und es ist zu vermuten, dass an diesen Stellen der Entladungseinsatz beginnt. Des weiteren ist ersichtlich, dass sich die Höhe der Feldspitzen mit abnehmendem Elektrodenabstand verringert, was zu einer Zunahme des Homogenitätsgrads $\eta = E_{mittel}/E_{max}$ führt. In der folgenden Tabelle ist der berechnete Homogenitätsgrad der in Bild 7.1 dargestellten Anordnung ohne Wassertropfen für sämtliche Elektrodenabstände zusammengetragen. Die Tabelle dient als Referenz für die nachfolgenden Simulationsrechnungen.

Tabelle 7.1: Homogenitätsgrad η in Abhängigkeit des Elektrodenabstands d ohne Wassertropfen

d	$\eta = E_{mittel}/E_{max}$
3 mm	2 / 6,08 = 0,33
2 mm	2 / 5,42 = 0,37
1 mm	2 / 4,04 = 0,5
0,5 mm	2 / 3,11 = 0,64

Im Folgenden wird untersucht, inwiefern angelagerte Wassertropfen (vgl. Bild 7.1) die Feldverteilung bei glatten Feststoffoberflächen beeinflussen. Die Darstellungen beschränken sich dabei auf d = 3 mm und d = 0,5 mm, um die Feldverteilung bei großem und kleinem Elektrodenabstand zu demonstrieren. Zunächst wird die Verteilung des elektrischen Feldes bei d = 3 mm betrachtet. In den Simulationsrechnungen werden die Wassertropfen vereinfachend durch Halbkugeln mit dem Radius r_T und den elektrischen Kennwerten γ_w = 2 µS/cm sowie ε_r = 80 nachgebildet. In dieser Arbeit wurde bei den Feldberechnungen neben dem Elektrodenabstand die Anzahl der Wassertropfen N_T sowie die Abstände der Wassertropfen zueinander und zu den Elektroden verändert. Hierbei wurden Parameter eingeführt, die in Bild 7.4 erläutert werden.

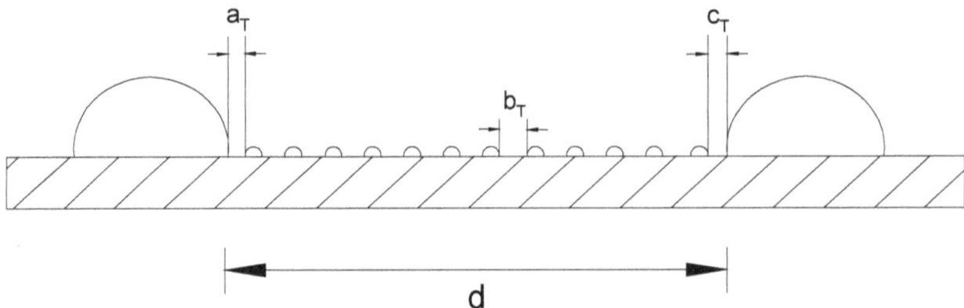

Bild 7.4: Zur Erläuterung der eingeführten Parameter: a_T – Abstand der linken Elektrode zum linken Wassertropfen, b_T – Abstand der Tropfen zueinander, c_T – Abstand der rechten Elektrode zum rechten Wassertropfen

Das folgende Bild 7.5 zeigt den Feldverlauf für N_T = 12, a_T = c_T = 0,025 mm, b_T = 0,05 mm, d = 3 mm und r_T = 0,1 mm (ein kleinerer Radius war bei der Modellierung aufgrund der Rechenleistung der Workstation nicht möglich).

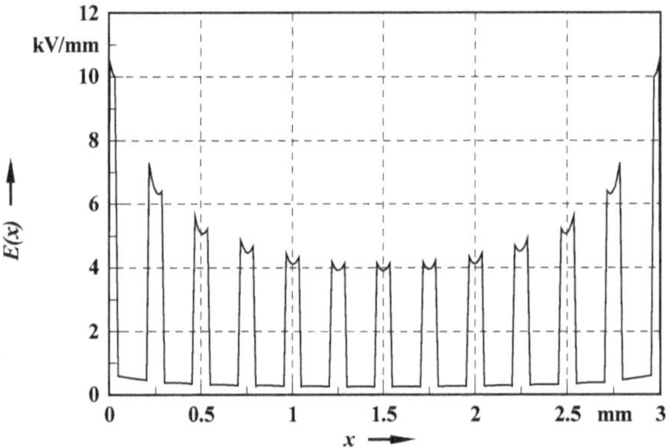

Bild 7.5: Feldverlauf für d = 3 mm mit angelagerten Wassertropfen, N_T = 12, a_T = c_T = 0,025 mm, b_T = 0,05 mm, r_T = 0,1 mm, η = 0,20

Wie in Bild 7.5 zu erkennen ist, wird die Feldverteilung durch die angelagerten Wassertropfen stark verzerrt. Für diesen Fall ergibt sich ein Homogenitätsgrad von η = 0,20, so dass hier mit einer deutlich niedrigeren Durchschlagspannung als bei der in Bild 7.2 dargestellten Feldverteilung zu rechnen ist. Im Vergleich zu dem in Bild 7.2 dargestellten Feldverlauf hat sich der Homogenitätsgrad also deutlich verringert.

Anhand Bild 7.5 ist ersichtlich, dass die Wassertropfen auf der Feststoffoberfläche 80 % des Elektrodenabstands bedecken. In den folgenden Bildern wird gezeigt, wie sich die Feldverteilung bei geringen Veränderungen der geometrischen Parameter signifikant verändert; dabei bedecken die Wassertropfen auf der Feststoffoberfläche stets 80 % des Elektrodenabstands.

Zunächst wurde der Abstand der Wassertropfen zueinander verkleinert, wobei die Tropfenanordnung symmetrisch zu x = 1,5 mm liegt. Gemäß Bild 7.4 wurden für den Abstand der Tropfen zueinander und für den Abstand der äußeren Wassertropfen zur jeweiligen Elektrode folgende Werte gewählt: $a_T = c_T$ = 0,19 mm, b_T = 0,02 mm. Der Elektrodenabstand sowie die Anzahl und der Radius der Wassertropfen wurden nicht verändert. Bild 7.6 zeigt, dass es bei dieser Anordnung zu einer signifikanten Abnahme der maximalen Feldstärke E_{max} und einem Anstieg des Homogenitätsgrades auf η = 0,29 kommt. Wie in den vorigen Bildern wird auch hier die maximale Feldstärke von den Feldspitzen an den Elektroden bestimmt.

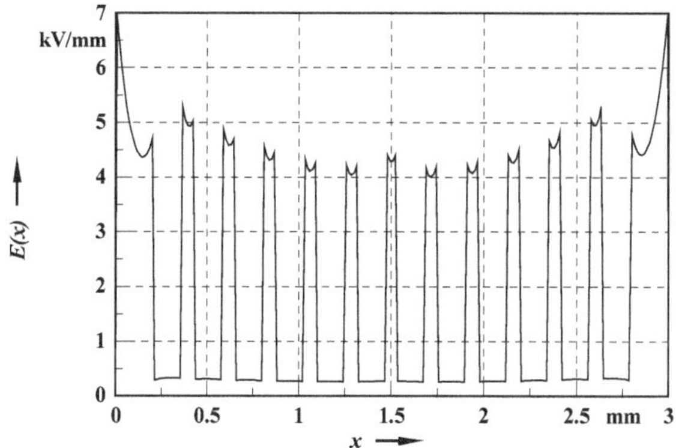

Bild 7.6: Feldverlauf für d = 3 mm mit angelagerten Wassertropfen, N_T = 12, $a_T = c_T$ = 0,19 mm, b_T = 0,02 mm, r_T = 0,1 mm, η = 0,29

Ursache für die Verringerung der Feldspitzen an den Elektroden ist der vergrößerte Abstand zwischen jeweiliger Elektrode und den äußeren Wassertropfen. Eine Verringerung der Tropfenabstände zueinander und das damit einhergehende Anwachsen des Abstands zwischen den äußeren Tropfen und jeweiliger Elektrode bewirkt demnach offenbar eine Angleichung der Feldspitzen an den Elektroden und den durch die Wassertropfen verursachten Feldüberhöhungen. In diesem Fall ist ein Beginn der Entladung auch an den Tropfen möglich, was in der Literatur als tropfeninitiierte Entladung bezeichnet wird [Swift94, Windmar94, DeLaO98].

In den beiden Bildern 7.5 und 7.6 waren die Werte für die Parameter a_T und c_T gleich (symmetrische Anordnung). Das folgende Simulationsergebnis (Bild 7.7) zeigt den Feldverlauf für unterschiedliche Werte dieser beiden Parameter. Bei dieser Berechnung wurde a_T = 0,025 mm, b_T = 0,02 mm und c_T = 0,19 mm gewählt; die restlichen Parameter blieben unverändert. In Bild 7.7 sind die unterschiedlichen Feldspitzen an den beiden Elektroden deutlich zu erkennen. Während in den Bildern 7.5 und 7.6 eine symmetrische Feldverteilung vorliegt und daher ein Entladungseinsatz an beiden Elektroden zu erwarten ist, ist aufgrund des in Bild 7.7 erkennbaren asymmetrischen Verlaufs mit dem Beginn der Entladungsentwicklung an der linken Elektrode zu rechnen.

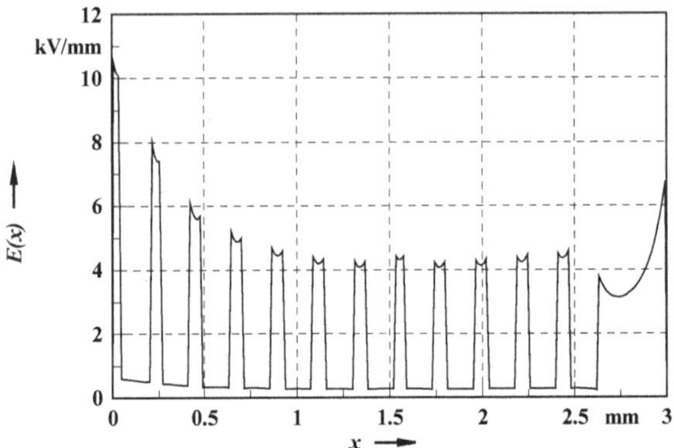

Bild 7.7: Feldverlauf für d = 3 mm mit angelagerten Wassertropfen, N_T = 12, a_T = 0,025 mm, b_T = 0,02 mm, c_T = 0,19 mm, r_T = 0,1 mm, η = 0,20

Bild 7.8 demonstriert den Einfluss des Tropfenradius auf die Verteilung des elektrischen Feldes. Für den Abstand der Tropfen zueinander und zur jeweiligen Elektrode (Bild 7.4) wurden folgende Werte gewählt: a_T = c_T = 0,025 mm und $b_T \approx$ 0,079 mm. Diese Tropfenanordnung weist also denselben Abstand der äußeren Wassertropfen zur jeweiligen Elektrode auf wie die Bild 7.5 zugrunde liegende Anordnung.

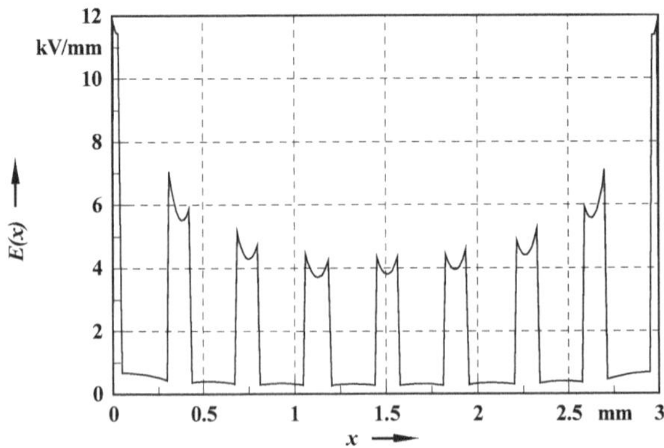

Bild 7.8: Feldverteilung für d = 3 mm mit angelagerten Wassertropfen, N_T = 8, a_T = c_T = 0,025 mm, $b_T \approx$ 0,079 mm, r_T = 0,15 mm, η = 0,17

Vergleicht man die Bilder 7.5 und 7.8 miteinander, so lässt sich in Bild 7.8 eine Zunahme der maximalen elektrischen Feldstärke von ungefähr 10 % feststellen.

Die bisherigen Berechnungen zeigen, dass die Anordnung der Wassertropfen auf der Isolierstoffoberfläche den Verlauf der elektrischen Feldstärke erheblich beeinflussen. Es ist daher äußerst schwierig, die exakte Feldverteilung auf der Isolierstoffoberfläche unter realen Feuchtebedingungen nachzubilden.

Nach den zuvor dargestellten Simulationsergebnissen bei relativ großem Elektrodenabstand (d = 3 mm) stellt sich nun die Frage, inwiefern angelagerte Wassertropfen den Feldverlauf bei einem kleinen Elektrodenabstand (d = 0,5 mm) verändern. Hierzu wurde eine Anordnung aus zwei Wassertropfen (N_T = 2) mit einem Radius von r_T = 0,1 mm untersucht; wie in den zuvor beschriebenen Anordnungen bedecken die Wassertropfen auf der Feststoffoberfläche auch hier 80 % des Elektrodenabstands. Der Abstand der Tropfen zueinander und der Abstand der äußeren Wassertropfen zur jeweiligen Elektrode entspricht dabei der Bild 7.5 zugrunde liegenden Anordnung (a_T = c_T = 0,025 mm, b_T = 0,05 mm). Bild 7.9 zeigt den Feldverlauf für diese Anordnung.

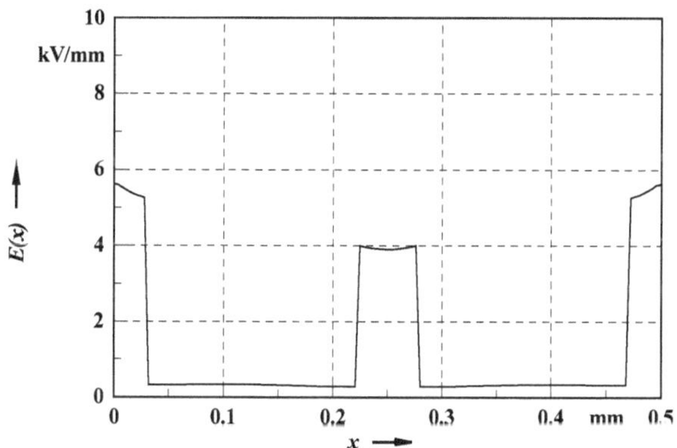

Bild 7.9: Feldverteilung für d = 0,5 mm mit angelagerten Wassertropfen, N_T = 2, a_T = c_T = 0,025 mm, b_T = 0,05 mm, r_T = 0,1 mm, η = 0,36

Beim Vergleich des in Bild 7.9 dargestellten Feldverlaufs mit der Feldverteilung gemäß Bild 7.3 lässt sich ebenfalls eine Abnahme des Homogenitätsgrades η beobachten.

Anschließend wurde der Abstand der beiden Wassertropfen zueinander und der Abstand der Tropfen zur jeweiligen Elektrode verändert. Die dabei erhaltenen Simulationsergebnisse zeigen in die gleiche Richtung wie die zuvor geschilderten Ergebnisse und sollen daher an dieser Stelle nicht explizit wiedergegeben werden.

In den Feldberechnungen wurde festgestellt, dass der Einfluss der angelagerten Wassertropfen auf den Homogenitätsgrad bei einem Elektrodenabstand von d = 0,5 mm größer ist als bei d = 3 mm. Daraus lässt sich schlussfolgern, dass die Spannungsfestigkeit von Kriechstrecken bei kleineren Elektrodenabständen stärker von der Feuchte abhängig ist als bei großen Elektrodenabständen. Dies wird anhand der in Kapitel 5.2 geschilderten Messergebnisse bestätigt.

Wie bereits vorher erwähnt wurde, sind an der Isolierstoffoberfläche Poren und Füllstoffe vorhanden, die bei der Wasseranlagerung eine maßgebliche Rolle spielen. Innerhalb dieses Abschnitts soll daher auch untersucht werden, wie sich die physikalisch-chemische Oberflächenstruktur auf die Feldverteilung bei d = 0,5 mm und bei d = 3 mm auswirkt. Da die Abmessungen der Füllstoffe und Poren im Submikrometerbereich liegen (vgl. z.B. Bild 6.2), ist deren Modellierung aufgrund der Rechenleistung der Workstation problematisch. Daher ist es lediglich möglich, die Auswirkungen der Oberflächenstruktur nur prinzipiell zu beschreiben. Zunächst wird der Einfluss der Poren betrachtet, wobei der Übersichtlichkeit halber der Einfluss der Porentiefe auf den Feldverlauf nicht berücksichtigt werden soll. Für die Feldberechnungen werden die Poren der Einfachheit halber durch zylinderförmige Lufteinschlüsse an der Isolierstoffberfläche (Anzahl N_p) mit einem Radius von jeweils r_p = 0,1 mm nachgebildet. Aufgrund der rechnerbedingten beschränkten Auflösung bei der Modellierung der gesamten Anordnung beträgt die Porentiefe ebenfalls 0,1 mm. Zur Beschreibung der geometrischen Anordnung der Poren wurden weitere Parameter eingeführt, die in Bild 7.10 erläutert sind.

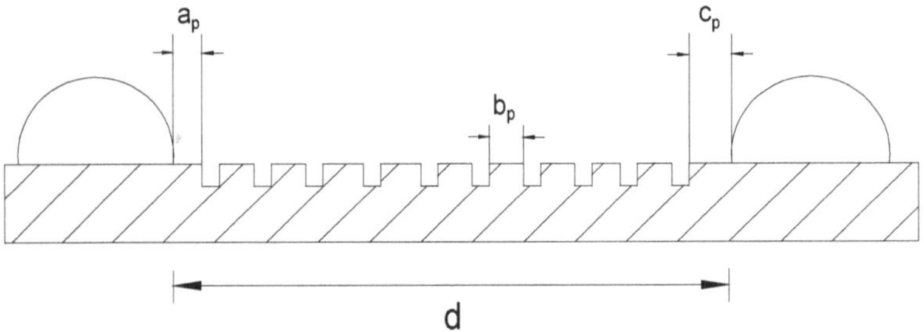

Bild 7.10: Zur Erläuterung der eingeführten Parameter: a_p – Abstand der linken Elektrode zur linken Pore, b_p – Abstand der Poren zueinander, c_p – Abstand der rechten Elektrode zur rechten Pore

Bild 7.11 zeigt die Feldverteilung bei zunächst ungefüllten Poren (N_p = 12) an der Isolierstoffoberfläche. Hierbei entsprechen die Abstände der Poren zueinander und zur jeweiligen Elektrode den Abständen der Tropfen aus Bild 7.5: $a_p = c_p$ = 0,025 mm, b_p = 0,05 mm. In diesem Bild ist ersichtlich, dass an den Porenrändern Feldüberhöhungen vorkommen, da hier zwei unterschiedliche Dielektrika (Isolierstoff, Luft) aufeinandertreffen. Aufgrund der geringeren relativen Dielektrizitätszahl der Luft liegt eine verminderte Feldstärke zwischen den Poren vor. Im Vergleich zum

Grundfeld (s. Bild 7.2) nimmt der Homogenitätsgrad der Bild 7.11 zugrunde liegenden Anordnung einen etwas höheren Wert an.

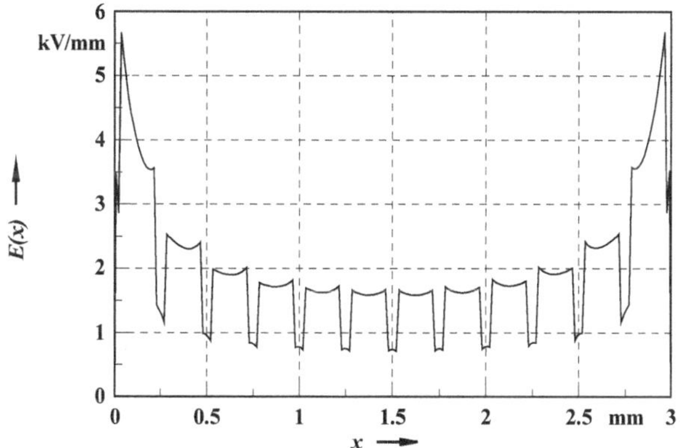

Bild 7.11: Feldverteilung für $d = 3$ mm mit ungefüllten Poren, $N_p = 12$, $a_p = c_p = 0{,}025$ mm, $b_p = 0{,}05$ mm, $r_p = 0{,}1$ mm, $\eta = 0{,}36$

Ein weiterer Effekt bei dieser Anordnung ist, dass die zwei ausgeprägten Feldspitzen nicht an den Elektroden sondern an dem jeweils elektrodenseitigen Porenrand der äußeren Poren auftauchen (Bild 7.11), was vermutlich zu einem dortigen Beginn der Entladung führt. Dieser Effekt ist bei Untersuchungen hinsichtlich der Vorentladungsentwicklung von Interesse, die jedoch nicht Gegenstand der vorliegenden Arbeit sind.

Bild 7.12 demonstriert den Einfluss der Füllung der Poren mit Wasser auf den Feldstärkeverlauf, wobei aufgrund des Kapillareffekts ausschließlich vollständig gefüllte Poren betrachtet werden. In diesem Bild liegt dieselbe Porenanordnung wie in Bild 7.11 vor. Analog zu den zuvor untersuchten Anordnungen mit aufgesetzten Wassertropfen macht sich die Füllung der Poren auf den Verlauf der elektrischen Feldstärke deutlich bemerkbar. Bei der Gegenüberstellung von Bild 7.11 und 7.12 fällt auf, dass der Homogenitätsgrad η in Bild 7.12 deutlich niedriger ist. Zwischen den Abständen der Feldspitzen in Bild 7.12 und denen in Bild 7.5 sind deutliche Unterschiede festzustellen, obwohl die aufgesetzten Wassertropfen und die Poren durch Halbkugeln bzw. Zylinder mit einem Radius von 0,1 mm nachgebildet wurden und damit gleiche Abstände der Feldspitzen zu erwarten sind. Es ist daher stark anzunehmen, dass aufgrund der Diskretisierung der Halbkugeln und Zylinder durch Gitternetzlinien und Gitterpunkte (Mesh) tatsächlich ein unterschiedlicher Radius dieser geometrischen Formen vorliegt. Daher erscheint ein Vergleich zwischen gefüllten Poren und aufgesetzten Wassertropfen in diesen Berechnungen generell nicht sinnvoll.

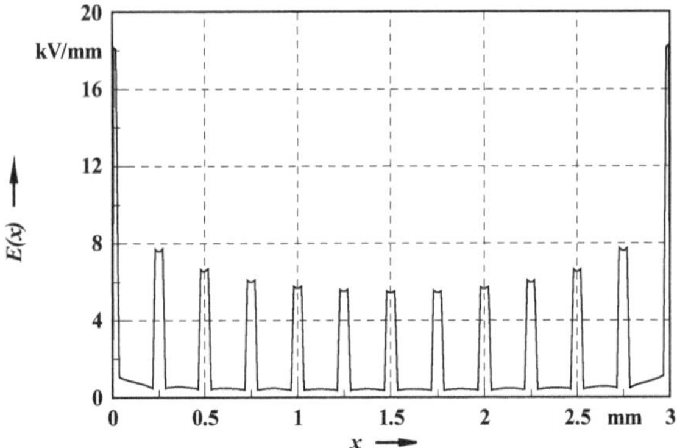

Bild 7.12: Feldverteilung für d = 3 mm mit vollständig gefüllten Poren, N_p = 12, $a_p = c_p$ = 0,025 mm, b_p = 0,05 mm, r_p = 0,1 mm, η = 0,11

Die folgenden Betrachtungen schildern den Einfluss der Poren auf den Feldverlauf bei einem Elektrodenabstand von d = 0,5 mm und einem Porenradius von r_p = 0,1 mm. Die Anzahl der Poren beträgt N_p = 2. Der Abstand der Poren zueinander und der Abstand der äußeren Poren zur jeweiligen Elektrode entspricht dabei der Anordnung aus Bild 7.11, d.h. $a_p = c_p$ = 0,025 mm, b_p = 0,05 mm.

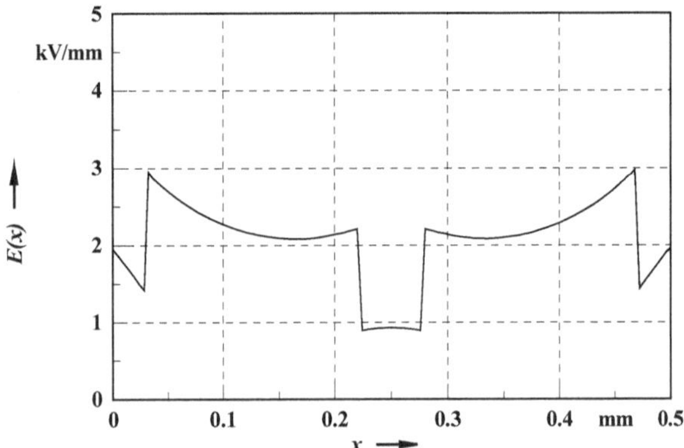

Bild 7.13: Feldverteilung für d = 0,5 mm mit ungefüllten Poren, N_p = 2, $a_p = c_p$ = 0,025 mm, b_p = 0,05 mm, r_p = 0,1 mm, η = 0,68

In Bild 7.13 ist ebenfalls sehr deutlich zu erkennen, dass die beiden ausgeprägten Feldspitzen aufgrund der im Vergleich zum Isolierstoff niedrigeren Dielektrizitätszahl von Luft nicht an den Elektroden sondern an den elektrodenseitigen Porenrändern auftauchen, was für die Betrachtung der Entladungsentwicklung von Interesse ist. Der

Homogenitätsgrad liegt auch hier etwas höher als der Homogenitätsgrad des Grundfeldes (Bild 7.3). Bei vollständig gefüllten Poren wurde für die dem Bild 7.13 zugrunde liegenden geometrischen Abstände ein Homogenitätsgrad von η = 0,26 festgestellt.

In den Simulationsrechnungen hat sich gezeigt, dass gefüllte Poren bei kleinerem Elektrodenabstand den Homogenitätsgrad stärker beeinflussen als bei großem Elktrodenabstand. Die zuvor getroffene Feststellung, dass die Spannungsfestigkeit von Kriechstrecken bei kleineren Elektrodenabständen stärker von der Feuchte abhängig ist als bei großen Elektrodenabständen, wird also bestätigt.

Im Folgenden wird der Einfluss von Füllstoff auf den Verlauf der elektrischen Feldstärke betrachtet. Wie die Feldberechnungen ergaben, führt die „Einbettung" von an der Isolierstoffoberfläche vorhandenen Füllstoffen in das zugrunde liegende Modell ebenfalls zu Feldüberhöhungen in den Tripelpunkten des Systems Isolierstoff/Luft/Füllstoff. Die Füllstoffe wurden der Einfachheit halber durch Zylinder (Anzahl N_f) mit einem Radius von r_f = 0,1 mm nachgebildet, die um 0,1 mm in den Isolierstoff „hineinragten". Zur Erläuterung zeigt Bild 7.14 die eingeführten Parameter zur Beschreibung der geometrischen Anordnung der Füllstoffe.

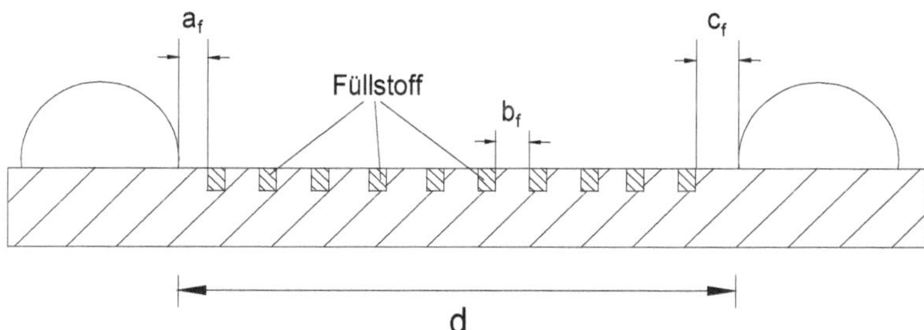

Bild 7.14: Zur Erläuterung der geometrischen Anordnung der Füllstoffe: a_f – Abstand der linken Elektrode zum linken Füllstoff, b_f – Abstand der Füllstoffe zueinander, c_f – Abstand der rechten Elektrode zum rechten Füllstoff

Zunächst wurde die Feldverteilung an einer Anordnung mit N_f = 12 sowie den geometrischen Parametern $a_f = c_f$ = 0,025 mm, b_f = 0,05 mm und d = 3 mm berechnet. Dabei wurde für die relative Dielektrizitätszahl der Füllstoffe ein Wert von ε_r = 8,5 gewählt, da dieser Wert ungefähr der relativen Dielektrizitätszahl des häufig eingesetzten Füllstoffs Aluminiumoxid entspricht [Sembach02]. In Bild 7.15 ist das Ergebnis dieser Simulationsrechnung dargestellt. Auch hier sind deutliche Feldspitzen zu erkennen.

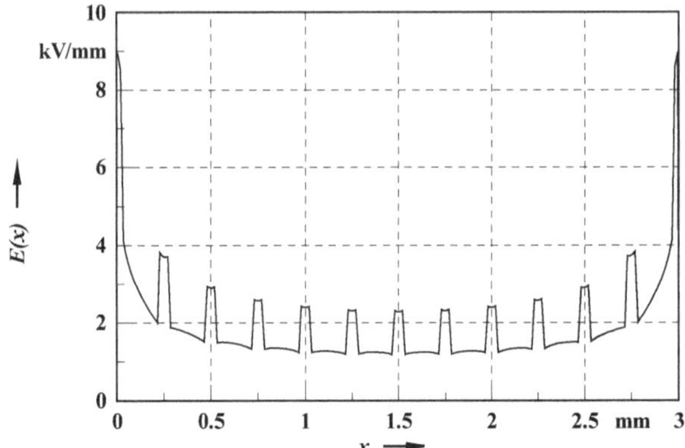

Bild 7.15: Feldverteilung für d = 3 mm mit eingebetteten Füllstoffen, N_f = 12, $a_f = c_f$ = 0,025 mm, b_f = 0,05 mm, r_f = 0,1 mm, η = 0,22

Da der für die Berechnung verwendete Füllstoff Aluminiumoxid eine wesentlich geringere Dielektrizitätszahl aufweist als Wasser, tauchen in Bild 7.15 dementsprechend niedrigere Feldspitzen auf. Diese Tatsache wurde auch für sämtliche anderen geometrischen Anordnungen der Füllstoffe und Elektroden festgestellt.

In weiteren Simulationsrechnungen wurde innerhalb der vorliegenden Arbeit herausgefunden, dass sich das Aufsetzen von Wassertropfen auch bei eingebetteten Füllstoffen im Falle kleiner Elektrodenabstände stärker auf den Homogenitätsgrad η auswirkt als im Falle großer Elektrodenabstände.

Die in diesem Abschnitt beschriebenen Feldberechnungen haben prinzipiell gezeigt, dass Wassertropfen sowie Poren und Füllstoffe das Grundfeld (Bilder 7.2 und 7.3) erheblich verzerren. Hierbei wurde festgestellt, dass Wassertropfen bzw. mit Wasser gefüllte Poren bei kleinen Elektrodenabständen stets zu einer stärkeren Abnahme des Homogenitätsgrades führen als bei großen Elektrodenabständen. Für eine exakte Feldberechnung der real vorliegenden Anordnung ergeben sich jedoch einige Schwierigkeiten, die im Folgenden erläutert werden. Ein großes Problem bei den Berechnungen stellt insbesonders die dafür notwendige Modellierung der Oberflächenstruktur dar. Zum Einen liegen beispielsweise keine genauen Informationen über die Porentiefe und die Lage von Füllstoffen an der Isolierstoffoberfläche vor; zum Anderen muss die Rechenleistung bei der Nachbildung der Oberflächenstruktur sehr hohen Anforderungen genügen, da aufgrund der Dimensionen von Poren und Füllstoffen eine Diskretisierung der Anordnung im Submikrometerbereich bei gleichzeitigen Elektrodenabständen im Millimeterbereich erforderlich ist.

Das Hauptproblem jedoch stellt die Modellierung der Feuchteanlagerung dar. Im Falle einer exakten Kenntnis der Oberflächenstruktur wären zwar die Vorzugspunkte anlagernder Wassermoleküle bekannt, jedoch ist die lokale Schichtdicke der ad- bzw. absorbierten Feuchte bei einer bestimmten Luftfeuchte schwer vorhersagbar. Dies wird um so schwieriger, wenn man die veränderte Feldverteilung nach einem Überschlag in Betracht zieht. Infolge eines Überschlags entstehen an der Überschlagstelle durch Austrocknungsvorgänge in der Feuchteschicht vorübergehend Trockenzonen. Diese führen aufgrund der veränderten Feldverteilung zu einer gesteigerten Spannungsfestigkeit an dieser Stelle. Bei einer mikroskopisch homogenen Wasserschicht sind die Überschlagbedingungen entlang der Elektroden jedoch überall gleich. Bei konstanter Luftfeuchte wird also ein kurz darauf folgender Überschlag bei derselben Überschlagspannung an einer anderen Stelle stattfinden. Aufgrund der mikroskopischen Inhomogenität der physikalisch-chemischen Oberflächenstruktur (vgl. Abschnitt 6.1) ist jedoch stets von einer uneinheitlichen Wasserschicht entlang der Elektroden auszugehen. Dies hat zur Folge, dass die Überschlagbedingungen entlang der Elektroden stark unterschiedlich sind, was bei der Bestimmung der Steh-Stoßspannung zu verschieden hohen Überschlagspannungen bei gleichbleibender Luftfeuchte führt. Eine Erhöhung der Überschlagspannung infolge von Austrocknungsvorgängen ist jedoch auch bei wachsender Feuchte nicht auszuschließen (vgl. Abschnitt 5.2.1). Für eine exakte Feldberechnung ist demnach die Kenntnis der Feuchteschichtverteilung auf der Isolierstoffoberfläche auch nach einem erfolgten Überschlag unerlässlich. Eine weitere Unbekannte bei der Nachbildung der Anordnung ist eine eventuelle Verformung der ad- bzw. absorbierten Wasserschicht beim Anlegen der Spannung. Viele Forschungsarbeiten haben darüber berichtet, dass auf einen Isolierstoff aufgesetzte Wassertropfen bei angelegter Spannung ihre Form beträchtlich verändern und somit das Überschlagsverhalten an der Isolierstoffoberfläche maßgeblich beeinflussen [Cheng74, Schütte90, Schütte92, Jahn01]. Wie die in diesem Abschnitt beschriebenen Feldberechnungen zeigten, stellt sich aufgrund der verschiedenen Dielektrizitätszahlen eine andere Feldstärke innerhalb des Tropfens ein als außerhalb. Bedingt durch die dadurch verursachte Unstetigkeit an der Grenzfläche Wasser/Luft werden auf die Grenzfläche Kräfte ausgeübt, die eine Deformation des Wassertropfens verursachen [Sherwood88, Klös98]. Es ist daher nicht auszuschließen, dass die unterschiedlich dicke Wasserschicht unter dem Einfluss des elektrischen Feldes deformiert wird und sich dies wiederum auf die Feldverteilung auswirkt.

Aufgrund der unbekannten Ladungsverteilung ist weiterhin der Einfluss von Ionen (beispielsweise H_3O^+- und OH^- - Ionen) nicht bekannt. Es ist zu vermuten, dass diese Ladungsträger den Feldstärkeverlauf maßgeblich beeinflussen.

Die oben geschilderten Ausführungen zeigen, dass eine exakte Feldberechnung äußerst komplex ist. Aufgrund der vielen unbekannten Größen ist eine genaue Berechnung der Feldverteilung an Isolierstoffoberflächen unter dem Einfluss von Feuchte vermutlich nicht möglich. Vielmehr kann die Feldverteilung durch Vernachlässigung von z.B. Verformung der ad- bzw. absorbierten Wasserschicht, Ladungsverteilung und Austrocknungsvorgängen nur näherungsweise bestimmt werden. Dies erfordert in Zukunft noch weitere Forschungsarbeiten.

8 Ergebnisse zur Bestimmung der Wasseraufnahme

Neben der Fähigkeit der Isolierstoffe, Feuchte an der Oberfläche anzulagern, sind Isolierstoffe unter bestimmten Voraussetzungen in der Lage, Wasser im Werkstoffinnern zu absorbieren. Dabei kann absorbiertes Wasser das Isolationsvermögen der Isolierstoffoberfläche signifikant beeinflussen (s. Bild 5.15, Abschnitt 5.2.2). Wie bereits in Abschnitt 3.3 erläutert wurde, müssen für eine solche Wasserabsorption bestimmte Voraussetzungen vom Isolierstoff erfüllt werden. In diesem Kapitel wird daher untersucht, in welchem Maß einige der in Tabelle 4.2 aufgeführten Isoliermaterialien in der Lage sind, Wasser im Innern des Feststoffs aufzunehmen. Dabei soll auch der Frage nachgegangen werden, inwiefern die Wasseraufnahme der Prüflinge mit den in Abschnitt 5.2.1 und 5.2.2 geschilderten Ergebnissen zusammenhängt.

Die Bestimmung der Wasseraufnahme erfolgte auf gravimetrischem Wege (vgl. Kapitel 4.4). Um für die Messungen einen einheitlichen Ausgangszustand zu schaffen, wurden die Prüflinge in einem Ofen bei 80 °C bis zum Erreichen ihres sogenannten *Trockengewichts* getrocknet. Das Trockengewicht wurde dabei wie folgt ermittelt: Während der Trocknung wurden die Prüflinge in regelmäßigen Abständen gewogen. Dieser Vorgang wurde mehrmals wiederholt, bis das Gewicht der Prüflinge nahezu konstant blieb. Dieses Gewicht wird als Trockengewicht M_0 des jeweiligen Prüflings angesehen und dient bei der Ermittlung der Wasseraufnahme als Referenzgröße (vgl. Abschnitt 3.3). Nach dem Erreichen des Trockengewichts wurden die Isolierstoffe daraufhin einem konstanten Klima von 20 °C / 95 % r.F. ausgesetzt. In bestimmten zeitlichen Abständen erfolgte das Verwiegen der Prüflinge unter Raumbedingungen solange, bis die Werkstoffe keine Gewichtszunahme mehr aufwiesen. In diesem Fall hat der betreffende Prüfling die Sättigungsmenge M_s aufgenommen, und eine weitere Aufnahme von Wasser ist daher nicht möglich. Um einen Einfluss des an der Oberfläche haftenden (adsorbierten) Wassers auf die Messergebnisse weitgehendst zu vermeiden, wurde dieses von der Feststoffoberfläche sorgfältig mit Vliespapier vor jeder Wägung entfernt und der Prüfling sofort nach der Messung wieder dem oben angegebenen Klima ausgesetzt. Dieses Procedere entspricht dem in der Literatur angegebenen Verfahren [Schütz93-1, Wetjen89].

Bild 8.1 zeigt den gemessenen Verlauf der auf die Trockenmasse bezogenen Gewichtszunahme $m'(t) = m(t)/M_0$ beim Polyesterharz GPO-2. Um die Reproduzierbarkeit zu prüfen, wurden zwei Prüflinge diesen Typs vermessen. In Bild 8.1 erkennt man, dass die beiden Kurvenverläufe nur minimal voneinander abweichen; die Messergebnisse sind also reproduzierbar. Nach dem zunächst steilen Anstieg flachen die Kurven zunehmend ab und erreichen für $t > 4600$ h den Sättigungswert von ungefähr $M_s/M_0 = 1{,}27$ %. Um zu überprüfen, ob eine normale Fick´sche Diffusion vorliegt, werden die Messkurven als Funktion der Quadratwurzel aus der Zeit aufgetragen und man erhält die in Bild 8.2 dargestellten Kurvenverläufe. Hier ist festzustellen, dass die Kurven bis zu $\sqrt{t} = 15\ \sqrt{\text{h}}$ linear verläuft. Da an dieser Stelle noch nicht 60 % des Endwertes erreicht sind, handelt es sich offenbar in diesem Fall um keine normale Fick´sche Diffusion (vgl. Abschnitt 3.3).

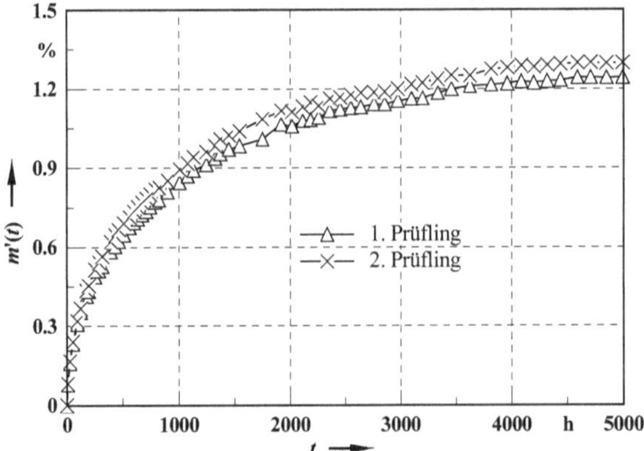

Bild 8.1: Zeitabhängigkeit der Gewichtszunahme beim Polyesterharz GPO-2, zwei Prüflinge

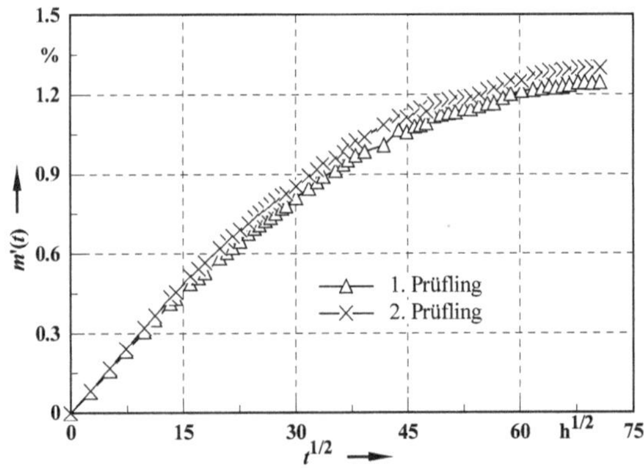

Bild 8.2: Darstellung der Messkurven aus Bild 8.1 als Funktion der Wurzel aus der Zeit

Um diese Vermutung zu untermauern, wurde für den linearen Teil der Kurve der Diffusionskoeffizient D gemäß Gleichung (3-27) bestimmt und die Funktion $m'(t)$ nach Gleichung (3-24) berechnet. Der Unterschied zwischen gemessener und nach Gleichung (3-24) berechneter Kurve ist in Bild 8.3 dargestellt. Aufgrund der Reproduzierbarkeit wird hierbei nur eine der Messkurven wiedergegeben. In diesem Bild ist zu erkennen, dass beide Kurven denselben Endwert erreichen. Dies liegt darin begründet, dass in Gleichung (3-23), auf die die Gleichung (3-24) aufbaut, die gemessene Sättigungsmege M_s einzusetzen ist [Schütz93-1]. Weiterhin ist klar ersichtlich, dass die beiden Kurven für t < 250 h und t > 4300 h recht gut übereinstimmen; dazwischen weichen die Verläufe jedoch stark voneinander ab. Für dieses Verhalten kommen vor allem zwei Ursachen in Frage: Zum Einen handelt es sich bei dem vorliegenden Prüfling um eine Verbundstruktur aus Glasgewebe und reinem Polymer, in dem noch weitere Füllstoffe vorhanden sind. Es ist zu vermuten, dass die Diffusion der Wassermoleküle aufgrund der nicht wasserabsorptionsfähigen Zusatzstoffe wie Glas, Aluminiumhydroxid, etc. stark behindert wird. Dies steht im Einklang mit den in [Stietzel84, Dunkel80] geschilderten Ergebnissen.

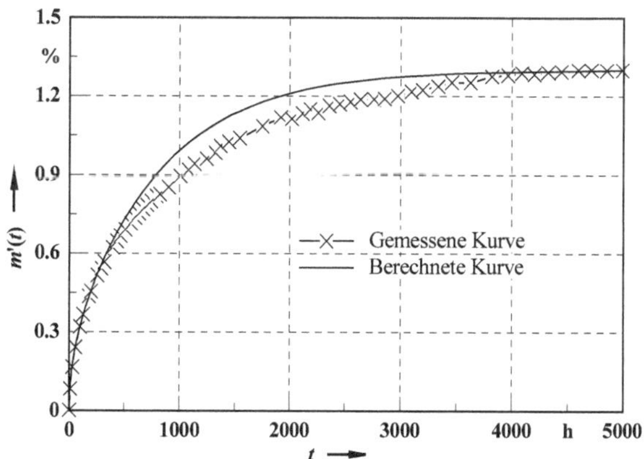

Bild 8.3: Vergleich der berechneten und gemessenen Kurve $m'(t)$ beim Polyesterharz GPO-2

Ein weiterer Grund für den abweichenden Kurvenverlauf ist, dass aufgrund von chemisch-physikalischen Wechselwirkungen zwischen Feststoff- und Feuchtemolekülen eindringende Wassermoleküle gebunden werden können (vgl. Abschnitt 3.3). In diesem Falle ist neben dem Diffusionskoeffizienten sowohl der Mobilisierungs- als auch der Bindungskoeffizient anhand der in Bild 8.1 gezeigten Kurven zu ermitteln und den Verlauf mit Hilfe der Gleichung (3-29) zu berechnen. Wie in Abschnitt 3.3 erwähnt wurde, ist eine solche Berechnung sehr aufwandig und komplex. Daher soll diese Berechnung innerhalb der vorliegenden Arbeit nicht erfolgen.

Unter der Annahme, dass die im Prüfling enthaltenen Füll- und Verstärkungsstoffe kein Wasser aufnehmen, entspricht die Gewichtszunahme der Menge des aufgenommenen Wassers in der Harzmatrix.

Zum Vergleich der Wasseraufnahme der in dieser Arbeit untersuchten Polyesterharze zeigt Bild 8.4 zunächst die Gewichtszunahme beim Polyesterharz GPO-3 (Typ 68.020). Wie beim Polyesterharz GPO-2 ist auch die in Bild 8.4 dargestellte Gewichtszunahme gut reproduzierbar. Im Vergleich zum Polyesterharz GPO-2 weist die Gewichtszunahme beim Polyesterharz GPO-3 (Typ 68.020) jedoch Unterschiede auf. Zum Einen ist die aufgenommene Sättigungsmenge des Polyesterharzes GPO-3 geringer als der beim Polyesterharz GPO-2 gemessene Wert. Des weiteren erreicht das

Polyesterharz GPO-3 bereits bei $\sqrt{t} = 53\ \sqrt{\mathrm{h}}$ die Sättigungsmenge. Eine mögliche Ursache für die unterschiedliche Sättigungsmenge ist der abweichende Harzanteil der Werkstoffe bzw. die verschieden hohe Dichte; hierauf wird gegen Ende dieses Kapitels noch näher eingegangen.

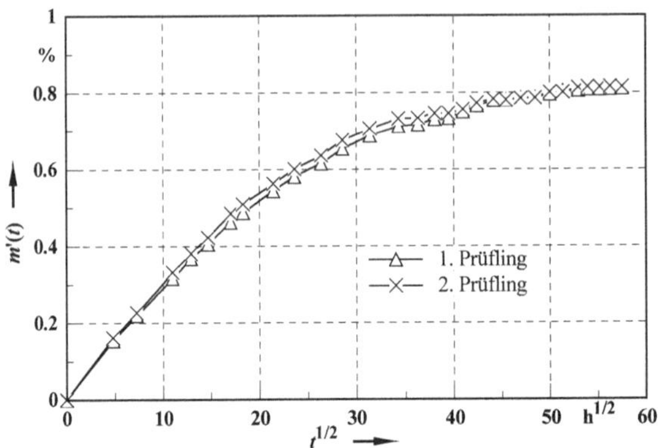

Bild 8.4: Gewichtszunahme beim Polyesterharz GPO-3 (Typ 68.020), zwei Prüflinge

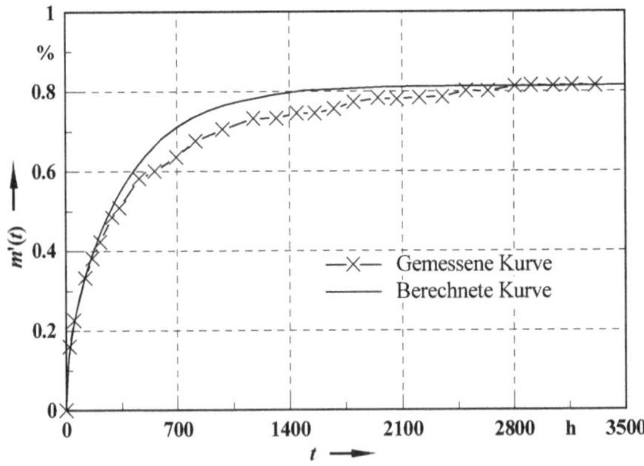

Bild 8.5: Gegenüberstellung der berechneten und gemessenen Kurve $m'(t)$ beim Polyesterharz GPO-3 (Typ 68.020)

In Bild 8.4 ist zu erkennen, dass die Kurven bis zu $\sqrt{t} = 17\sqrt{\mathrm{h}}$ linear ansteigen. Auch hier scheint offenbar keine normale Fick´sche Diffusion vorzuliegen, da zu diesem Zeitpunkt 60 % des Endwertes nicht erreicht sind. Diese Vermutung wird durch den berechneten Verlauf $m'(t)$ bestätigt (Bild 8.5), wobei auch hier der Diffusionskoeffizient aus dem linearen Teil der in Bild 8.4 dargestellten Kurven berechnet wurde. Die in Bild 8.5 erkennbare Abweichung der berechneten von der gemessenen Kurve im Bereich 160 h $< t <$ 2800 h ist auf die zuvor erwähnten chemisch-physikalischen Wechselwirkungen zwischen Wassermolekülen und dem Feststoff zurückzuführen.

Den Verlauf der Wasseraufnahme beim Polyesterharz GPO-3 vom Typ UPM 71/S zeigt Bild 8.6. Aufgrund der Reproduzierbarkeit wird nur eine Messkurve dargestellt. In diesem Bild ist zunächst ein steiler Anstieg der Kurve bis zum Zeitpunkt $\sqrt{t} = 20\sqrt{\mathrm{h}}$ zu erkennen, an dem sich ein etwas flacherer Verlauf anschließt; ab $\sqrt{t} = 130\sqrt{\mathrm{h}}$ weist die Messkurve einen horizontalen Verlauf auf, der Prüfling hat also zu diesem Zeitpunkt die Sättigungsmenge aufgenommen.

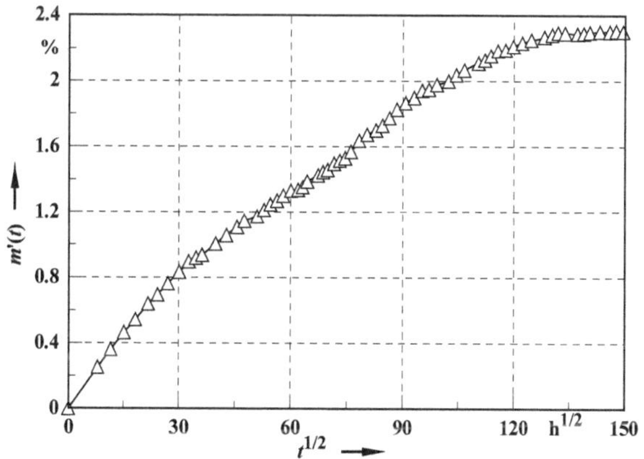

Bild 8.6: Gewichtszunahme beim Polyesterharz GPO-3 vom Typ UPM 71/S

Eine normale Fick´sche Diffusion liegt aufgrund des in Bild 8.6 dargestellten Kurvenverlaufs auch bei diesem Polyesterharz nicht vor. Ein Vergleich des Bildes 8.6 mit Bild 8.4 zeigt, dass das Polyesterharz vom Typ 68.020 und das Polyesterharz vom Typ UPM 71/S trotz der gleichen NEMA-Klassifizierung ein deutlich unterschiedliches Verhalten bei der Wasseraufnahme aufweisen. Zum Einen ist sowohl der Wert der Sättigungsmenge als auch der Zeitpunkt bis zum Erreichen der Sättigungsmenge verschieden. Des weiteren verläuft die Gewichtszunahme beim Polyesterharz vom Typ 68.020 nach dem linearen Anstieg zur Abszisse konkav (Bild 8.4), während der konkave Verlauf in Bild 8.6 erst nach dem zweiten Anstieg zu erkennen ist.

Die höchste aufgenommene Sättigungsmenge der hier untersuchten Isoliermaterialien weist das Dreischichtmaterial aus Pressspan und Polyesterfolie (Trivolton H40100) auf, dessen Gewichtszunahme in Bild 8.7 wiedergegeben ist. Der relativ hohe Wert der Sättigungsmenge von etwa 26 % ist auf die poröse Struktur und die Dicke des Pressspans zurückzuführen. Aus Bild 8.7 ist ersichtlich, dass dieses

Dreischichtmaterial bis zu einem Zeitpunkt von $\sqrt{t} = 4\sqrt{\text{h}}$ linear verläuft und zu diesem Zeitpunkt eine Gewichtszunahme von 16 % aufweist. Da diese Zunahme 61 % der aufgenommenen Sättigungsmenge entspricht, liegt hier offensichtlich eine normale Fick´sche Diffusion vor. Die Berechnung der Kurve m'(t) liefert jedoch ein anderes Ergebnis, wie Bild 8.8 zeigt.

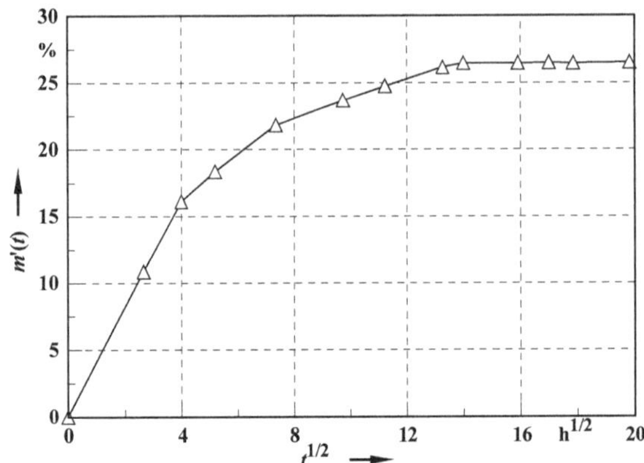

Bild 8.7: Gewichtszunahme beim Dreischichtmaterial Trivolton H40100

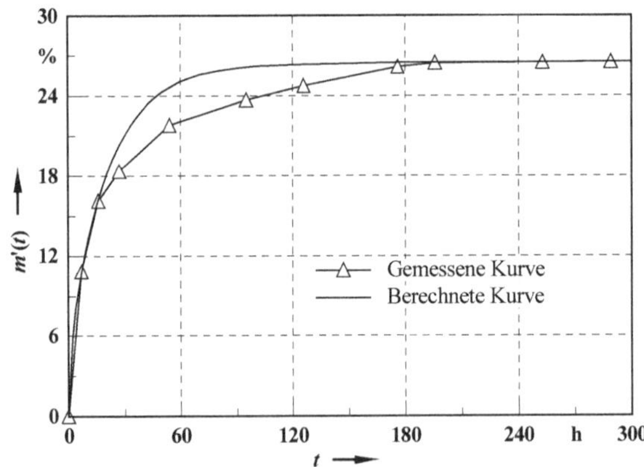

Bild 8.8: Gegenüberstellung der berechneten und gemessenen Kurve $m'(t)$ beim Dreischichtmaterial Trivolton H40100

Die in Bild 8.8 erkennbare Abweichung der beiden Kurven im Bereich 16 h < t < 190 h ist auf die zwischen den beiden Pressspan-Schichten eingebettete Polyesterfolie zurückzuführen, durch die eingedrungene Feuchtemoleküle viel schwieriger diffundieren können als durch das poröse Pressspan.

Der einzige Werkstoff, bei dem im Rahmen dieser Untersuchungen eine normale Fick'sche Diffusion festgestellt wurde, ist der Schichtpressstoff auf der Basis von Glasgewebe und Polyimidharzmatrix (Typ 64.160). Vermutlich liegt bei diesem Isolierstoff ein nur geringer Anteil an Glasfaserverstärkung vor, so dass die Diffusion von Wassermolekülen durch diese nicht sonderlich behindert wird. Die folgenden Bilder zeigen die bei diesem Prüfling aufgenommene Gewichtszunahme.

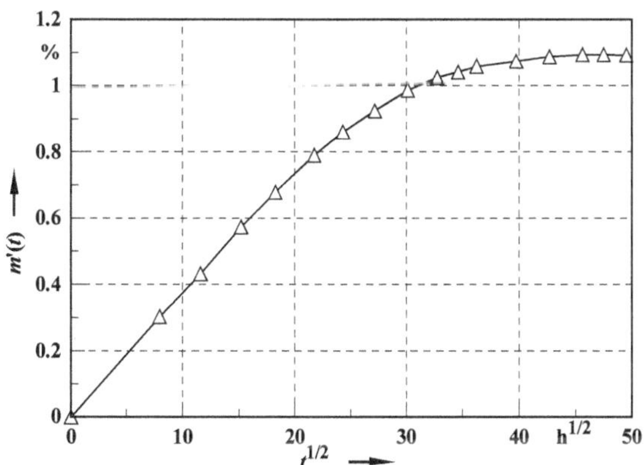

Bild 8.9: Gewichtszunahme beim Polyimidharz vom Typ 64.160

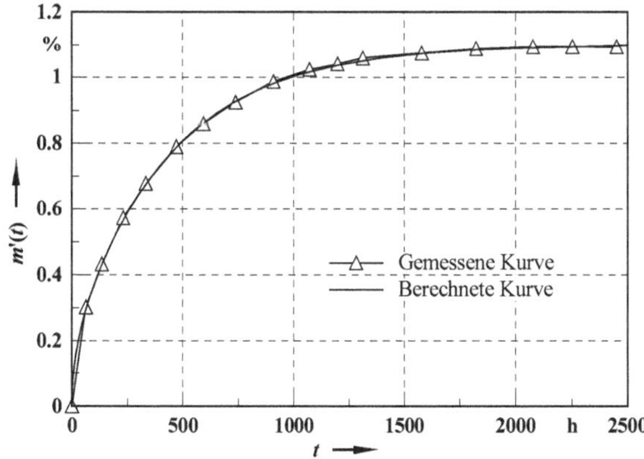

Bild 8.10: Vergleich zwischen der berechneten und gemessenen Kurve $m'(t)$ beim Polyimidharz

Der anhand von Bild 8.9 ermittelte Diffusionskoeffizient beträgt D = 0,0036 mm^2/h. Wie die im Rahmen der vorliegenden Arbeit durchgeführten Untersuchungen zeigen, liegt sonst bei keinem der hier vermessenen Prüflinge eine normale Fick'sche Diffusion vor. Aus diesem Grunde ist der angegebene Diffusionskoeffizent mit dem von anderen Materialien nicht vergleichbar.

Bei den Wasserabsorptionsuntersuchungen am keramischen Isolierstoff Steatit wurde eine Menge des im Isolierstoff aufgenommenen Wassers von 0,0 % festgestellt. Dies ist darauf zurückzuführen, dass infolge des bei der Herstellung des Steatits notwendigen Brennvorgangs, bei dem Temperaturen zwischen 1200 °C und 1500 °C erreicht werden, offene Poren völlig verschwinden [Brinkmann75]. Im Allgemeinen haben keramische Isolierstoffe ein Porenvolumen von 2 bis 6 %, wobei die Poren geschlossen sind. Durch das Fehlen offener Poren ist ein Eindringen in den Isolierstoff nach dem Mechanismus der Oberflächen- und Wasserdampfdiffusion auszuschließen. Aufgrund der Tatsache, dass es sich bei dem Steatit um kein quellfähiges organisches Polymer handelt, ist eine Lösungsdiffusion ebenfalls nicht möglich.

Anomale Diffusion, die den Fick'schen Gesetzen (vgl. Abschnitt 3.3) nicht gehorcht, tritt bei den im Rahmen der Diffusionsversuche untersuchten Epoxidharzen FR-4 und FR-5 sowie beim Phenolharz PF 31 auf. Das folgende Bild 8.11 veranschaulicht zunächst die Gewichtszunahme bei dem letztgenannten Isolierstoff. Wie sich in diesem Bild feststellen lässt, nimmt die Steigung mit fortschreitendem $\sqrt{t}$ zunächst zu und ist daraufhin zwischen $\sqrt{t} = 50\sqrt{\mathrm{h}}$ und $\sqrt{t} = 70\sqrt{\mathrm{h}}$ konstant. Anschließend flacht die Kurve ab, bevor das Gewicht ab einem Zeitpunkt von $\sqrt{t} = 120\sqrt{\mathrm{h}}$ unverändert bleibt. Ein solcher Verlauf wird in der Literatur als s-förmig bezeichnet [Larché82, Neogi96]. Die Ursache hierfür wird im Folgenden erläutert. Bei diesem Prüfling wurde nach einiger Zeit ein stechender Geruch wahrgenommen. Da Phenolharz u.a. aus flüchtigem Formaldehyd hergestellt wird [Brinkmann75], ist es denkbar, dass Formaldehyd durch angelagerte und absorbierte Wassermoleküle verdrängt wird und den charakteristischen Geruch am Isolierstoff erzeugt. Die Verdrängung des Formaldehyds hat zur Folge, dass Platz für weitere eindringende Wassermoleküle vorhanden ist und die Wasseraufnahme nach einer gewissen Zeit stärker ansteigt (Bild 8.11).

Ein weiterer möglicher Grund für den anfangs zunehmenden Anstieg der Messkurve ist das im Polymer als Verstärkungsstoff enthaltene Holzmehl, das durch Quellung ebenfalls mehr Platz für eindringende Wassermoleküle bietet. Bei diesem Isolierstoff konnte bereits mit bloßem Auge eine Veränderung der physikalischen Struktur, hervorgerufen durch die oben beschriebenen Vorgänge, festgestellt werden (Bild 8.12).

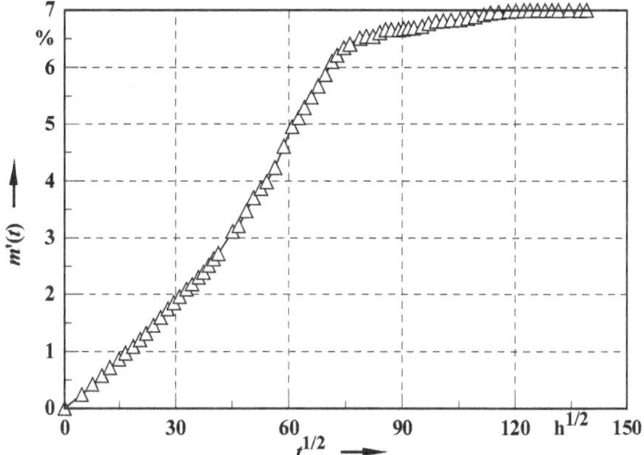

Bild 8.11: Gewichtszunahme beim Phenolharz PF 31

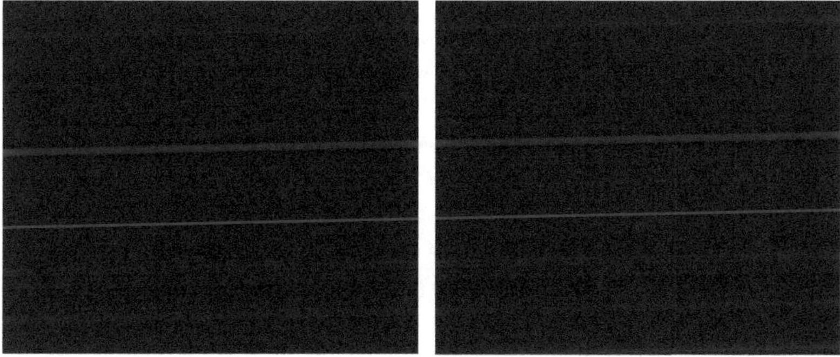

Bild 8.12: Phenolharz-Oberfläche vor (links) und nach (rechts) den Untersuchungen zur Wasseraufnahme

Während bei den bisher geschilderten Ergebnissen die Gewichtszunahme der Prüflinge stets zum Stillstand kam, zeigten das Epoxidharz FR-4 sowie das Epoxidharz FR-5 auch nach zweieinhalb Jahren noch keine Sättigungserscheinungen (Bild 8.13), weshalb die Messung nach diesem Zeitraum abgebrochen wurde. Wie dieses Bild demonstriert, weisen beide Epoxidharze nach diesem Zeitraum einen linearen Anstieg der Kurve m'(t) auf, wobei beim Epoxidharz FR-5 die Geschwindigkeit des diffundierenden Wassers offensichtlich größer ist als beim Epoxidharz FR-4. Ein ähnliches Wasserabsorptionsverhalten, was in der Literatur auch als sogenannte Langzeitanomalie bezeichnet wird, weisen einige der in [Schütz93-1, Schütz93-2, Wetjen89, Bonniau81, McKague76] untersuchten Epoxidharze auf.

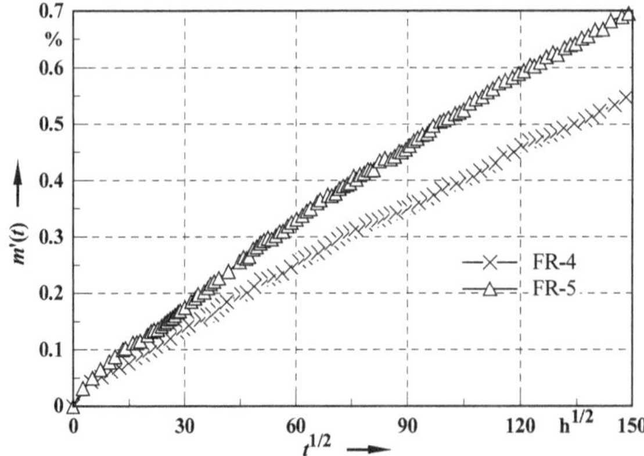

Bild 8.13: Gewichtszunahme bei den Epoxidharzen FR-4 und FR-5

Um diesen Effekt erklären zu können, muss die bei organischen Isoliermaterialien vorliegende Lösungsdiffusion unter thermodynamischen Gesichtspunkten betrachtet werden [Wetjen89, Crank68]. Hierbei wird das chemische Potenzial μ einer Lösung durch die Ableitung der freien Enthalpie G_E nach der Stoffmenge n des eindringenden Wassers definiert [Elias81]:

$$\partial G_E / \partial n = \mu \tag{8-1}$$

Nach dem zweiten Hauptsatz der Thermodynamik ist die freie Enthalpie mit der inneren Energie W_u und der Entropie S folgendermaßen verknüpft (p: Druck, V: Volumen, T: absolute Temperatur):

$$G_E = W_u + p \cdot V - T \cdot S \tag{8-2}$$

Die in Gleichung (8-2) angegebene freie Enthalpie ist hier als *Gibbs'sche Mischungsenergie* zu bezeichnen, da im vorliegenden Fall Wasserdampf mit dem Polymer eine echte Lösung eingeht (vgl. Kapitel 3.3) [Bähr02, Vogel95]. Die normale Fick'sche Diffusion wird nach [Crank68] damit erklärt, dass die durch Wasseraufnahme des Werkstoffs verursachten Quellkräfte solange das chemische Potenzial des im Innern des Feststoffs gelösten Wassers erhöhen, bis ein Gleichgewicht zwischen dem Potenzial des den Isolierstoff umgebenden Wasserdampfes und dem des im Polymer gelösten Wassers erreicht ist. Aus diesem Grunde wird die normale Fick'sche Diffusion in der Literatur häufig als sogenannte *Einstufendiffusion* bezeichnet [Wetjen89, Crank68]. Im Falle der beiden untersuchten Epoxidharze tritt dieser Gleichgewichtszustand offensichtlich nicht ein. Nach den Ausführungen in [Crank68] setzt bei diesen Isoliermaterialien aufgrund sogenannter Relaxationserscheinungen vielmehr ein Abbau der inneren Energie ein, der aufgrund des somit hervorgerufenen Ungleichgewichts eine weitere Wasseraufnahme gestattet, so dass die Wasserabsorption und folglich die Gewichtszunahme des Prüflings nicht zum Stillstand kommt. Dieser Vorgang wird oftmals *Zweistufendiffusion* genannt. Der Prozess der Zweistufendiffusion findet jedoch dann ein Ende, wenn die innere Energie vollständig abgebaut ist. Das Erreichen dieses Endzustands ist von der Zusammensetzung des Prüflings stark abhängig und kann mehr als vier Jahre dauern [Schütz93-1].

Für eine Einstufendiffusion ist es also entscheidend, dass die Geschwindigkeit der Umformung der inneren Energie in die Molekularbewegungen des Polymers der Geschwindigkeit der Wasseraufnahme entspricht. Somit treten nahezu keine Relaxationserscheinungen auf. Bei der in Bild 8.13 erkennbaren Diffusionsanomalie (Zweistufendiffusion) ist dies jedoch nicht der Fall.

Die in dieser Arbeit durchgeführten Untersuchungen zur Wasseraufnahme von Isoliermaterialien zeigen, dass - bis auf eine Ausnahme - sämtliche Isolierstoffe keine normale Fick'sche Diffusion aufweisen und folglich ein Vergleich des Diffusionskoeffizienten für die normale Fick'sche Diffusion nicht möglich ist. Um das Wasserabsorptionsverhalten der vermessenen Isoliermaterialien dennoch zu vergleichen, erfolgt in Tabelle 8.1 eine Gegenüberstellung der auf die jeweilige Trockenmasse bezogenen aufgenommenen Sättigungsmenge (relative Sättigungsmenge) $M'_s = M_s/M_0$. Ein direkter Vergleich der relativen Sättigungsmenge erscheint jedoch nach [Stietzel84] nicht geeignet, da dieser Wert bei Isolierstoffen gleicher Abmessungen und gleicher Sättigungsmenge M_s, aber verschiedener Dichte (d.h. unterschiedlicher Trockenmasse M_0), verfälscht wird. Aus diesem Grunde ist eine Angabe der aufgenommenen Sättigungsmenge in Gewicht pro Trockenvolumen sinnvoll, was nach Gleichung (8-3) durch das Einrechnen der Dichte ρ des jeweiligen Prüflings in die relative Sättigungsmenge erreicht wird. Diese Größe wird im Folgenden als trockenvolumenbezogene Sättigungsmenge $M'_{s\rho}$ bezeichnet. Die Dichte wird dabei von den Herstellerangaben übernommen.

$$M'_{s\rho} = \rho \cdot M'_s \qquad (8\text{-}3)$$

Wie bereits erwähnt wurde, war bei den beiden Epoxidharzen nach zweieinhalb Jahren noch keine Sättigung festzustellen. In Tabelle 8.1 ist daher die aufgenommene Wassermenge nach diesem Zeitraum in Klammern angegeben. Wie diese Tabelle darlegt, variiert die trockenvolumenbezogene Sättigungsmenge von Isolierstoff zu Isolierstoff sehr stark; dies ist auf die unterschiedliche Quellfähigkeit und das unterschiedliche freie Volumen der Materialien zurückzuführen. Ein Vergleich der trockenvolumenbezogenen Sättigungsmenge zwischen den beiden Polyesterharzen GPO-3 zeigt, dass diese Werte trotz gleicher Dichte merklich voneinander abweichen. Als Ursache hierfür kommen beispielsweise unterschiedliche Füllstoffe sowie Additive wie Weichmacher oder Härter in Frage, die die Wasseraufnahme erheblich beeinflussen können [Schütz93-1]. Es ist daher generell von Interesse, aus welchen Additiven die Isolierstoffe prozentual bestehen.

Bemerkenswert ist weiterhin, dass die beiden Dreischichtmaterialien Trivolton H40100 und Evitherm 0,45 trotz nahezu derselben Dichte stark abweichende Sättigungsmengen aufweisen. Offensichtlich hat das stark poröse Pressspan des

Dreischichtmaterials Trivolton H40100 eine vergleichbare Dichte wie die Polyesterfolie des Prüflings Evitherm 0,45.

Tabelle 8.1: Gegenüberstellung der Größen M'_s und $M'_{s\rho}$ der untersuchten Materialien (die eingeklammerten Zahlen geben den vorläufigen Wert nach 2,5 Jahren an)

Isolierstoff	ρ **[g/cm³]**	**M'ₛ [%]**	**M'ₛρ [mg/cm³]**
Trivolton H40100	1,2	26	312
Evitherm 0,45	1,27	0,6	7,6
Trivoltherm N130 0,63	1,16	3,7	42,9
Epoxidharz FR-4	1,95	(0,55)	(10,7)
Epoxidharz FR-5	1,95	(0,7)	(13,7)
Polyesterharz GPO-2	1,7	1,3	22,1
Polyesterharz GPO-3 (Typ 68.020)	1,81	0,8	14,5
Polyesterharz GPO-3 (UPM 71/S)	1,85	2,3	42,6
Polyimidharz 64.160	1,9	1,1	20,9
Phenolharz PF 31	1,4	7,0	98,0
Melaminharz MF 1206	2,0	4,2	84,0
Melaminharz MF 2500	1,7	6,0	102,0
Steatit	2,6 - 2,8	0,0	0,0

Wie in Abschnitt 5.2.2 erwähnt wurde, wurden die Prüflinge nach Abschluss der gravimetrischen Messungen zur Bestimmung der Wasseraufnahme hinsichtlich ihrer elektrischen Kennwerte (Steh-Stoßspannung, Oberflächenleitwert und Oberflächenkapazität) vermessen. Einige der dabei erhaltenen Ergebnisse sind in Abschnitt 5.2.2 geschildert und beschreiben den Einfluss der hier vorliegenden langzeitigen Feuchteeinwirkung auf die elektrischen Kennwerte der Prüflinge. Es wäre nun denkbar, dass diese elektrischen Kennwerte mit den in Tabelle 8.1 angegebenen Werten der trockengewichts- bzw. trockenvolumenbezogenen Sättigungsmenge korrelieren. Diesbezügliche Untersuchungen lieferten jedoch das Resultat, dass ein solcher Zusammenhang nicht existiert. Diese Tatsache ist unter anderem damit zu begründen, dass in einigen Isolierstoffen wie z.B. im Polyesterharz GPO-2 und im Melaminharz MF 1206 während der Auslagerung bei feuchtem Klima frei bewegliche Ionen entstanden sind, die das Isoliervermögen erheblich beeinflussen (s. Abschnitt 5.2.2). Die Präsenz solcher Ionen im Isolierstoff geht jedoch aus den in Tabelle 8.1 aufgeführten Werten nicht hervor. Darüber hinaus ist es denkbar, dass in tiefen Schichten aufgenommenes Wasser keine Auswirkungen auf die elektrischen Eigenschaften der Isolierstoffoberfläche zeigt. Anhand der Wasseraufnahme des Isolierstoffs kann in der Praxis eine Vorhersage der elektrischen Kennwerte von Isolierstoffoberflächen bei langzeitiger Feuchteeinwirkung demzufolge nicht getroffen werden.

Im Folgenden soll der Frage nachgegangen werden, inwiefern die Wasseraufnahme der Isolierstoffe mit den elektrischen Kennwerten der Isolierstoffoberflächen bei kurzzeitiger Feuchteeinwirkung (insgesamt 4,5 Stunden, s. Abschnitt 5.2.1) korreliert. Bei einer solchen Korrelation könnte dann die Klassifizierung eines Isolierstoffs in die Wasseranlagerungsgruppen anhand der Wasseraufnahme vorausgesagt werden. Für diesen Zweck ist jedoch ein Vergleich der Tabelle 8.1 mit den in Abschnitt 5.2.1 geschilderten Messergebnissen nicht sinnvoll, da die Prüflinge nach der insgesamt 4,5-stündigen Bestimmung der elektrischen Kennwerte unter Feuchtebedingungen noch nicht die Sättigungsmenge aufgenommen haben. In der folgenden Tabelle 8.2 ist daher die trockengewichts- und trockenvolumenbezogene Wasseraufnahme M' bzw. M'_ρ der Isoliermaterialien nach einer Zeitdauer von 4,5 Stunden aufgeführt. Die Umrechnung von der gemessenen Größe M' auf M'_ρ erfolgt dabei analog zur Gleichung (8-3).

Tabelle 8.2: Gegenüberstellung der Größen M' und M'_ρ der untersuchten Materialien nach einem Zeitraum von 4,5 Stunden

Isolierstoff	**M' (4,5 h)**	**M'_ρ (4,5 h) [mg/cm³]**
Trivolton H40100	7,0 %	84,0
Evitherm 0,45	0,21 %	2,7
Trivoltherm N130 0,63	0,98 %	11,4
Epoxidharz FR-4	0,01%	0,2
Epoxidharz FR-5	0,02 %	0,4
Polyesterharz GPO-2	0,05 %	0,9
Polyesterharz GPO-3 (Typ 68.020)	0,03 %	0,5
Polyesterharz GPO-3 (UPM 71/S)	0,02 %	0,4
Polyimidharz 64.160	0,02 %	0,4
Phenolharz PF 31	0,05 %	0,7
Melaminharz MF 1206	0,13 %	2,6
Melaminharz MF 2500	0,16 %	2,7
Steatit	0,0 %	0,0

Bei der Betrachtung dieser Tabelle fällt auf, dass sich die trockenvolumenbezogene Wasseraufnahme M'_ρ zwischen den Werkstoffen deutlich unterscheidet. Außer beim Dreischichtmaterial Trivolton H40100, bei dem sich die Oberflächenkapazität und der Oberflächenleitwert unter Feuchtebedingungen auf die aufgenommene Wassermenge zurückführen lässt, ist anhand der Tabelle 8.2 ein Zusammenhang mit den in Abschnitt 5.2.1 geschilderten Messergebnissen nicht erkennbar. Dies liegt vermutlich darin begründet, dass während der Vermessung der Isoliermaterialien hinsichtlich der elektrischen Kennwerte Wasser in tieferen Schichten der Isolierstoffe aufgenommen wurde und dieses – wie zuvor erwähnt wurde – keine signifikanten Auswirkungen auf die elektrischen Eigenschaften der Isolierstoffoberfläche zeigt. Um diese Vermutung zu untermauern ist es von Interesse, bis zu welcher Tiefe aufgenommenes Wasser die elektrischen Kennwerte der Isolierstoffoberfläche maßgeblich beeinflusst und wie tief Wassermoleküle nach einem bestimmten Zeitraum in den Isolierstoff eindiffundiert sind. Um den Rahmen der vorliegenden Arbeit nicht zu sprengen, wurde diese komplizierte Problematik hier nicht behandelt.

Die Ausführungen haben gezeigt, dass sich die elektrischen Kennwerte von Isolierstoffoberflächen auch bei einer kurzzeitigen Feuchteeinwirkung (hier: 4,5 Stunden) anhand der nach 4,5 Stunden aufgenommenen Wassermenge des Prüflings nicht vorhersagen lassen. Aus den geschilderten Ergebnissen lässt sich ableiten, dass die Klassifizierung von Isolierstoffen in die Wasseranlagerungsgruppen anhand der in Datenblättern der Isolierstoffe angegebenen, nach [EN ISO 62] bestimmten Wasseraufnahme nicht vorhersagbar ist.

9 Schlussfolgerungen

Dieses Kapitel zielt darauf ab, anhand der geschilderten Messergebnisse ein modifiziertes, zu normierendes Prüfverfahren zur Klassifizierung von Isolierstoffen in Wasseranlagerungsgruppen vorzustellen. In einem weiteren Abschnitt wird zur Beschreibung der Wasseradsorption und der Wasseraufnahme unter dem elektrotechnischen Aspekt ein elektrisches Ersatzschaltbild hergeleitet.

9.1 Darstellung des modifizierten Prüfverfahrens

Bei den dem Normentwurf [IEC28A/127/CD] zugrunde liegenden Untersuchungen hatte sich gezeigt, dass Klimakammern im Allgemeinen keine so hohe Regelgüte aufweisen, um die Steh-Stoßspannungsmessungen zur Bestimmung der kritischen relativen Feuchte in Feuchteschritten von 2,5 % r.F. durchführen zu können [Gräf97]. Darüber hinaus erfordert diese Schrittweite einen relativ hohen Zeitaufwand bei der Durchführung der Prüfung. Wie die in dieser Arbeit geschilderten Messergebnisse demonstrieren, kann ein hoher Zeitaufwand die Messergebnisse maßgeblich beeinflussen. Die Vermessung eines Prüflings muss demnach möglichst schnell ablaufen, d.h. die Schrittweite der relativen Feuchte sollte möglichst groß sein. Um jedoch die kritische relative Luftfeuchte möglichst exakt zu bestimmen, ist eine Steigerung der relativen Luftfeuchte in 5 % - Schritten sinnvoll. Mit dem in der vorliegenden Arbeit verwendeten Klimaschrank dauerte die Vermessung der Prüflinge bei dieser Schrittweite 30 Minuten und lieferte hier sinnvolle Ergebnisse.

Vor der eigentlichen Messung ist jedoch eine Konditionierung des Prüflings erforderlich, um einen einheitlichen Ausgangszustand der Prüflinge und ein thermodynamisches Gleichgewicht zwischen dem Feststoff und der Umgebung zu schaffen. Eine vorherige Aufbewahrung des Isolierstoffs in einem Trockenofen, wie es in dieser Arbeit geschah, ist dabei nicht notwendig, da bei dem zu normierenden Testverfahren ausschließlich fabrikneue Werkstoffe zu verwenden sind (die in der vorliegenden Arbeit vermessenen Prüflinge lagerten bis zu einem Jahr unter Raumbedingungen).

Die in Abschnitt 5.2.3 geschilderten Ergebnisse haben gezeigt, dass die Klassifizierung der Isolierstoffe beträchtlich von der Umgebungstemperatur abhängt. Hierbei hat sich bei einem Anfangswert der relativen Feuchte von f_{rel} = 70 % herausgestellt, dass sich der Feuchteeinfluss auf die Spannungsfestigkeit im Allgemeinen bei einer Umgebungstemperatur von ϑ = 30 °C am stärksten bemerkbar macht. Eine Reduzierung des Anfangswerts der relativen Feuchte auf f_{rel} = 30 % ergab bei höherer Umgebungstemperatur keinen Unterschied in der Klassifizierung. Anhand dieser Resultate wäre es sinnvoll, die Prüfung bei einem Klima von 30 °C / 70 % r.F. zu beginnen. Der Endwert bei der Durchführung des Tests ist auf 95 % r.F. zu begrenzen, da bei höherer Feuchte aufgrund der inhomogenen Feuchteverteilung im Klimaschrank die relative Feuchte örtlich bereits 100 % betragen kann. Dies würde zu einer lokalen Betauung auf der Feststoffoberfläche führen, was bei der Bestimmung der Wasseranlagerungsgruppe des Isoliermaterials jedoch ausgeschlossen werden soll.

Grundsätzlich ist die kritische relative Luftfeuchte wegen der mikroskopisch inhomogenen Oberflächenstruktur der Isolierstoffe an mehreren Stellen des Materials zu ermitteln und daraus der Mittelwert dieser Größe zu berechnen. Hierzu sind an einem Isoliermaterial mindestens 10 verschiedene Messstellen pro Elektrodenabstand sinnvoll. Um den Einfluss der bei der Herstellung von Prüflingen mit aufgebrachten Leiterbahnen notwendigen Oberflächenbehandlungen auszuschließen, sollten nicht leiterplattenähnliche Prüflinge (vgl. Bild 4.1) sondern vielmehr plattenförmige Isolierstoffe mit aufgepressten Elektroden (s. Bild 4.2) verwendet werden.

Zusammenfassend lässt sich das modifizierte Testverfahren zur Bestimmung der kritischen relativen Luftfeuchte folgendermaßen aufschreiben (die Toleranzen für das Klima zur Konditionierung der Materialien wurden in Anlehnung an die Normen [IEC68-2-56] bzw. [DIN IEC68-2-56] gewählt):

„Nach einer Konditionierung des plattenförmigen Prüflings bei einer Temperatur von (30 ± 1) °C und einer relativen Luftfeuchte von (70 ± 3) % für mindestens vier Stunden wird bei dieser Temperatur und einer relativen Feuchte von 70 % die Steh-Stoßspannung gemessen. Anschließend wird die relative Luftfeuchte in Stufen von 5 % so schnell wie möglich (maximal in 30 Minuten) auf höchstens 95 % erhöht und bei Erreichen des jeweiligen Feuchtewertes die Steh-Stoßspannung erneut ermittelt. Die kritische relative Luftfeuchte ist dabei der Feuchtewert, bei dem die Steh-Stoßspannung auf 95 % des Wertes bei 70 % r.F. gesunken ist. Ein Minimum von 10 dieser Messungen sind an verschiedenen Stellen desselben Werkstoffs durchzuführen, um die Streuung der kritischen relativen Luftfeuchte zu erfassen.“

Obwohl innerhalb dieser Arbeit nur drei verschiedene Messstellen pro Elektrodenabstand in Betracht gezogen wurden, haben die hier gesammelten Erfahrungen gezeigt, dass die Anwendung dieses Verfahrens reproduzierbare Ergebnisse hinsichtlich der Einteilung von Isolierstoffen in die Wasseranlagerungsgruppen liefert.

Im Folgenden wird der Frage nach der Anzahl der Wasseranlagerungsgruppen nachgegangen. Basierend auf den Normentwurf [IEC28A/171/CDV] und auf den Ergebnissen der vorliegenden Arbeit lassen sich folgende Wasseranlagerungsgruppen definieren:

- Wasseranlagerungsgruppe 1 (WAG 1): Der Prüfling zeigt keine Verringerung der kritischen relativen Luftfeuchte mit der Kriechstrecke d.

- Wasseranlagerungsgruppe 1A (WAG 1A): Der Prüfling zeigt keine Verringerung der kritischen relativen Luftfeuchte für Kriechstrecken $d \geq 0{,}7$ mm.

- Wasseranlagerungsgruppe 2 (WAG 2): Der Prüfling zeigt keine Verringerung der kritischen relativen Luftfeuchte für Kriechstrecken $d \geq 1$ mm.

- Wasseranlagerungsgruppe 3 (WAG 3): Der Prüfling zeigt keine Verringerung der kritischen relativen Luftfeuchte für Kriechstrecken $d \geq 2{,}5$ mm.

- Wasseranlagerungsgruppe 4 (WAG 4): Der Prüfling zeigt keine Verringerung der kritischen relativen Luftfeuchte für Kriechstrecken $d \geq 6{,}3$ mm.

Die obige Einteilung wirft die Frage auf, in welche Wasseranlagerungsgruppe ein Isolierstoff zu klassifizieren ist, wenn dieser beispielsweise bei einer Kriechstrecke von $d \geq 0{,}4$ mm keine Verringerung der kritischen relativen Luftfeuchte zeigt. Wie bereits eingangs dieser Arbeit erwähnt wurde, müsste – wenn man eine noch kleinere Bemessung vornehmen wollte – eine zusätzliche Wasseranlagerungsgruppe definiert werden. In Zukunft ist daher zu untersuchen, ob und wie viele zusätzliche Wasseranlagerungsgruppen für die Bemessung von Kriechstrecken notwendig sind. Dabei ist zu bedenken, dass mit zunehmender Anzahl an Wasseranlagerungsgruppen das vorgeschlagene Prüfverfahren sehr zeitaufwändig wird und dies folglich mit hohen Kosten verbunden ist.

9.2 Herleitung eines elektrischen Ersatzschaltbilds zur Nachbildung des Einflusses der Feuchteanlagerung auf das Isolierverhalten von Isolierstoffoberflächen

Die Messungen der Oberflächenkapazität C und des Oberflächenleitwerts G in Abhängigkeit der relativen Feuchte sowie die Untersuchungen zur Charakterisierung der Oberflächenstruktur zeigen, dass bei Isoliermaterialien mit großer spezifischer Adsorptionsoberfläche S_{sp} (wie beispielsweise beim Dreischichtmaterial aus Pressspan und Polyesterfolie) mit einem raschen Anlagern von Feuchtemolekülen und Eindringen von Wasser in den Isolierstoff zu rechnen ist. Dies führt zu einem maßgeblichen Anstieg des Oberflächenleitwerts und der Oberflächenkapazität. Ein Modell, mit dessen Hilfe der Einfluss der relativen Feuchte auf diese Größen beschrieben werden kann, ist in den folgenden Bildern dargestellt. Bild 9.1 zeigt zunächst das Modell bei trockener Luft ($f_{rel} \approx 0$ %) und trockenem Isolierstoff. Zwischen den beiden aufgepressten Elektroden ergibt sich eine vom Elektrodenabstand abhängige Isolierstoffkapazität C_{p0}, die von der Dielektrizitätszahl des Isoliermaterials bestimmt wird. Dazu parallel liegt der Leitwert G_{p0} des Isolierstoffs, der auf Isolierstoffionen sowie angelagerte Luftionen zurückzuführen ist. Neben der Kapazität C_{p0} und dem Leitwert G_{p0} des trockenen Isolierstoffs werden bei der Messung des Oberflächenleitwerts und der Oberflächenkapazität auch die Luftkapazität C_{L0} und der dazu parallel liegende Leitwert G_{L0} der trockenen Luft erfasst. Wie Vorabmessungen zur Bestimmung des Oberflächenleitwerts ergaben, ist der Leitwert G_{L0} vom Elektrodenabstand annähernd unabhängig. Dieser Leitwert wird durch Luftionen verursacht [Link75] und ist vergleichsweise sehr gering. Die Luftkapazität C_{L0} wird von den geometrischen Abmessungen der aufgepressten Elektroden und der Dielektrizitätszahl $\varepsilon \approx \varepsilon_0$ bestimmt.

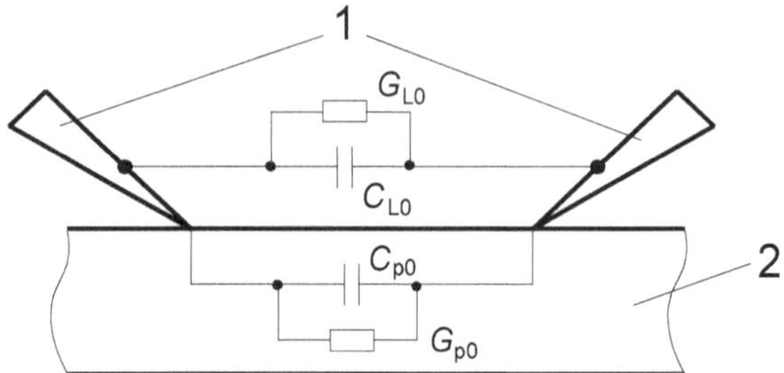

Bild 9.1: Modell zur Messung des Oberflächenleitwerts und der Oberflächenkapazität bei trockener Luft ($f_{rel} \approx 0$ %) und trockenem Isolierstoff; 1 - aufgepresste Elektroden, 2 - Isoliermaterial

Der bei trockener Luft ($f_{rel} \approx 0$ %) und trockenem Isolierstoff gemessene Gesamtleitwert G_{ges} berechnet sich nach Bild 9.1 zu $G_{ges} = G_{L0} + G_{p0}$; analog dazu beträgt die gemessene Gesamtkapazität $C_{ges} = C_{L0} + C_{p0}$. Um jedoch ausschließlich den Einfluss des Isoliermaterials auf den Oberflächenleitwert und die Oberflächenkapazität zu erfassen, wurden von den Größen C_{ges} und G_{ges} die von der Luft hervorgerufenen Anteile subtrahiert (vgl. Abschnitt 5.2.1). Somit gilt für die Oberflächenkapazität C und den Oberflächenleitwert G bei trockener Luft sowie trockenem Isolierstoff:

$$C = C_{ges} - C_{L0} = C_{p0} \quad (9\text{-}1)$$

$$G = G_{ges} - G_{L0} = G_{p0} \quad (9\text{-}2)$$

Mit der Zunahme der relativen Feuchte lagern sich in wachsendem Maß Wassermoleküle an der Isolierstoffoberfläche an und werden vom Feststoff absorbiert. Neben der damit einhergehenden Leitwerts- und Kapazitätszunahme im Isolierstoff führt die ansteigende Feuchte zu einer Zunahme ΔC_L der Luftkapazität und zu einer Zunahme ΔG_L des Leitwerts der Luft. Die Luftstrecke lässt sich somit durch eine Kapazität der Größe $C_{L0} + \Delta C_L$ und einem Leitwert $G_{L0} + \Delta G_L$ nachbilden (Bild 9.2). Eine Unbekannte bei der Wasseranlagerung und der Wasserabsorption stellt jedoch die Verteilung der Wassermoleküle im Isolierstoff dar, die durch die chemisch-physikalische Struktur des Isolierstoffs hervorgerufen wird. Teilt man einen Isolierstoff in dünne Schichten (Anzahl N) gleicher Dicke ein, so ist stark anzunehmen, dass der Leitwert in den einzelnen Isolierstoffschichten aufgrund einer inhomogenen Feuchteverteilung im Isolierstoff bei wachsender Luftfeuchte unterschiedlich zunimmt. Analog dazu ist mit einer unterschiedlichen Zunahme der Kapazität in den einzelnen Isolierstoffschichten zu rechnen. In Bild 9.2 geben die Werte ΔG_1 bis ΔG_N bzw. ΔC_1 bis ΔC_N die Zunahme des Leitwerts bzw. der Kapazität in der jeweiligen Schicht aufgrund adsorbierter und absorbierter Feuchte an.

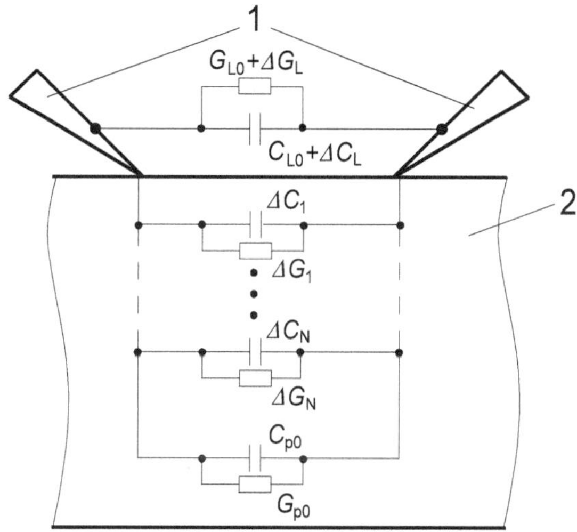

Bild 9.2: Modell zur Messung des Oberflächenleitwerts und der Oberflächenkapazität zwischen den aufgepressten Elektroden unter Feuchtebedingungen; 1 - aufgepresste Elektroden, 2 - Isoliermaterial

Die Gesamtkapazität C_{ges} und der Gesamtleitwert G_{ges} berechnet sich nach Bild 9.2 zu:

$$C_{ges} = C_{L0} + \Delta C_L + C_{p0} + \sum_{i=1}^{N} \Delta C_i \quad (9\text{-}3)$$

$$G_{ges} = G_{L0} + \Delta G_L + G_{p0} + \sum_{i=1}^{N} \Delta G_i \quad (9\text{-}4)$$

Bei einer Schicht, in der kein Wasser absorbiert wird und in der keine Hydrolyse stattfindet, ist mit einer Leitwerts- und Kapazitätszunahme der betreffenden Schicht nicht zu rechnen. Des weiteren ist bei einer ausschließlichen Wasseradsorption mit keiner signifikanten Zunahme des Leitwerts und der Kapazität in tiefen Schichten zu rechnen. Durch Eliminieren der Luftstrecke erhält man aus den beiden Gleichungen (9-3) und (9-4) für den Oberflächenleitwert G und die Oberflächenkapazität C folgende Ausdrücke:

$$G = G_{ges} - (G_{L0} + \Delta G_L) = G_{p0} + \sum_{i=1}^{N} \Delta G_i \quad (9\text{-}5)$$

$$C = C_{ges} - (C_{L0} + \Delta C_L) = C_{p0} + \sum_{i=1}^{N} \Delta C_i \quad (9\text{-}6)$$

Die beiden Ersatzschaltbilder nach Bild 9.1 und 9.2 sollen zum besseren Verständnis des Einflusses von Feuchte auf den Oberflächenleitwert und die Oberflächenkapazität dienen. Bei der Betrachtung des Überschlags sind diese Ersatzschaltbilder jedoch nicht mehr gültig. Hier muss vielmehr eine Parallelschaltung aus Widerständen, Kapazitäten und Funkenstrecken betrachtet werden, die das Verhalten unterschiedlich dicker Feuchteschichten beschreiben (Bild 9.3) [Windmar92, Klös98].

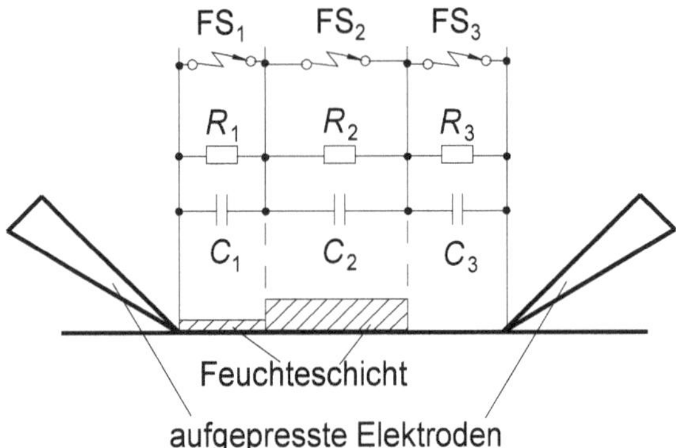

Bild 9.3: Vereinfachtes elektrisches Ersatzschaltbild beim Überschlag bei unterschiedlicher Feuchteschichtdicke (FS: Funkenstrecke)

Die Entwicklung des Überschlags ist dabei von der Anordnung der Feuchteschicht und der damit einhergehenden Verteilung des elektrischen Feldes stark abhängig. Bei einer symmetrischen Anordnung Elektrode - Trockenzone - Feuchteschicht - Trockenzone - Elektrode werden nach [Klös98] zunächst die beiden Trockenzonen durch Streamerentladungen überbrückt (Teillichtbögen, s. Abschnitt 3.1.2). Daraufhin erfolgt ein Überschlag der Feuchteschicht nach den in Kapitel 3.1 beschriebenen Prozessen, wobei der Überschlag entlang der Grenzfläche Feuchteschicht/Luft oder im Innern der Feuchteschicht erfolgen kann [Windmar92, Windmar94]. Der Verlauf des Überschlagkanals ist jedoch nicht Gegenstand der vorliegenden Arbeit und soll daher nicht näher untersucht werden.

Die in diesem Abschnitt geschilderten Betrachtungen bilden die Grundlage für die Berechnung der Überschlagentwicklung an Isolierstoffoberflächen unter dem Einfluss von Feuchte. Mit Hilfe von Feldberechnungen und Berechnungen hinsichtlich der Überschlagentwicklung lässt sich dann eventuell die Spannungsfestigkeit feuchter Kriechstrecken bestimmen, ohne das in Kapitel 9.1 beschriebene Prüfverfahren anwenden zu müssen. Zu dieser Problematik ist jedoch noch eine Vielzahl weiterer Untersuchungen erforderlich.

10 Zusammenfassung und Ausblick

Im Rahmen der vorliegenden Arbeit wurden Untersuchungen hinsichtlich des Wasseranlagerungsvermögens bzw. Wasseradsorptionsvermögens an Isolierstoffoberflächen überwiegend bei kurzzeitigem (genauer: 4,5-stündigem) Feuchteeinfluss durchgeführt. Die Kenntnis des Wasseranlagerungsvermögens durch die Zuordnung eines Isoliermaterials zu einer bestimmten Wasseranlagerungsgruppe ist für die Bemessung von Kriechstrecken, die kleiner als 2 mm sind, von grundlegender Bedeutung. Die Adsorption von Feuchte führt je nach Oberflächenbeschaffenheit des Isolierstoffs zu einer verminderten Steh-Stoßspannungsfestigkeit der Kriechstrecken. In dieser Arbeit wurde ein geeignetes Prüfverfahren zum Nachweis des Feuchteeinflusses auf die Steh-Stoßspannungsfestigkeit erarbeitet, das erlaubt, verschiedene Isoliermaterialien in bestimmte Wasseranlagerungsgruppen reproduzierbar zu klassifizieren. Je nach Isoliermaterial ergibt sich dann eine unterschiedliche Bemessung von Kriechstrecken.

Der Einfluss der Feuchte auf die Spannungsfestigkeit hängt sehr stark vom Homogenitätsgrad (Elektrodenabstand) der Elektrodenanordnung ab. Wie die in dieser Arbeit durchgeführten Messungen ergaben, übt angelagerte Feuchte gerade bei homogenen Anordnungen und kleinen Elektrodenabständen einen stärkeren Einfluss auf die Feldverteilung und somit auf die Überschlagspannung aus als bei inhomogenen Anordnungen. Diese Tatsache konnte anhand von Feldberechnungen an einfachen Modellanordnungen (halbkugelförmige Wassertropfen auf einer Isolierstoffoberfläche) bestätigt werden. Vermutlich ist eine exakte Berechnung der Feldverteilung unter dem Einfluss von Feuchte aufgrund der vielen unbekannten Größen (z.B. Ladungsverteilung, Austrocknungsvorgänge, Verformung der ad- bzw. absorbierten Wasserschicht durch Anlegen einer Spannung) generell nicht möglich. Vielmehr kann die Feldverteilung unter Vernachlässigung dieser Größen nur näherungsweise bestimmt werden. Ob sich die Spannungsfestigkeit von Isolierstoffoberflächen unter Feuchtebedingungen mit Hilfe solcher Berechnungen jedoch hinreichend genau voraussagen lässt, müssen weitere Forschungsarbeiten zeigen.

Bei stark quell- und wasserabsorptionsfähigen Werkstoffen wie beispielsweise einem Dreischichtmaterial aus Pressspan und Polyesterfolie ist eine Verlängerung der Kriechstrecke infolge der von eindringenden Feuchtemolekülen hervorgerufenen Quellung nicht zu vernachlässigen. Im Rahmen der Steh-Stoßspannungsmessungen an diesem Isolierstoff tritt dieser Effekt allerdings nur für Elektrodenabstände $d \geq 0{,}7$ mm auf. Trotz der ausgeprägten Fähigkeit des Isolierstoffs, Wasser anzulagern (und auch aufzunehmen), kann bei diesem Isolierstoff aufgrund seiner Klassifizierung in die Wasseranlagerungsgruppen eine relativ kleine Bemessung von Kriechstrecken erfolgen.

Neben der Verminderung der Steh-Stoßspannungsfestigkeit wurde bei den untersuchten Isolierstoffen – abhängig von der Oberflächenstruktur der Materialien – eine Zunahme des Oberflächenleitwerts und der Oberflächenkapazität bei ansteigender Luftfeuchte beobachtet. Der Oberflächenleitwert beruht hauptsächlich auf der Ionenleitung in der ad- und absorbierten Wasserschicht durch H_3O^+- und OH^- - Ionen, die durch die Autoprotolyse des Wassers entstehen. Auch bei trockener Luft ist ein Oberflächenleitwert messbar, der auf Isolierstoffionen und an der Feststoffoberfläche angelagerte Luftionen zurückzuführen ist. Ein wesentlicher Unterschied zwischen dem Oberflächenleitwert und der Oberflächenkapazität besteht in dem Anstieg der beiden Größen bei Zunahme der relativen Feuchte von 70 % auf 95 %. Während der Oberflächenleitwert überproportional ansteigt, ändert sich die Oberflächenkapazität vergleichsweise gering. Dieser Unterschied ist auf die relativ kleine Dielektrizitätszahl und die vergleichsweise hohe Leitfähigkeit der Wasserschicht zurückzuführen. In der vorliegenden Arbeit konnte zwischen der Spannungsfestigkeit von Isolierstoffoberflächen und dem Oberflächenleitwert bzw. der Oberflächenkapazität unter Feuchtebedingungen kein Zusammenhang festgestellt werden. Anhand des Oberflächenleitwerts und der Oberflächenkapazität der Isolierstoffe lassen sich demnach keine Schlussfolgerungen hinsichtlich der Klassifizierung der Isolierstoffe in die Wasseranlagerungsgruppen ziehen. Für die Bemessung von Kriechstrecken unter Berücksichtigung von Feuchtebedingungen müssen die Impedanz (im Wesentlichen der Isolationswiderstand) und die Spannungsfestigkeit folglich strikt getrennt voneinander in Betracht gezogen werden.

Bei langzeitiger Feuchtebeanspruchung der Isoliermaterialien im Bereich von Monaten bis zu einigen Jahren ist in den meisten Fällen von einer erheblichen Veränderung der chemisch-physikalischen Werkstoffstruktur auszugehen, die sich auf das Isoliervermögen der Isolierstoffoberfläche unter Feuchtebedingungen maßgeblich auswirkt. Neben dem Aufquellen polymerer Isoliermaterialien aufgrund eindringender Feuchtigkeit ist bei langfristiger Einwirkung von Feuchte weiterhin mit einem Aufbrechen von chemischen Bindungen zu rechnen. Für die Anwendung des Prüfverfahrens zur Einteilung der Isolierstoffe in die Wasseranlagerungsgruppen bedeutet dies, dass die Prüfung zeitlich möglichst schnell durchzuführen ist. Eine Gesamtdauer der Prüfung von 4,5 Stunden (vier Stunden Konditionierung der Prüflinge zuzüglich 30 Minuten Vermessung) lieferte in der vorliegenden Arbeit sinnvolle Ergebnisse.

Ein weiterer wichtiger Aspekt bezüglich des Wasseranlagerungsvermögens von Isoliermaterialien ist der Einfluss der Umgebungstemperatur. Es hat sich gezeigt, dass die untersuchten Isolierstoffe im Allgemeinen bei einer Temperatur von $\vartheta = 30$ °C die geringste Spannungsfestigkeit unter Feuchtebedingungen zeigen, was unter anderem auf die im Vergleich zu niedrigeren Temperaturen höherere absolute Luftfeuchte zurückzuführen ist. Bei weiterer Erhöhung der Umgebungstemperatur wurde in einigen Fällen allerdings sogar eine verbesserte Spannungsfestigkeit unter Feuchtebedingungen festgestellt. Für die praktische Anwendung des Prüfverfahrens bedeutet dies, dass die Prüfung bei einer Umgebungstemperatur von maximal $\vartheta =$ 30 °C durchgeführt werden sollte.

Infolge eines langjährigen Einsatzes von Isolierstoffen in Betriebsmitteln tritt eine Alterung der Isolierstoffe auf, die zu einem Versagen der jeweiligen Isolieranordnung führen kann. Um das Isoliervermögen gealteter Isolierstoffe unter Feuchtebedingungen zu untersuchen, wurde die in Betriebsmitteln stattfindende Alterung der Isolierstoffe in der vorliegenden Arbeit durch ultraviolette Bestrahlung (Photodegradation) der

Prüflinge nachgebildet. Die Photodegradation ruft an der Isolierstoffoberfläche den Photooxidationsprozess hervor, der die chemische Struktur des Isolierstoffs erheblich verändert und in der Regel zu einem Verlust der Hydrophobie führt. Bei den meisten der hier untersuchten Prüflinge wurde eine wesentliche Verschlechterung der Isoliereigenschaften durch diese Photodegradation beobachtet. Die Zugabe von Antioxidationsmitteln zu einem Isolierstoff, die den Photooxidationsmechanismus erschweren, führt aufgrund der somit erzielten UV-Beständigkeit des Isoliermaterials zu keiner signifikanten Veränderung des Isolierverhaltens. Da das Dreischichtmaterial aus Pressspan und Polyesterfolie wegen seiner Werkstoffstruktur bereits im ungealterten Zustand hydrophile Eigenschaften aufweist, übt die durch UV-Alterung dieses Materials verursachte Veränderung der chemischen Struktur keine maßgebliche Steigerung des hydrophilen Verhaltens aus. Bei Isolierstoffen, die aus Aromaten oder Olefinen aufgebaut sind, wird die chemische Struktur des Feststoffs außerdem durch die Einwirkung des während der UV-Bestrahlung in der Luft gebildeten Ozons verändert. In der praktischen Anwendung ist jedoch von einer relativ geringen Ozon-Konzentration auszugehen, so dass die Strukturveränderung des Isolierstoffs infolge des Ozons vermutlich als vernachlässigbar angesehen werden kann. Es hat sich gezeigt, dass sich durch die Anwendung des Prüfverfahrens an mit UV-Licht bestrahlten Prüflingen abschätzen lässt, welche Spannungsfestigkeit mehrere Jahre in Betriebsmitteln eingesetzte Isoliermaterialien unter Feuchtebedingungen aufweisen.

Zur Charakterisierung der chemisch-physikalischen Oberflächenstruktur wurden innerhalb der vorliegenden Arbeit verschiedene, aus dem Bereich der Materialwissenschaft bekannte Messverfahren angewandt. Aufnahmen mit dem hochauflösenden Rasterelektronenmikroskop (HREM) vermitteln einen Eindruck der Oberflächenbeschaffenheit und erlauben eine Beschreibung der physikalischen Oberflächenstruktur, wie beispielsweise Lage und Durchmesser von offenen Poren. In dieser Arbeit hat sich gezeigt, dass sich aus den HREM-Aufnahmen Aussagen hinsichtlich des Wasseradsorptionsverhalten des Werkstoffs treffen lassen. Eine chemische Analyse des Werkstoffs bezüglich der darin enthaltenen chemischen Elemente ist mit der energiedispersiven Röntgenspektroskopie (EDX-Spektroskopie) möglich. In Kombination mit den HREM-Aufnahmen kann somit z.B. die chemische Zusammensetzung der an der Oberfläche erscheinenden Füllstoffe und deren Einfluss auf das Wasseradsorptionsverhalten erfasst werden. Der Nachteil der EDX-Spektroskopie besteht jedoch darin, dass zwischen polaren Carbonyl- und unpolaren Ether-Gruppen nicht unterschieden werden kann. Für diesen Zweck ist die Infrarotspektroskopie besser geeignet. Dieses Verfahren eignet sich in der praktischen Anwendung auch dafür, z.B. durch Photodegradation oder durch langzeitige Einwirkung von Wasser hervorgerufene chemische Strukturveränderungen an der Feststoffoberfläche zu analysieren.

In der vorliegenden Arbeit hat sich herausgestellt, dass sich das Isoliervermögen von Isolierstoffoberflächen bzw. die Klassifizierung von Isolierstoffen in Wasseranlagerungsgruppen aus der Kenntnis der chemisch-physikalischen Oberflächenstruktur nicht vorhersagen lässt, da weiterhin Informationen bezüglich der mikroskopischen Feldverteilung und der Überschlagentwicklung vorliegen müssen. Zwar lassen sich mit den oben beschriebenen Analyseverfahren Aussagen hinsichtlich des Wasseradsorptionsvermögens eines bestimmten Isolierstoffs treffen, jedoch sind hiermit keine Informationen über die Veränderung der Feldverteilung bei angelagerter Feuchte vorhanden. Eine exakte Vorhersage der Spannungsfestigkeit bzw. der Klassifizierung in die Wasseranlagerungsgruppen ist eventuell möglich, wenn die Feldverteilung an der Isolierstoffoberfläche und die Entwicklung des Überschlagkanals bei angelagerter Feuchte anhand von Simulationsrechnungen bekannt ist.

Eine Korrelation zwischen der Spannungsfestigkeit von Isolierstoffoberflächen und dem in den Datenblättern von Isolierstoffen angegebenen, nach [EN ISO 62] bestimmten Wert der Wasseraufnahme wurde nicht beobachtet. Dies ist damit zu begründen, dass der Wert der Wasseraufnahme keinerlei Aufschluss über die Feldverteilung an der Isolierstoffoberfläche gibt. Demnach ist die Angabe der Wasseraufnahme nach [EN ISO 62] für die Bemessung von Kriechstrecken nicht relevant. Es ist jedoch zu vermuten, dass diese Angabe mit der Durchschlagfestigkeit eines Isolierstoffs bei langzeitigem Feuchteeinfluss im Zusammenhang steht.

Das im Rahmen dieser Arbeit erarbeitete modifizierte Prüfverfahren bildet eine zuverlässige Grundlage zur Qualifizierung des Wasseranlagerungsvermögens von Isolierstoffen der Elektrotechnik in Wasseranlagerungsgruppen. Damit können in Zukunft in der Praxis relevante Isolierstoffe entsprechend klassifiziert werden und die Vorteile einer kleineren und präziseren Bemessung von Kriechstrecken genutzt werden.

11 Literaturverzeichnis

[Abder96]
M. Abder-Razzaq, D.W. Auckland, K. Chandraker and B.R. Varlow: *Frequency and Field Roles in Water Absorption in Composite Dielectrics*. Report of the 7th International Conference on Dielectric Materials Measurements & Applications, pp. 201 - 205, 1996.

[Abder98]
M. Abder-Razzaq, D.W. Auckland and B.R. Varlow: *Investigation of the Factors Governing Water Absorption in HV Composite Insulation.* IEEE Transactions on Dielectrics and Electrical Insulation. Vol. 5, No. 6, pp. 922 - 928, 1998.

[Adamson80]
M.J. Adamson: *Thermal Expansion and Swelling of Cured Epoxy Resin Used in Graphite/Epoxy Composite Materials.* Journal of Materials Science, Vol. 15, 1980.

[Allen85]
N.L. Allen: *The Effect of Humidity on Positive Corona Discharges in Air.* Proceedings of the 14th Conference on Phenomena in Ionized Gases, 1985.

[Amerongen64]
G.J. van Amerongen: *Diffusion in Elastomers.* Rubber Chemistry and Technology, Vol. 37, 1964.

[Bähr02]
H.D. Bähr: *Thermodynamik – Grundlagen und technische Anwendungen.* Springer-Verlag, Berlin, 2002.

[Bärsch99]
R. Bärsch, H. Jahn, J. Lambrecht and F. Schmuck: *Test Methods for Polymeric Insulating Materials for Outdoor HV Insulation.* IEEE Transactions on Dielectrics and Electrical Insulation, Vol. 6, No. 5, pp. 668 - 675, 1999.

[Bakelite98]
Formmassen Lieferprogramm der Firma Bakelite AG, Januar 1998.

[Barrett51]
E.P. Barrett, L.G. Joyner and P.P. Halenda: *The Determination of Pore Volume and Area Distributions in Porous Substances.* Journal of the American Society for Chemistry, Vol. 73, 1951.

[Barrow73]
G. M. Barrow: *Physikalische Chemie.* Bohmann-Verlag, Wien, 1973.

[Beisele01]
C. Beisele and B. Kultzow: *Experiences with New Hydrophobic Cycloaliphatic Epoxy Outdoor Insulation Systems*. IEEE Electrical Insulation Magazine, Vol. 17, No. 4, pp. 33-39, 2001.

[Berg01]
M. Berg, R. Thottappillil and V. Scuka: *Hydrophobicity Estimation of HV Polymeric Insulating Materials*. IEEE Transactions on Dielelectrics and Electrical Insulation, Vol. 8, No. 6, pp. 1098 - 1107, 2001.

[Berger97]
T. Berger, S. Sundhararajan and T. Nagaosa: *Influence of Temperature on the Hydrophobicity of Polymers*. Annual Report of the Conference on Electrical Insulation and Dielectric Phenomena, Minneapolis, pp. 394 - 397, 1997.

[Beyer86]
M. Beyer, W. Boeck, K. Möller und W. Zaengl: *Hochspannungstechnik: Theoretische und praktische Grundlagen für die Anwendung*. Springer-Verlag, Berlin · Heidelberg, 1986.

[Boer58]
J.H. de Boer: *The Structure and Properties of Porous Materials*. Butterworth, London, 1958.

[Bonniau81]
P. Bonniau and A.R. Bunsell: *A Comparative Study of Water Absorption Theories Applied to Glass Epoxy Composites*. Journal of Composite Materials, Vol. 15, 1981.

[Boué89]
A.P. Boué: *Oberflächeneigenschaften von Kunststoffbauteilen – Ein Beitrag zur Charakterisierung von thermoplastischen Kunststoffbauteilen im Hinblick auf ihre ingenieurmäßige Anwendung unter Berücksichtigung ihrer Herstellungsverfahren*. Dissertation RWTH Aachen, 1989.

[Brdička76]
R. Brdička: *Grundlagen der physikalischen Chemie*. VEB Deutscher Verlag der Wissenschaften, 13. Auflage, Berlin, 1976.

[Brinkmann75]
C. Brinkmann: *Die Isolierstoffe der Elektrotechnik*. Springer-Verlag, Berlin · Heidelberg, 1975.

[Brunauer38]
S. Brunauer, P. Emmett and E. Teller: *Adsorption of Gases in Multimolecular Layers*. Journal of the American Society for Chemistry, Vol. 60, 1938.

[Burkart85]
W. Burkart: *Handbuch für das Schleifen und Polieren*, 1985.

[Bühler98]
S. Bühler: *Der Einfluß der Temperatur und der absoluten Feuchtigkeit auf das Durchschlagverhalten inhomogener Luftfunkenstrecken bei negativen Stoßspannungen.* Dissertation Universität Stuttgart, 1998.

[Bünger61]
R.R. Bünger: *Über das Durchschlagverhalten feuchter Luft.* Dissertation TH Karlsruhe, 1961.

[Carter78]
H.G. Carter, K.G. Kibler: *Langmuir-Type Model for Anomalous Moisture Diffusion in Composite Resins.* Journal of Composite Materials, Vol. 12, pp. 118-131, 1978.

[Cheng74]
T.-C. Cheng: *Mechanisms of Flashover of Contaminated Insulators.* Ph. D. Thesis, Massachusetts Institute of Technology, Cambridge, Massachussets, 1974.

[Christen70]
H.R. Christen: *Grundlagen der organischen Chemie.* Verlag Sauerländer AG, Aarau, 1970.

[Christen95]
H.R. Christen und G. Baars: *Allgemeine Chemie - Theorie und Praxis.* Diesterweg-Verlag, Frankfurt/Main, 1995.

[Crank68]
J. Crank and G.S. Park (Herausg.): *Diffusion in Polymers.* London, 1968.

[Crank75]
J. Crank: *The Mathematics of Diffusion.* Clarendon Press, 2. Auflage, Oxford, 1975.

[DeLaO98]
A. de la O and R.S. Gorur: *Flashover of Contaminated Nonceramic Outdoor Insulators in a Wet Atmosphere.* IEEE Transactions on Dielectrics and Electrical Insulation, Vol. 5, No. 6, pp. 814 - 823, 1998.

[DIN IEC68-2-56]
DIN IEC 68-2-56: *Grundlegende Umweltprüfverfahren – Prüfung Cb: Feuchte Wärme, konstant, vorzugsweise für Geräte*, 1990 (identisch mit [IEC68-2-56]).

[Dunkel80]
W. Dunkel, H. Wagner: *Wassereinfluß auf quarzgefüllte Epoxidharz-Formstoffe.* ETZ, Nr. 101, 1980.

[Dunken81]
H.H. Dunken et al.: *Physikalische Chemie der Glasoberfläche.* VEB Deutscher Verlag für Grundstoffindustrie, Leipzig, 1981.

[Elias81]
H.-G. Elias: *Makromoleküle – Struktur, Eigenschaften, Synthesen, Stoffe, Technologie.* Hüthig-Verlag, Basel, 1981.

[EN ISO 62]
EN ISO 62: *Kunststoffe – Bestimmung der Wasseraufnahme.* Deutsche Fassung der ISO 62, 1999.

[Ermeler00]
K. Ermeler and W. Pfeiffer: *Influence of the Physical and Chemical Surface Structure on the Water Adsorption Characteristics of Insulation Materials.* Annual Report of the Conference on Electrical Insulation and Dielectric Phenomena, pp. 735 - 738, 2000.

[Ermeler01-1]
K. Ermeler and W. Pfeiffer: *Classification of the Water Adsorption Characteristics of Insulation Materials by Evaluation of Impulse Withstand Characteristics.* Annual Report of the International Conference on Advances in Processing, Testing and Application of Dielectric Materials, 2001.

[Ermeler01-2]
K. Ermeler and W. Pfeiffer: *About the Correlation between the Hydrophobicity and the Impulse Withstand Voltage Characteristics of Insulation Material Surfaces under Humidity Conditions.* Annual Report of the Conference on Electrical Insulation and Dielectric Phenomena, pp. 560 - 563, 2001.

[Ermeler02-1]
K. Ermeler and W. Pfeiffer: *Influence of the Ambient Temperature on the Impulse Withstand Voltage Characteristics of Insulation Material Surfaces under Humidity Conditions.* Annual Report of the International Symposium on Electrical Insulation, pp. 367 - 370, 2002.

[Ermeler02-2]
K. Ermeler and W. Pfeiffer: *Dimensioning of Creepage Distances under Humidity Conditions – Water Adsorption Test.* Annual Report of the Conference on Electrical Insulation and Dielectric Phenomena, 2002.

[Ermeler02-3]
K. Ermeler and W. Pfeiffer: *About the Water Adsorption Characteristics of Artificially Degraded Insulation Material Surfaces.* Annual Report of the Conference on Electrical Insulation and Dielectric Phenomena, 2002.

[Ermeler02-4]
K. Ermeler and W. Pfeiffer: *Correlation between the Conductance and the Withstand Capability of Insulation Material Surfaces under Humidity Conditions.* Annual Report of the Electrical Insulation Conference, 2002.

[Ermeler03]
K. Ermeler and W. Pfeiffer: *Impulse Withstand Voltage Characteristics of Polluted Insulation Material Surfaces under Humid Conditions.* Annual Report of the Electrical Insulation Conference, 2003.

[Ermeler99]
K. Ermeler and W. Pfeiffer: *Influence of Humidity Exposure Time on Dielectric Properties of Insulation Material Surfaces.* Annual Report of the Conference on Electrical Insulation and Dielectric Phenomena, Vol. 2, pp. 492 - 495, 1999.

[Etzel64]
O. Etzel und G. Helmchen: *Berechnung der Elemente des Stoßspannungskreises für die Stoßspannungen 1,2/50, 1,2/5 und 1,2/200.* ETZ-A, Band 85, S. 578-582, 1964.

[Gächter89]
R. Gächter und H. Müller: *Kunststoff-Additive.* Carl Hanser Verlag, München · Wien, 3. Ausgabe, 1989.

[Genger00]
T. Genger: *Mikrokinetische Untersuchungen zur Methanol-Synthese an Cu-Trägerkatalysatoren.* Dissertation Ruhr-Universität Bochum, 2000.

[Giesenbauer76]
J. Giesenbauer: *Über das Grenzschichtverhalten von Epoxidharz-Isolatoren bei hohen Wechselspannungen.* Dissertation TU Hannover, 1976.

[Gorur89]
R.S. Gorur and J.W. Chang: *Surface Hydrophobicity of Polymeric Materials Used for Outdoor Insulation Applications.* 6th International Symposium on High Voltage Engineering, 1989.

[Gorur90]
R.S. Gorur, J.W. Chang and O.G. Amburgey: *Surface Hydrophobicity of Polymers Used for Outdoor Insulation.* IEEE Transactions on Power Delivery, Vol. 5, No. 4, 1990.

[Gräf97]
T. Gräf: *Ein Beitrag zum Überspannungsschutz und zur Isolationskoordination unter Umgebungseinflüssen.* Dissertation TU Darmstadt, 1997.

[Gräf99]
T. Gräf und R. Plessow: *Anforderungen der Meß- und Prüftechnik für die Isolationskoordination bei höherfrequenten Spannungen hoher Amplitude unter Berücksichtigung von Umgebungseinflüssen.* Elektrie, Band 53, S. 155-163, 1999.

[Grimsehl87]
E. Grimsehl: *Lehrbuch der Physik: Mechanik, Akustik, Wärmelehre.* B.G. Teubner Verlagsgesellschaft, 1987.

[Gubanski95]
S. Gubanski and R. Hartings: *Swedish Research on the Application of Composite Insulators in Outdoor Insulation.* IEEE Insulation Magazine, Vol. 11, No. 5, pp. 24 - 30, 1995.

[Günzler96]
H. Günzler und H.M. Heise: *IR-Spektroskopie – Eine Einführung.* VCH Verlagsgesellschaft mbH, Weinheim, 1996.

[Gustavsson98]
T.G. Gustavsson, S.M. Gubanski and J. Lambrecht: *Hydratization of the PDMS Backbone during Water Immersion Test.* Annual Report of the Conference on Electrical Insulation and Dielectric Phenomena, pp. 269 - 272, 1998.

[Hauffe74]
K. Hauffe und S.R. Morrison: *Adsorption – Eine Einführung in die Probleme der Adsorption.* Verlag Walter de Gruyter, Berlin · New York, 1974.

[Hediger71]
H.J. Hediger: *Infrarotspektroskopie – Grundlagen, Anwendungen, Interpretation.* Akademische Verlagsgesellschaft, Frankfurt/Main, 1971.

[Hering89]
E. Hering, R. Martin und M. Stohrer: *Physik für Ingenieure.* VDI-Verlag, Düsseldorf, 1989.

[Holleman76]
A.F. Holleman und E. Wiberg: *Lehrbuch der anorganischen Chemie.* Verlag Walter de Gruyter, Berlin, 1976.

[Homma00]
H. Homma, C.-R. Lee, T. Kuroyagi and K. Izumi: *Evaluation of Time Variation of Hydrophobicity of Silicone Rubber Using Dynamic Contact Angle Measurement.* Proceedings of the 6th International Conference on Properties and Applications of Dielectric Materials, Vol. 2, pp. 637 - 640, 2000.

[Huir91]
R. van der Huir: *Untersuchung volumen- und oberflächenspezifischer Eigenschaften polymerer Isolierstoffe für den Hochspannungs-Freilufteinsatz.* Dissertation TU Braunschweig, 1991.

[Hummel85]
D.O. Hummel und F. Scholl: *Atlas der Polymeranalyse und Kunststoffanalyse – Polymers, Structures and Spectra.* Band 1, Hanser-Verlag, München, 1985.

[IEC28A/127/CD]
Entwurf zur IEC 60664-5: *Additional Information Regarding Clearance and Creepage Distance Dimensioning*, 1998.

[IEC28A/150/CD]
Entwurf zur IEC 60664-5: *Insulation Coordination for Equipment within Low-Voltage Systems – A Comprehensive Method for Determining Clearances and Creepage Distances equal to or less than 2 mm*, 2000 (Überarbeitung von [IEC28A/127/CD]).

[IEC28A/171/CDV]
Entwurf zur IEC 60664-5: *Insulation Coordination for Equipment within Low-Voltage Systems – A Comprehensive Method for Determining Clearances and Creepage Distances equal to or less than 2 mm*, 2001 (Überarbeitung von [IEC28A/150/CD]).

[IEC68-2-56]
IEC 68-2-56: *Environmental Testing; Part 2: Tests – Test Cb: Damp Heat, Steady State, Primarily for Equipment,* 1988 (identisch mit [DIN IEC68-2-56]).

[IEC60112]
IEC 60112: *Method for Determining the Comparative and the Proof Tracking Indices of Solid Insulating Materials under Moist Conditions*, 1979.

[IEC60664-1]
IEC 60664-1: *Insulation Coordination for Equipment within Low-Voltage Systems - Part 1: Principles, Requirements and Tests*, 2002.

[IEC61000-4-5]
IEC 61000-4-5: *Electromagnetic Compatability (EMC) – Testing and Measuring Techniques – Surge Immunity Test*, 1995.

[IEC61180-1]
IEC 61180-1: *High-Voltage Test Techniques for Low-voltage Equipment – Definitions, Test and Procedure Requirements,* 1992.

[Jahn01]
H. Jahn and R. Bärsch: *On the Influence of Different Stress Factors on the Hydrophobicity and the Electrical Behaviour of Silicone Rubber Surfaces.* Annual Report of the International Conference on Advances in Processing, Testing and Application of Dielectric Materials, 2001.

[Jost72]
W. Jost und K. Hauffe: *Diffusion – Methoden der Messung und Auswertung.* Steinkopff-Verlag, Darmstadt, 1972.

[Kahle89]
M. Kahle: *Elektrische Isoliertechnik.* Springer-Verlag, Berlin · Heidelberg · New York, 1989.

[Kärner97]
H.C. Kärner, U. Stietzel, A. Herden und H. Janssen: *Hydrophobietransfer und Lebensdauer des Hydrophobie-Effekts.* ETG-Fachbericht 68, VDE-Verlag, Offenbach, S. 21 - 29, 1997.

[Keim99]
S. Keim and D. König: *Study of the Behaviour of Droplets on Polymeric Surfaces under the Influence of an Applied Electrical Field.* Annual Report of the Conference on Electrical Insulation and Dielectric Phenomena, pp. 707-710, 1999.

[Khan98]
M.A. Khan and R. Hackam: *Recovery of Hydrophobicity in High Density Polyethylene.* IEEE International Symposium on Electrical Insulation, pp. 351 - 354, 1998.

[Kim92]
S.H. Kim, E.A. Cherney and R. Hackam: *Hydrophobic Behaviour of Insulators Coated with RTV Silicone Rubber.* IEEE Transactions on Dielectrics and Electrical Insulation, Vol. 27, pp. 610 - 622, 1992.

[Kim99]
J. Kim, M.K. Chaudhury and M.J. Owen: *Hydrophobicity Loss and Recovery of Silicone HV Insulation.* IEEE Transactions on Dielectrics and Electrical Insulation, Vol. 6, No. 5, pp. 695 - 702, 1999.

[Kind82]
D. Kind und H. Kärner: *Hochspannungs-Isoliertechnik.* Vieweg & Sohn Verlagsgesellschaft mbH, Braunschweig, 1982.

[Klopfer74]
H. Klopfer: *Wassertransport durch Diffusion in Feststoffen.* Bauverlag GmbH, Wiesbaden · Berlin, 1974.

[Klös98]
H.-J. Klös: *Über Prüfverfahren zur Beurteilung der Frühphase der Oberflächenalterung von Harzformstoffen bei simultaner Beanspruchung durch hohe elektrische Feldstärke und feuchte Fremdschichten.* Dissertation TU Darmstadt, 1998.

[Koshino98]
Y. Koshino, I. Nakajima and I. Umeda: *Effect on the Electrical Properties of Fillers in Silicone Rubber for Outdoor Insulation.* Proceedings of the International Symposium on Electrical Insulating Material, pp. 465 - 468, 1998.

[Küchler96]
A. Küchler: *Hochspannungstechnik: Grundlagen – Technologie – Anwendungen.* VDI-Verlag, Düsseldorf, 1996.

[Larché82]
F.C. Larché and J.W. Cahn: *The Effect of Self-Stress on Diffusion in Solids.* Acta Metallurgica, Vol. 30, 1982.

[Lee81]
C.-L. Lee and G.R. Homan: *Silicone Elastomer Protective Coatings for High Voltage Insulators.* Annual Report of the Conference on Electrical Insulation and Dielectric Phenomena, 1981.

[Link75]
W.-D. Link: *Überschlag von Stützisolierungen in Luft in Abhängigkeit von Temperatur und Luftfeuchte.* Dissertation Universität Stuttgart, 1975.

[Lowell91]
S. Lowell and E. Shields: *Powder Surface Area and Porosity.* Chapman & Hill, London · New York, 1991.

[Lück64]
W. Lück: *Feuchtigkeit – Messen und Regeln.* Oldenburg-Verlag, München, 1964.

[Massey76]
H. Massey: *Negative Ions*. Cambridge University Press, 1976.

[McKague76]
E.L. Mc Kague, J.D. Reynolds and J.E. Halkias: *Moisture Diffusion in Fibre Reinforced Plastics.* Journal of Engineering Materials and Technology, Vol. 98, 1976.

[Menges90]
G. Menges: *Werkstoffkunde Kunststoffe.* Hanser-Verlag, München, 1990.

[Mizuno95]
Y. Mizuno et al.: *Time Variation of Hydrophobicity and Weight of Silicone Rubber Immersed in Water.* 9th International Symposium on High Voltage Engineering, 1995.

[Moore86]
W.J. Moore: *Physikalische Chemie.* Verlag Walter de Gruyter, 1986.

[Müller86]
I. Müller: *Ozoninduzierte Alterung von Elastomeren und Thermoplasten.* Dissertation TU Darmstadt, 1986.

[Neogi96]
P. Neogi: *Diffusion in Polymers.* Dekker-Verlag, New York · Basel · Hongkong, 1996.

[Oss88]
C.J. van Oss, M.K. Chaudhury and R.J. Good: *Interfacial Lifshitz - van der Waals and Polar Interactions in Macroscopic Systems.* Chemical Reviews, Vol. 88, No. 6, pp. 927-941, 1988.

[Ostojic95]
P. Ostojic: *Review – Stress Enhanced Environmental Corrosion in Lifetime Prediction Modelling in Silica Optical Fibres.* Journal of Materials Science, Vol. 30, pp. 3011 - 3023, 1995.

[Pfeiffer83]
W. Pfeiffer, K. Richter und P. von Schau: *Stoßspannungsfestigkeit kleiner Kriechstrecken.* ETZ Band 104, Heft 7/8, S. 339 - 342, 1983.

[Pfeiffer87]
W. Pfeiffer, K. Richter and P. von Schau: *Electric Strength of Small Insulating Distances.* IEEE Transactions on Electrical Insulation, Vol. EI-22, No. 4, pp. 397-404, 1987.

[Rabek96]
J.F. Rabek: *Photodegradation of Polymers.* Springer-Verlag, Berlin, 1996.

[Räther64]
H. Räther: *Electron Avalanches and Breakdown.* Butterworth, London, 1964.

[Ranby75]
B. Ranby and J.F. Rabek: *Photodegradation, Photooxidation and Photostabilization of Polymers.* J. Wiley & Sons, London, 1975.

[Richter86]
K. Richter: *Die elektrische Festigkeit kleiner Isolierstrecken unter dem Einfluß natürlicher Umgebungsbedingungen.* Dissertation TU Darmstadt, 1986.

[Rischbieter00]
E. Rischbieter: *Ozonierung von Alkenen in Alkohol als Lösungsmittel.* Dissertation TU Braunschweig, 2000.

[Roll95]
Datenblatt zu *Polyester Delmat 68.090 (GPO-2).* Firma vonRoll Isola, Juni 1995.

[Roll96]
Datenblatt zu *Epoxy Vetronite 64.220 (FR-4).* Firma vonRoll Isola, April 1996.

[Sautter97]
R. Sautter: *Fertigungsverfahren.* Vogel-Verlag, Würzburg, 1997.

[Schmid91]
J. Schmid: *Der Einfluß der absoluten Luftfeuchtigkeit auf den Durchschlag von Luftfunkenstrecken.* Dissertation Universität Stuttgart, 1991.

[Schramm85]
J. Schramm: *Über den Einfluß von Mikrohohlräumen auf die elektrische Festigkeit glasfaserverstärkter Epoxidharz-Formstoffe.* Dissertation TU Braunschweig, 1985.

[Schrijver96]
C. Schrijver, A. Herden and H.C. Kärner: *A Time Based Model for the Dielectric Ageing of Fibre Reinforced Polymers (FRP) and its Verification in a Numerical Simulation.* Annual Report of the Conference on Electrical Insulation and Dielectric Phenomena, pp. 398 - 403, 1996.

[Schrijver97]
C. Schrijver, A. Herden and H.C. Kärner: *A Chemical Approach to the Dielectric Ageing of Fibre Reinforced Polymer (FRP) Insulators.* European Transactions on Electrical Power, Vol. 7, No. 2, 1997.

[Schröter01]
W. Schröter, K.H. Lautenschläger, H. Bibrack und J. Teschner: *Taschenbuch der Chemie.* Harri Deutsch Verlag, Frankfurt/Main, 2001.

[Schütte90]
T. Schütte: *Electrohydrodynamics of Water on Insulating Surfaces.* Nordic Insulation Symposium, Lyngby, 1990.

[Schütte92]
T. Schütte: *Water Drop Dynamics and Flashover Mechanisms on Hydrophobic Surfaces.* Nordic Insulation Symposium, Västeras, 1992.

[Schütz93-1]
A. Schütz: *Grenzflächenprobleme in faserverstärkten Kunststoffen.* VDI-Verlag, Düsseldorf, 1993.

[Schütz93-2]
A. Schütz and H.C. Kärner: *Moisture Absorption of Glass-Fibre Reinforced Epoxy Resin.* 8th International Symposium on High Voltage Engineering, 1993.

[Seifert96]
J.M. Seifert and H.C. Kärner: *Dielectric Diagnostic of Moisture Induced Degradation Process in Mineral Reinforced High-Voltage Composite Insulation.* Annual Report of the Conference on Electrical Insulation and Dielectric Phenomena, pp. 825 - 828, 1996.

[Sembach02]
Datenblatt zu Aluminiumoxiden der Firma Sembach, 2002.

[Shen76]
C.H. Shen and G.S. Springer: *Moisture Absorption and Desorption of Composite Materials.* Journal of Composite Materials, No. 10, 1976.

[Sherwood88]
J.D. Sherwood: *Breakup of Fluid Droplets in Electric and Magnetic Fields.* Journal of Fluid Mechanisms, Vol. 188, pp. 133-146, 1988.

[Sirait99]
K.T. Sirait, Salama and Suwarno: *Surface Hydrophobicity of Silicone Rubber under Natural Tropical Conditions.* 11th International Symposium on High Voltage Engineering, Vol. 4, pp. 38-41, 1999.

[Specht77]
H. Specht: *Untersuchungen zum Einfluß von Isolierstoffoberflächen auf den Durchschlag in Schwefelhexafluorid.* Dissertation TU Braunschweig, 1977.

[Stietzel84]
U. Stietzel: *Untersuchungen zum Einfluß von Feuchtigkeit auf die elektrischen Eigenschaften organischer Isolierstoffe für die Freiluft-Hochspannungs-Anwendung.* Dissertation TU Braunschweig, 1984.

[STRI92]
Swedish Transmission Research Institute: *Hydrophobicity Classification Guide.* STRI-Guide 92/1, Ludvika, 1992.

[Strobel86]
W.-D. Strobel: *Die Messung des Wassergehalts und der Feuchteverteilung in Faserverbundstoffen.* DGLR-Jahrbuch, S. 346-351, 1986.

[Stuart67]
H.A. Stuart: *Physikalische Ursachen der Alterung von Kunststoffen.* Angewandte Chemie, 79. Jahrg., Nr. 20, S. 877 - 884, 1967.

[Swift94]
D.A. Swift: *Flashover of an Insulator Surface in Air Due to Polluted Water Droplets.* Proceedings of the 4th International Conference on Properties and Applications of Dielectric Materials, 1994.

[Sykes01]
P. Sykes: *Reaktionsmechanismen der organischen Chemie.* VCH-Verlagsgesellschaft mbH, Weinheim, 2001.

[Tokoro01]
T. Tokoro and R. Hackam: *Loss and Recovery of Hydrophobicity and Surface Energy of HTV Silicone Rubber.* IEEE Transactions on Dielectrics and Electrical Insulation, Vol. 8, No. 6, pp. 1088 - 1097, 2001.

[Uhlemann90]
F. Uhlemann: *Erarbeitung neuer Bemessungsregeln für Kriechstrecken in Niederspannungsbetriebsmitteln.* Dissertation TU Darmstadt, 1990.

[Vogel95]
H. Vogel: *Gerthsen Physik.* Springer-Verlag, Berlin · Heidelberg, 1995.

[Wedler70]
G. Wedler: *Adsorption – Eine Einführung in die Physisorption und Chemisorption.* Verlag Chemie GmbH, Weinheim/Bergstraße, 1970.

[Weiland86]
T. Weiland: *Ein allgemeines Verfahren zur Lösung der Maxwell'schen Gleichungen und seine Anwendung in Physik und Technik.* Physikalische Blätter, Band 41, 1986.

[Wetjen89]
P. Wetjen: *Über die Diffusion von Wasser in kaltaushärtenden glasfaserverstärkten Epoxidharzen.* VDI-Verlag, Düsseldorf, 1989.

[Windmar92]
D. Windmar, L. Niemeyer, V. Scuka and W. Lampe: *Discharge Mechanisms at Wetted Hydrophobic Insulator Surfaces.* Nordic Insulation Symposium, 1992.

[Windmar94]
D. Windmar: *Water Drop Initiated Discharges in Air.* Dissertation Universität Uppsala, 1994.

[Woebcken80]
W. Woebcken (Mithrsg.): *Natürliche und künstliche Alterung von Kunststoffen – Vorträge des 12. Donauländergespräches.* Hanser-Verlag, München, 1980.

[Yasuda81]
H. Yasuda, A.K. Sharma and T. Yasuda: *Effect of Orientation and Mobility of Polymer Molecules at Surfaces on Contact Angle and Its Hysteresis.* Journal of Polymer Science, Polymer Physics Edition, Vol. 19, pp. 1285 - 1291, 1981.

[Zender00]
C. Zender: *Möglichkeiten der Entladungsmeßtechnik mit einem optimierten Kurzzeitkamerasystem bei mit hochfrequent oszillierender Stoßspannung beanspruchten SF_6/N_2-Gasisolierungen.* Dissertation TU Darmstadt, 2000.

Lebenslauf

Name:	Kristian Ermeler
geboren:	24. April 1971 in Gießen
Familienstand:	ledig

Schulausbildung:

1978 –1980	Grundschule in Braunfels
1980 –1988	Grundschule und Gymnasium in Weilburg
1988 –1991	Gymnasiale Oberstufe in Wetzlar
11. Juni 1991	Schulabschluss mit Abitur

Studium:

10/92 – 05/98	Studium der Elektrotechnik mit Vertiefungsrichtung Elektrische Energietechnik an der TU Darmstadt
14. Mai 1998	Abschluss als Diplom-Ingenieur

Praxiserfahrung:

07/92 – 10/92	Grundpraktikum bei der Siemens AG, Braunschweig
07/95 – 09/95	Fachpraktikum bei der Siemens AG, Nürnberg
10/96 – 01/97	Fachpraktikum bei der Siemens AG, Nashik (Indien)

Berufstätigkeit:

05/98 – 05/03	Wissenschaftlicher Mitarbeiter an der TU Darmstadt, Fachgebiet Elektrische Messtechnik

Zeitfracht Medien GmbH
Ferdinand-Jühlke-Straße 7
99095 Erfurt, Deutschland
produktsicherheit@kolibri360.de